高 等 学 校 教 材

无机化学实验

第5版

北京师范大学 东北师范大学
华中师范大学 南京师范大学 编

赵新华 孙豪岭 主编

中国教育出版传媒集团

高等教育出版社·北京

内容提要

本书是在北京师范大学等校编《无机化学实验》（第四版）的基础上修订而成的。 在保持原教材特色的基础上，结合近几年来高等学校无机化学实验教学的最新进展和改革成果，对原教材的实验内容进行了增减和整合，以更好地满足教学需要。 全书由基础知识和基本操作、基本化学原理、基础元素化学、无机化合物的简单合成与表征、开放实验、附录六部分组成，共包括 42 个实验。 本书的编写采用了模块结构，有助于教师灵活组织教学内容。

本书可作为高等学校化学及相关专业开设无机化学实验课程的教材，也可供其他化学教育工作者参考。

图书在版编目（ＣＩＰ）数据

无机化学实验／北京师范大学等编；赵新华，孙豪岭主编. --5 版. --北京：高等教育出版社，2023.12（2024.7重印）

ISBN 978 - 7 - 04 - 060975 - 2

Ⅰ.①无… Ⅱ.①北… ②赵… ③孙… Ⅲ.①无机化学-化学实验-高等学校-教材 Ⅳ.①O61-33

中国国家版本馆 CIP 数据核字（2023）第 146697 号

WUJI HUAXUE SHIYAN

| 策划编辑 曹 瑛 | 责任编辑 曹 瑛 | 封面设计 张雨微 | 版式设计 杜微言 |
| 责任绘图 黄云燕 | 责任校对 胡美萍 | 责任印制 耿 轩 | |

出版发行	高等教育出版社	网 址	http://www.hep.edu.cn
社 址	北京市西城区德外大街 4 号		http://www.hep.com.cn
邮政编码	100120	网上订购	http://www.hepmall.com.cn
印 刷	捷鹰印刷（天津）有限公司		http://www.hepmall.com
开 本	787mm×1092mm 1/16		http://www.hepmall.cn
印 张	20	版 次	1983 年 9 月第 1 版
字 数	490 千字		2023 年 12 月第 5 版
购书热线	010-58581118	印 次	2024 年 7 月第 2 次印刷
咨询电话	400-810-0598	定 价	41.00 元

本书如有缺页、倒页、脱页等质量问题，请到所购图书销售部门联系调换

第五版前言

《无机化学实验》(第四版)已经出版近十年。该教材在全国许多高等学校中被广泛使用,提高了无机化学实验课程的教学质量,对无机化学实验教学起到了重要的示范作用。本次修订依然坚持本书编写的初衷,即加强基本操作训练和基础实验,注重培养学生分析问题、解决问题的能力和实验操作技巧。适度引入一些反映无机化学进展的实验,以开拓学生的视野。

结合近十年的教学实践,本次修订主要在以下几方面进行了完善:

1. 进一步条理化第三部分基础元素化学基础知识的部分内容,以便于学生们的阅读与理解。总结多年的教学实践,补充了少量基础实验内容和新的实验习题,以提高学生们分析问题与解决问题的能力。

2. 根据实验结果,修改了实验三十八"两种水合草酸合铜(Ⅱ)酸钾晶体的制备及表征"的合成条件。

3. 为适应实验室设备的更新,介绍了一些新的实验设备和基本操作,将旧的内容转换为数字资源(扫描二维码阅读)。例如,将第三章中"普通电炉"改变为"电热套"的使用;增加了"空气浴"的加热方法;删去了"软木塞压紧压软"的方法。将这些内容以数字化资源的形式保留在相应的位置,读者可扫描相关二维码查看。将第五章中"手摇离心机的使用"改变为"电动离心机的使用"。

4. 介绍了一些较新型号的仪器,而将其他型号仪器的内容放在文中相应位置的二维码中。例如,在第四章中将"单盘分析天平的内容"和"水银温度计的露茎校正"从正文中删除,而放在相应位置的二维码资源中;在第七章中介绍了 CON510 型电导率仪,而将 DDS-11A 型电导率仪的使用放在相应位置的二维码资源中,供需要时选择。

5. 多年的教学实践中,我们将常规的试管实验改为使用离心试管的少量实验,也取得了相同的实验效果,同时节约了试剂。因此在本书多数元素性质实验中,改用了离心试管进行实验。

6. 对一些更专业的基本操作或操作技巧不再作为基本要求,从正文中删除。例如,第六章中"重结晶的操作";实验二十六中"NaCl 的另一种精制方法";实验二十九中"硫代硫酸钠在洗相定影中的作用"和实验三十三中"四碘化锡制备"的微型实验,都放在相应位置的二维码资源中,供需要时选择。

本书得益于一些高等学校的教材或改编于一些发表的文章,特此一并致谢,并将参考文献放在文末的二维码资源中。

编 者
2023 年 5 月

第四版前言

随着化学实验教学的改革和实践,《无机化学实验》自1984年出版发行至今,已再版了3次。该实验教材始终坚持本书编写的初衷,即体现高等师范院校加强基础实验、基本操作训练的教学特点:以注重培养学生能力为教学目的,因此在许多高等师范院校和其他兄弟院校中广泛使用。

2001年发行的《无机化学实验》(第三版)适应实验教学改革独立设课的要求,在实验内容前增加了基础知识的描述,有利于学生独立自主学习。《无机化学实验》(第三版)的编写原则符合高等师范院校相关学科教学改革的要求,该教材得到了广大教师和学生的使用。因此《无机化学实验》(第四版)延续第三版的编写结构、方式和主要的实验项目,以便于教师有一本稳定且高质量的实验教材。

自2001年《无机化学实验》(第三版)的教学实践至今已有十余年时间。在这段时间,广大教师使用这本教材开展了大量的实验教学实践和实验教学研究,对第三版教材提出了许多宝贵意见和修改建议。因此在第四版中我们首先吸收了大家的宝贵经验,对有关内容加以修改,充实了一些知识。例如,进一步改善了实验内容中的一些实验条件;根据教学经验提出了新的实验思考问题。另外,实验技术和仪器设备的进步也是本教材的修改内容之一。例如,加强和充实了电子天平的基本知识和使用的内容;充实了水银温度计的使用和注意事项等。第四版加强了第三版教材中的第四部分,将无机化合物的制备充实为无机化合物的简单合成与表征。第三版中的第五部分综合和设计实验,在第四版中更改为开放实验。提供这一部分内容的目的是为提高学生对无机化学实验的兴趣而开设了7个开放实验室形式的实验。引入了目前比较通用的水热合成方法;更加重视了合成条件对制备不同晶体化合物的影响,这也反映了基础无机化学教学的发展趋势。

本书的再版得到了华中师范大学化学学院祝心德教授、东北师范大学化学学院刘术侠教授、南京师范大学化学与材料科学学院包建春教授的大力支持,编者在此表示诚挚的谢意。

赵新华
2014年5月

第三版前言

《无机化学实验》(第二版)自1991年由高等教育出版社出版以来,在许多高等师范院校以及其他兄弟院校中广泛使用,是一本影响面较广、适用面较宽的高等学校实验教材。广大教师和读者在近十年教学实践的基础上积累了丰富的经验。在对《无机化学实验》(第二版)充分肯定之余,也提出了许多宝贵的意见。编者对此表示由衷的感谢。加之,近十年来,教学改革有了长足的发展,教育观念正在发生转变,教学思想正在更新。对《无机化学实验》(第二版)进行再版的时机已经成熟。广大用户也殷切希望本书早日发行。

由北京师范大学化学系无机化学教研室赵新华教授组织《无机化学实验》(第二版)四所编写学校的黄如丹教授,张太平副教授,包建春副教授和王近勇副教授等有关同志交流了各校教学改革和教材建设等方面的经验,介绍了本教材的使用情况。根据教学改革发展的趋势拟订了本书的基本原则和编写计划,并于1998年10月开始本书编写工作。

本书编写的原则是:

1.《无机化学实验》(第三版)仍然保持与无机化学讲授课教材配合的特点,保持第二版的基本编写结构和第二版的启发性、思考性及培养学生举一反三分析问题能力的特点。

2. 为了适应实验教学改革的多样性,满足教改水平不同的学校对教材的多种要求,本教材包括的六个部分,除第一部分为全书的基础知识、基本操作,与各部分有联系外,其余部分都可独立使用。各学校可根据本学校教改的实际情况,选用和组织实验内容。

3. 坚持师范教材的特点,加强基本操作和基本训练的规范化。在本书的第一部分系统地介绍了基础知识、基本操作。在后续各章实验中都明确对基本操作的要求,反复练习。

4. 增加了第四部分——无机化合物的制备。目的在于加强综合运用化学知识和实验技能的能力。密切联系实际生活,增加环境化学实验,提高学生的环保意识。

5. 总结了各参编学校多年的教改经验,更新了21个实验,每个新编实验都由一位教师改编,一位教师审核。保留的实验都由一位教师审核。对第六部分附录中的某些重要物理化学常数,根据最新的 Handbook of Chemistry and Physics,8 edition,1997—1998 进行了修订。

6. 对元素化学部分的实验,按周期表的分区重新组织与编排了6个实验。同时穿插着新增加的三个离子分离与鉴定实验,以加强对学生的分析问题解决问题的能力的培养。

7. 无机化合物的制备实验和综合、设计实验基本是按6学时完成设计的。其余部分实验内容是按3学时完成设计的。

本书的特点:

1. 本书的第一部分,集中、系统地介绍了实验基本知识和基本操作,以利于学生主动、灵活地在各个实验中反复训练。同时在组织教学中保持可以自由选择实验内容的灵活性和实验基本知识、基本操作章节的相对稳定性。

2. 在分析天平的实验中删除了阻尼式分析天平的内容,保留了电光分析天平内容,增加了单盘天平和电子天平使用的内容。

3. 无机化合物的制备部分除了介绍水溶液中的制备方法以外,又介绍了易被氧化的化合物的制备,非水溶剂体系中的制备,固相反应制备,易水解化合物的制备等新的方法。各学校可根据情况选择,以便开阔学生的视野。制备实验中都包含产品的分析与鉴定,以提高制备化学实验的教学要求。

4. 仍然保持一定数量的综合实验和设计实验,供教师选择。综合实验包括了常见的较大型仪器的使用与结果的分析。条件成熟的学校可根据情况选用。

5. 微型实验具有省学时、省试剂、减少污染的诸多优点。本书介绍了微型实验仪器的使用方法。个别实验也按微型实验编写。相信教师们还会根据实际情况改编成更多的微型实验。本书还初步尝试了利用计算机编程处理实验数据。

本书按照实验的类别编排了 43 个实验,为师生提供了充分的选择余地。各校任课教师在完成了第一部分的教学内容以后,可以根据教学要求和本学校的实际情况重新组织教学内容。

参加本书第三版编写工作的有北京师范大学赵新华、王明召、赵云岭、东北师范大学黄如丹、朱志平、华中师范大学张太平、李卫萍和南京师范大学包建春、王近勇等同志。杭州师范学院周宁怀教授为本书提供了微型实验仪器使用方法的有关内容。初稿讨论修改后由赵新华教授负责统稿并定稿。本书的编写原则得到了北京师范大学吴国庆教授的指导,张永安副教授也给予关心。在本书编写过程中始终得到了高等教育出版社编辑同志的关心。1998 年 3 月在南京师范大学召开《无机化学实验》(第三版)编写研讨会时,得到了南京师范大学领导及南京师范大学化学系领导和教师的大力支持,在此一并表示衷心的感谢。

本书由北京大学严宣申教授审阅。我们对严宣申教授给予《无机化学实验》一书长期的关心和指导表示由衷的感谢。

编 者

1999 年 10 月

第二版前言

本书自 1984 年第一版出版以来,在不少高等师范院校以及其他兄弟院校广泛使用,第一线的教师和广大使用过此书的读者除对本书第一版给予充分肯定外;同时也提出了许多宝贵的意见。因此,为第二版的编写工作提供了有利的条件。我们全体编写同志对广大教师和读者给我们的支持和关怀表示衷心的感谢! 并希望今后对第二版给予更大的关注,提出更多宝贵意见和建议。

受高等学校理科化学教材编审委员会无机化学小组的委托,由第一版主要编写同志讨论本书再版原则和具体编写计划,并从 1988 年 6 月开始本书第二版的编写工作。

本书的编写原则为:

1. 保留本书第一版中体现高等师范院校特点部分,例如:加强基础实验、基本操作训练;注意培养学生的思维能力和独立工作能力等。

2. 为适应培养目标和化学学科发展的需要,对本书第一版部分内容进行更新和充实,新实验约占 1/3。在内容上尽量与 1989 年国家教委拟订的"高等师范院校无机化学学科实验教学基本要求"相一致。

3. 在实验内容取材上除保持无机化学学科的实验教学完整性外,还注意到与实用相结合。尤其在元素化学部分加强实践性,增加无机制备和分离内容。

4. 编写上加强启发性和思考性。力求阐述明确、精练。在实验过程中编入较多的思考问题,启发学生积极思维,总结化学变化规律。在实验后,增加实验习题,扩大知识面,培养学生举一反三和分析问题的能力。

本书的实验编排是按类来编排的,不是学生进行实验的顺序和全部实验内容。各校任课教师可根据本校实际情况,选择各类实验编排自己的具体实验教学的顺序和内容。

参加本书第二版编写工作的有北京师大黄佩丽、胡鼎文同志,东北师大林培良、黄如丹同志,华中师大王慧霞、祝心德同志,南京师大包振喜、冯茹尔同志。另外北京师大阎于华、赵新华,东北师大王作屏、朱志平、彭军,南京师大刘淑薇、王近勇等同志也参加了部分实验的编写工作。初稿讨论修改后由黄佩丽、胡鼎文两位同志负责统稿并定稿。在本书再版过程中始终得到北京师大陈伯涛同志的大力支持和帮助,特别是他仔细地阅读了初稿,并提出了宝贵的意见。

本书由北京大学严宣申教授审定。在本书的再版过程中始终得到了高教社王世显同志和四校化学系、无机教研室的领导和同行们的热情关怀。特别是 1989 年 5 月在东北师大召开再版初稿讨论会时,得到了东北师大化学系、无机教研室领导和王恩波教授的大力支持,我们在此表示衷心的感谢!

编　者

1989 年 7 月

第一版编者的话

根据1980年全国高等学校理科化学教材编审委员会会议的精神,按照全国高师化学系无机化学教学大纲的要求,并配合高师《无机化学》试用教材,我们四院校无机化学教研室编写了这本《无机化学实验》试用教材。

本教材包括三部分,第一部分是怎样做好无机化学实验;第二部分是实验内容;第三部分是附录。实验内容又分为:Ⅰ.基本操作的实验;Ⅱ.基本理论方面的实验;Ⅲ.元素部分的实验;Ⅳ.综合、设计的实验。基本操作和元素部分的实验安排较多,作为重点。基本理论方面的实验是为了配合课堂教学而选入的。重要原理的有关章节都有相应的实验,而且保留一定数量的测定物理常数的实验。综合、设计的实验是为了培养学生的独立工作能力、进行综合训练而安排的,仅供各校选用。

为了体现高等师范院校教学的要求和特点,本教材编写时注意了以下几个方面:

一、加强基本操作训练,需要熟练掌握的基本操作都设计成具体实验。这样既有理论叙述又有实际训练,做到学练结合。在基本操作的叙述上,试用了一些图解的方式,突出重点,指出对错,加深印象,便于学生掌握,也有利于基本操作规范化和系统化。为了较全面地培养学生的基本技能,对误差处理和有效数字的使用、作图、查阅手册及绘制仪器装置图、实验报告的书写、简单模型的制作等方面都作了介绍,而且都有一定的安排和要求。

二、加强基础实验,注重元素化合物性质、制备方面的实验训练。在内容取材上既要考虑学科发展、又要打好坚实的基础,而重点是放在打好基础上,特别是注意与中学教学的衔接和提高。在本教材中,选择了一些与中学化学教材有关的实验内容,这些实验不是中学教材的简单重复,而是从实验教学的角度出发进一步地提高和深入。

三、注重培养学生的思维能力,加强启发性。编写每个实验时,注意引导学生积极思维,叙述中多提些启发性的问题,每个实验后都附有几个思考题,便于实验后引导学生进行小结。

四、实验内容较广泛。本教材共列出45个实验;其中基本操作、理论验证、元素性质、制备及综合设计的实验都有一定的比例。实验的难点、要点(即实验的成败关键),简易装置和实验方法及一些必要的知识和资料都分别在实验的附注中扼要说明,以供研究参考。在编写中还考虑到由易到难,循序渐进的教学原则。

使用本教材应根据各校的实际情况,具体安排实验教学。例如,基本操作的实验,可以在讲课前集中时间做,也可分散与基本理论的实验穿插来做,不要受实验编排序号的限制。有关具体实验内容的选定更应视各校实际情况来确定,不宜强求一律,但要注意根据高师无机化学实验教学大纲的要求。学生进行实验的实际时数(不包括考核和机动时数)不得少于130学时,并应在基本操作,理论验证,元素性质、制备及综合设计实验四个方面保持适当比例。本教材所用数据的单位基本上采用国际单位制(SI),但有时也采用了一些国家计量局允许和国际单位制暂时并用的常用单位。

　　本教材由北京师范大学无机化学教研室主编。参加编写单位有东北师范大学、华中师范学院、南京师范学院的无机化学教研室。主要参加编写的有东北师大林培良,华中师院王慧霞、祝心德,南京师院包振喜,北京师大黄佩丽、胡鼎文等同志。另外东北师大朱志平,南京师院钱亚英、刘淑薇、冯茹尔、邢印堂,北京师大程泉寿、张永安、赵新华、阎于华、董炳祥等同志也参加了部分实验的编写工作。初稿讨论修改后由黄佩丽、胡鼎文二位同志负责统稿,最后由北京师大陈伯涛副教授定稿。书中插图是由叶亚军同志绘制的。

　　在本书编写过程中,自始至终得到四校教研室领导、教师的积极帮助和大力支持。许多兄弟院校的教师和同志们提供了不少资料,特别是北京大学普化教研室严宣申副教授对初稿作了仔细审阅,提出许多宝贵的意见,给予我们很大的鼓舞和支持。本教材最后由福建师大陈寀教授(主审)和陈琼琳、刘玉云老师共同审定。在此表示衷心的感谢!

　　由于编写时间仓促,我们的水平有限,谬误之处一定很多。我们恳切地希望兄弟院校的教师和同学在试用后能提出更多的宝贵意见和建议。

北京师范大学　东北师范大学
华中师范学院　南京师范学院① 　无机化学教研室

1983 年 5 月

---

　　①　两校已分别改名为华中师范大学和南京师范大学。

目录

第六部分　附　　录

导言

一、化学实验的重要意义

化学是一门中心科学。这是因为一方面化学学科本身迅猛发展,另一方面化学在发展过程中为相关学科的发展提供了物质基础。当今,可以说化学正处在一个多边关系的中心。

虽然现代化学已经进入了理论与实践并重的阶段,但是化学仍然离不开实验。化学实验的重要性主要表现在三个方面。第一,化学实验是化学理论产生的基础,化学的规律和成果建立在实践,特别是实验成果之上。第二,化学实验也是检验化学理论正确与否的标准。"分子设计"化学合成的方案是否可行,最终将由实验来检验,并且通过实验技术来完成。第三,化学学科发展的最终目的是发展生产力。现代人类的衣、食、住、行,生存环境的保护和改善,甚至国防的现代化等,无不与化学工业与材料工业的发展密切相关。据估计,在 21 世纪,化学化工产品在国际市场上将成为仅次于电子产品的第二大类产品,而化学实验正是化学学科与生产力发展的基本点。

化学学科已发生巨大变化,其中实验化学发展迅速,成果惊人。化学家不仅发现和合成了众多天然存在的化合物,同时也人工创造了大量非天然的化合物、物相与物态,使得人类拥有的化合物品种已达数千万种,而且化合物的合成已达分子设计的水平。实验测量的技术精度空前提高,空间分辨率可达 0.1 nm(10^{-10} m);时间分辨率可达飞秒(10^{-15} s);测定物质的浓度只需要 10^{-13}g · mL^{-1}。今天化学家不仅研究地球重力场作用下发生的化学过程,而且已开始系统研究物质在磁场、电场和光能、力能,以及声能作用下的化学反应;研究在高温、高压、高纯、高真空、无氧无水等条件下及太空失重和强辐射、高真空情况下的化学反应过程。因此化学实验推动着化学学科乃至相关学科飞速发展,引导人类进入崭新的物质世界。

二、化学实验教学的目的

国内、外著名化学家、已故中国科学院院士戴安邦教授对实验教学做了精辟的论述:化学实验教学是实施全面化学教育的一种最有效的教学形式。

强调实验教学,这是因为实验教学在化学教学方面起着课堂讲授不能代替的特殊作用。通过化学实验教学,不仅能传授化学知识,更重要的是培养学生的能力和优良的素质;掌握基本的操作技能、实验技术;培养分析问题、解决问题的能力;养成严谨的实事求是的科学态度;树立勇于开拓的创新意识。

新入学的一年级学生通过系统地学习本书可以逐渐熟悉化学实验的基本知识及无机化学实验基本操作技能,获得大量物质变化的感性认识。通过进一步熟悉元素及其化合物的重要性质和反应,掌握无机化合物的一般分离和制备方法;加深对化学基本原理和基础知识的理解和掌握,从而养成独立思考、独立准备和进行实验的实践能力。培养细致地观察和记录现象,会归纳、综合、正确地处理数据和分析实验、用语言表达实验结果的能力。

三、掌握学习方法

要达到上述目的,不仅要有正确的学习态度,而且还要有正确的学习方法。无机化学实验的学习方法大致可分为下列三个步骤。

1. 预习

为了获得良好的效果,实验前必须进行预习。

(1) 阅读实验教材、教科书和参考资料中的有关内容,读懂实验教材中每章的原理部分。

(2) 明确实验的目的。

(3) 了解实验的内容、步骤、操作过程和实验时应注意的安全知识和操作技能。

(4) 在预习的基础上,写好预习报告。

若发现学生预习不够充分,教师可让学生停止实验,要求其在了解实验内容之后再进行实验。

2. 实验

根据实验教材上所规定的方法、步骤和试剂用量进行操作,并应该做到下列几点。

(1) 认真操作,细心观察现象,并及时、如实地做好详细记录。

(2) 如果发现实验现象与根据化学原理预想的结果不相符,应首先尊重实验事实,并认真分析和检查其原因,也可以做对照实验、空白实验或自行设计的实验来核对,必要时应多次重做验证,从中得到有益的科学结论和学习科学思维的方法。

(3) 实验全过程中应勤于思考,仔细分析,力争自己解决问题。但遇到疑难问题而自己难以解决时,可提请教师指点。

(4) 在实验过程中应保持肃静,严格遵守实验室工作规则。

3. 实验报告

实验完毕应对实验现象进行解释并做出结论,或根据实验数据进行处理和计算,独立完成实验报告,交指导教师审阅。若实验现象、解释、结论、数据、计算等不符合要求,或实验报告写得草率,应重做实验或重写实验报告。

书写实验报告应字迹端正,简明扼要,整齐干净。

下面举出几种不同类型的实验报告格式,以供参考。

无机化学测定实验报告

实验名称＿＿＿＿＿＿＿＿＿＿＿＿＿＿＿ 室温＿＿＿＿ 气压＿＿＿＿

年级　　　组　　姓名　　　实验室　　　指导教师　　　日期

＿＿＿＿＿＿＿＿＿＿＿＿＿＿＿＿＿＿＿＿＿＿＿＿＿＿＿＿＿＿＿＿＿

一、实验目的：

二、测定原理(简述)：

三、数据记录和结果处理：

四、问题和讨论：

成绩评定：

教师评语：

指导教师签名＿＿＿＿＿＿＿＿

无机化学制备实验报告

实验名称＿＿＿＿＿＿＿＿＿＿＿＿＿＿＿ 室温＿＿＿＿ 气压＿＿＿＿

年级	组	姓名	实验室	指导教师	日期

一、实验目的：

二、基本原理(简述)：

三、实验内容：
　　实验步骤：
　　实验现象和反应式：

四、实验结果：
　　产品外观：
　　产　　量：
　　含　　量：

五、问题和讨论：

成绩评定：
教师评语：

指导教师签名＿＿＿＿＿＿＿

无机化学性质实验报告

实验名称＿＿＿＿＿＿＿＿＿＿＿＿＿＿ 室温＿＿＿＿ 气压＿＿＿＿

年级　　　组　　姓名　　　实验室　　　指导教师　　　　日期

一、实验目的：

二、实验内容：

实 验 步 骤	实 验 现 象	解释和反应式

三、实验结论：

四、讨论：

成绩评定：

教师评语：

指导教师签名＿＿＿＿＿＿＿＿＿

四、仪器和实验装置的简易画法

在实验报告中有关仪器、实验装置和操作的叙述,若能引入一幅清晰的示意图,不仅能大大减少文字叙述,而且直观具体,一目了然。特别是对未来的化学教师所将要从事的教学要求来看,更应掌握绘制仪器和实验装置示意图的技巧。

1. 常见仪器的分步画法(见图 0-1)

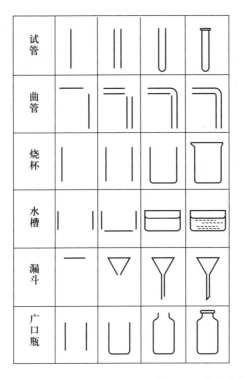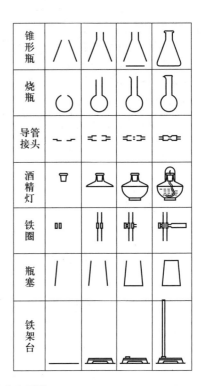

图 0-1　常见仪器的分步画法

2. 成套装置图的画法

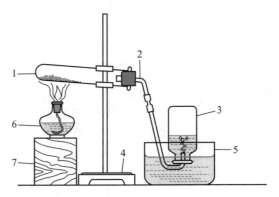

图 0-2　成套装置图的画法

1—试管;2—导管;3—集气瓶;4—铁架台;5—水槽;6—酒精灯;7—木垫

先画主体图,后画配件图,分步完成。例如,画实验室制取和收集氧气的装置图(见图0-2),应首先画出带塞的试管、导管和集气瓶,然后再画出图中其他配件,最后,在悬空的酒精灯下,可补画上木垫。

3. 一些常用仪器的简易画法(见图0-3)

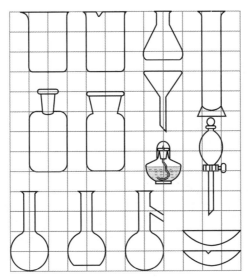

图0-3 常用仪器的简易画法

4. 平视图和立体图

图0-4中(A)是平视图,(B)是立体图。绘制仪器和装置示意图时,一般要注意:

(1)在同一幅图中,必须采用同一种透视法(平视图或立体图),其中以平视图较为易画常用;

(2)若采用立体图,透视方向必须统一;

(3)布局应照顾各个部位,以便清晰地表现出来;

(4)图中各部分的相对位置和彼此比例要与实际相符;

(5)要力求线条简洁,图形逼真。

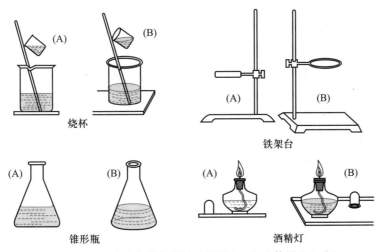

图0-4 几种常见化学仪器的平视图(A)和立体图(B)对比

第一部分

基础知识和基本操作

第一章　实验室基本常识

化学实验室是开展实验教学的主要场所。化学实验教学不同于传统的讲授教学,学生是教学过程中的主体,教师要充分发挥主导的作用。为了使学生尽快熟悉这种教学方式,规范教学秩序,必须制定相关的规章制度。

化学实验室涉及许多仪器、仪表、化学试剂,甚至有毒药品。保证教学人员的安全、实验室设备的完好、安全防火和保护环境是贯穿整个实验过程的十分重要的任务,也是要求学生掌握的重要课程内容。

本章对无机化学实验室中经常遇到的问题,加以扼要介绍,以引起教师和学生的重视。

一、遵守实验室规则

实验室规则是人们从长期的实验室工作中归纳总结出来的。它是保证实验人员正常从事实验的环境和工作秩序、防止意外事故、做好实验的一个重要前提,人人必须做到,严格遵守。

(1) 实验前一定要做好预习和实验准备工作,检查实验所需的药品、仪器是否齐全。做规定以外的实验,应先经教师允许。

(2) 实验时要集中精神,认真操作,仔细观察,积极思考,如实详细地做好记录。

(3) 实验中必须保持肃静,不准大声喧哗,不得到处乱走。不得无故缺席,因故缺席未做的实验应该补做。

(4) 爱护国家财物,小心使用仪器和实验室设备,注意节约水、电和煤气。每人应取用自己的仪器,不得动用他人的仪器;公用仪器和临时共用的仪器用毕应洗净,并立即送回原处。如有损坏,必须及时登记补领并且按照规定赔偿。

(5) 加强环境保护意识,采取积极措施,减少有毒气体和废液对大气、水和周围环境的污染。

(6) 剧毒药品必须有严格的管理、使用制度,领用时要登记,用完后要回收或销毁,并把洒落过剧毒药品的桌子和地面擦净,洗净双手(A级无机剧毒药品品名见附录13)。

(7) 实验台上的仪器、药品应整齐地放在一定的位置上并保持台面的清洁。每人准备一个废品杯,实验中的废纸、火柴梗和碎玻璃等应随时放入废品杯中,待实验结束后,集中倒入垃圾箱。酸性废液应倒入废液缸,切勿倒入水槽,以防腐蚀下水管道。碱性废液倒入水槽并用水冲洗。

(8) 按规定的量取用药品,注意节约。称取药品后,及时盖好原瓶盖。放在指定地方的药品不得擅自拿走。

(9) 使用精密仪器时,必须严格按照操作规程进行操作,细心谨慎,避免粗枝大叶而损坏仪器。如发现仪器有故障,应立即停止使用,报告教师,及时排除故障。精密仪器使用后要在登记本上记录使用情况,并经教师检查、认可。

（10）在使用煤气、天然气时要严防泄漏，火源要与其他物品保持一定的距离，用后要关闭阀门。

（11）实验后，应将所用仪器洗净并整齐地放回实验柜内。实验台和试剂架必须揩净，最后关好电和煤气开关、水龙头。实验柜内仪器应存放有序，清洁整齐。

（12）每次实验后由学生轮流值勤，负责打扫和整理实验室，并检查水龙头、煤气开关、门、窗是否关紧，电闸是否拉掉，以保持实验室的整洁和安全。教师检查合格后方可离去。

（13）如果发生意外事故，应保持镇静，不要惊慌失措；遇有烧伤、烫伤、割伤时应立即报告教师，及时救治。

二、注意实验安全

进行化学实验时，要严格遵守关于水、电、煤气和各种仪器、药品的使用规定。化学药品中，很多是易燃、易爆、有腐蚀性和有毒的。因此重视安全操作，熟悉一般的安全知识是非常必要的。

发生了安全事故不仅损害个人的健康，还会危及周围的人，并使公共财产受到损失，影响工作的正常进行。因此首先需要从思想上重视实验安全工作，决不能麻痹大意。其次，在实验前应了解仪器的性能和药品的性质以及本实验的安全注意事项。在实验过程中，应集中注意力，并严格遵守实验安全守则，以防意外事故的发生。再次，要学会一般救护措施。一旦发生意外事故，可进行及时处理。最后，对于实验室的废液，也要知道一些处理的方法，以保持实验室环境不受污染。

1. 实验室安全守则

（1）为了防止损坏衣物、伤害身体，做实验时必须穿长款实验服，不许穿拖鞋进实验室。留长发的学生要将头发挽起，以免受到伤害。

（2）不要用湿的手、物接触电源。水、电、煤气一经使用完毕，就立即关闭水龙头、煤气开关、拉掉电闸。点燃的火柴用后立即熄灭，不得乱扔。

（3）严禁在实验室内饮食、吸烟或把餐具带进实验室。实验完毕，必须洗净双手。

（4）绝对不允许随意混合各种化学药品，以免发生意外事故。

（5）金属钾、钠和白磷等暴露在空气中易燃烧，所以金属钾、钠应保存在煤油中；白磷则可保存在水中，取用时要用镊子。一些有机溶剂（如乙醚、乙醇、丙酮、苯等）极易引燃，使用时必须远离明火、热源，用毕立即盖紧瓶塞。

（6）含氧气的氢气遇火易爆炸，操作时必须严禁接近明火。在点燃氢气前，必须先检查并确保纯度符合要求。银氨溶液不能留存，因久置后会变成氮化银，易爆炸。某些强氧化剂（如氯酸钾、硝酸钾、高锰酸钾等）或其混合物不能研磨，否则将引起爆炸。

（7）应配备必要的护目镜。倾注药剂或加热液体时，容易溅出，不要俯视容器。尤其是浓酸、浓碱具有强腐蚀性，切勿使其溅在皮肤或衣服上，眼睛更应注意防护。稀释酸、碱时（特别是浓硫酸），应将它们慢慢倒入水中，而不能反向进行，以避免迸溅。加热试管时，切记不要使试管口指向人。实验时不要揉眼睛，以免将化学试剂揉入眼中。

（8）不要俯向容器去嗅放出的气味。正确操作应是面部远离容器，用手把逸出容器的气体慢慢地扇向自己的鼻孔。能产生有刺激性或有毒气体（如 H_2S、HF、Cl_2、CO、NO_2、SO_2、Br_2 等）的实验必须在通风橱内进行。

（9）有毒药品（如重铬酸钾、钡盐、铅盐、砷的化合物、汞的化合物，特别是氰化物）不得进入口内或接触伤口。剩余的废液也不能随便倒入下水道，应倒入废液缸或教师指定的容器里。

（10）金属汞易挥发，并可以通过呼吸道而进入人体内，逐渐积累会引起慢性中毒。所以做金属汞的实验时应特别小心，不得把金属汞洒落在桌上或地上。一旦洒落，必须尽可能收集起来，并用硫黄粉盖在洒落的地方，使金属汞转变成不挥发的硫化汞。

（11）实验室所有药品不得携出室外。用剩的有毒药品必须全部交还给教师。

2. 实验室事故的处理

（1）创伤　伤处不能用手抚摸，也不能用水洗涤。若是玻璃创伤，应先把碎玻璃从伤处挑出。轻伤可涂以紫药水（或红汞、碘酒），必要时撒些消炎粉或敷些消炎膏，用绷带包扎。伤口较小时，也可用创口贴敷盖伤口。

（2）烫伤　不要用冷水洗涤伤处。伤处皮肤未破时，可涂擦饱和碳酸氢钠溶液或用碳酸氢钠粉调成糊状敷于伤处，也可抹獾油或烫伤膏；如果伤处皮肤已破，可涂些紫药水或1%高锰酸钾溶液。

（3）受酸腐蚀致伤　先用大量水冲洗，再用饱和碳酸氢钠溶液（或稀氨水、肥皂水）洗，最后再用水冲洗。如果酸液溅入眼内，用大量水冲洗后，送医院诊治。

（4）受碱腐蚀致伤　先用大量水冲洗，再用2%醋酸溶液或饱和硼酸溶液洗，最后用水冲洗。如果碱液溅入眼中，用硼酸溶液洗。

（5）受溴腐蚀致伤　用苯或甘油洗濯伤口，再用水洗。

（6）受磷灼伤　用1%硝酸银，5%硫酸铜或浓高锰酸钾溶液洗濯伤口，然后包扎。

（7）吸入刺激性或有毒气体　吸入氯气、氯化氢气体时，可吸入少量酒精和乙醚的混合蒸气解毒。吸入硫化氢或一氧化碳气体而感到不适时，应立即到室外呼吸新鲜空气。应注意氯气、溴中毒不可进行人工呼吸，一氧化碳中毒不可施用兴奋剂。

（8）毒物进入口内　将 $5\sim10$ mL 稀硫酸铜溶液加入一杯温水中，内服后，用手指伸入咽喉部，促使呕吐，吐出毒物，然后立即送医院。

（9）触电　首先切断电源，然后在必要时进行人工呼吸。

（10）起火　若不慎起火，要立即一面灭火，一面防止火势蔓延（如采取切断电源，移走易燃药品等措施）。灭火要针对起火原因选用合适的灭火方法和灭火设备（见表1-1）。一般的小火可用湿布、石棉布或沙子覆盖燃烧物，即可灭火。火势大时可使用泡沫灭火器。但电器设备所引起的火灾，只能使用二氧化碳或四氯化碳灭火器灭火，不能使用泡沫灭火器，以免触电。实验人员衣着着火时，切勿惊慌乱跑，赶快脱下衣服，或用石棉布覆盖着火处。

表1-1　常用的灭火器及其使用范围

灭火器类型	药液成分	适用范围
酸碱式	H_2SO_4，$NaHCO_3$	非油类，非电器的一般火灾
泡沫灭火器	$Al_2(SO_4)_3$，$NaHCO_3$	油类起火
二氧化碳灭火器	液态 CO_2	电器、小范围油类和忌水的化学品起火
干粉灭火器	$NaHCO_3$ 等盐类，润滑剂，防潮剂	油类，可燃性气体，电器设备，精密仪器，图书文件和遇水易燃烧药品的初起火灾
1211 灭火器	CF_2ClBr 液化气体	特别适用于油类，有机溶剂，精密仪器，高压电气设备起火

（11）伤势较重者,应立即送医院。

附:实验室急救药箱

为了对实验室内意外事故进行紧急处理,应该在每个实验室内准备一个急救药箱。药箱内可准备下列药品:

红药水	碘酒(3%)
烫伤膏	碳酸氢钠溶液(饱和)
饱和硼酸溶液	醋酸溶液(2%)
氨水(5%)	硫酸铜溶液(5%)
高锰酸钾晶体(需要	氯化铁溶液(止血剂)
时再制成溶液)	甘油

另外,消毒纱布、消毒棉(均放在玻璃瓶内,磨口塞紧)、剪刀、棉签、创口贴等,也是不可缺少的。

3. 实验室废液的处理

实验中经常会产生某些有毒的气体、液体和固体,都需要及时排弃,特别是某些剧毒物质,如果直接排出就可能污染周围空气和水源,损害人体健康。因此,对废液和废气、废渣要经过一定的处理后,才能排弃。在人口集中的城市和有条件的情况下,经过处理或浓缩的排弃物要分类存放在贴有标签的固定容器中,定期交给专门处理废弃化学药品的专业公司,按照国家规定处理。在不具备专业公司处理的条件下,少量废弃物也必须在远离水源和人口聚集区域深埋,不允许随意丢弃或掩埋。

产生少量有毒气体的实验应在通风橱内进行。通过排风设备将少量毒气排到室外,使排出气在外面大量空气中稀释,以免污染室内空气。产生毒气量大的实验必须备有吸收或处理装置。如二氧化氮、二氧化硫、氯气、硫化氢、氟化氢等可用导管通入碱液中,使其大部分被吸收后排出;一氧化碳可点燃转变成二氧化碳。少量有毒的废渣常埋于地下(应有固定地点)。下面主要介绍一些常见废液处理的方法。

（1）无机实验中通常大量的废液是废酸液。废酸缸中废酸液可先用耐酸塑料纱网或玻璃纤维过滤,滤液加碱中和,调 pH 至 6～8 后就可排出。少量滤渣集中分类存放,统一处理。

（2）废铬酸洗液可以用高锰酸钾氧化法使其再生,重复使用。氧化方法:先在 110～130 ℃下将其不断搅拌、加热、浓缩,冷却至室温,缓缓加入高锰酸钾粉末。每 1 000 mL 洗液加入 10 g 左右高锰酸钾粉末,边加、边搅拌,直至溶液呈深褐色或微紫色,不要过量。然后直接加热至有三氧化硫出现,停止加热。稍冷,通过玻璃砂芯漏斗过滤,除去沉淀;冷却后析出红色三氧化铬沉淀,再加适量硫酸使其溶解即可使用。少量的废铬酸洗液可加入废碱液或石灰使其生成氢氧化铬(Ⅲ)沉淀,集中分类存放,统一处理。

（3）氰化物是剧毒物质,含氰废液必须认真处理。对于少量的含氰废液,可先加氢氧化钠调至 pH>10,再加入几克高锰酸钾使 CN^- 氧化分解。大量的含氰废液可用碱性氯化法处理。先用碱将废液调至 pH>10,再加入漂白粉,使 CN^- 氧化成氰酸盐,并进一步分解为二氧化碳和氮气。

（4）含汞盐废液应先调 pH 至 8~10,然后加适当过量的硫化钠生成硫化汞沉淀,并加硫酸亚铁生成硫化亚铁沉淀,从而吸附硫化汞共沉淀下来。静置后再离心、过滤、分离。清液中的汞含量降到 $0.02 \text{ mg} \cdot \text{L}^{-1}$ 以下可排放。少量残渣要集中分类存放,统一处理。大量残渣可用焙烧法回收汞,但注意一定要在通风橱内进行。

（5）对含重金属离子的废液,最有效和最经济的处理方法是加碱或加硫化钠把重金属离子变成难溶性的氢氧化物或硫化物沉积下来,然后过滤分离,少量残渣要集中分类存放,统一处理。

三、培养良好的学风

总之,由于无机化学是在一年级开设的,具有一定的启蒙性,要做好无机化学实验,完成无机化学实验教学的任务,教与学的双方都必须积极努力。

教师要充分发挥主导作用,必须明确教师不只是"宣讲员""裁判员",更是肩负重任的"教练员",是培养学生实验能力、启发学生思维发展的导师。教师在每个实验中要认真、负责、严格地要求学生。特别要重视实验工作能力的培养和基本操作的训练,并贯穿各个具体实验之中。每个实验既要有完成具体实验内容的教学任务,也要有进行基本操作训练方面的要求。实验教学对人才的培养是全面的,既有实验知识的传授,又有操作技能、技巧的训练;既有逻辑思维的启发和引导,又有良好习惯、作风和科学工作方法的培养。因此,教师既要耐心、细致地言传身教,又要认真、严格地要求学生;既不能操之过急,包办代替,也不能不闻不问,任其自流。

学生必须懂得无机化学实验的基本操作训练与实验能力的培养,是高年级实验甚至是以后掌握新的实验技术的必备基础。对于每一个实验,不仅要在原理上搞清、弄懂,而且要在基本操作上进行严格的训练,要注意操作的规范化。即使是一个很简单的操作也要按教师的要求一丝不苟地进行练习。不要怕麻烦、图省事。要明确,任何操作只有通过实践才能学会,何况是会了并不等于熟练,由会了到熟练要经过不断地练习,勤学还得苦练。另外也要看到实验对自己的锻炼和培养是多方面的,要注意从各方面严格要求自己,如对实验方法、步骤的理解和掌握,对实验现象的观察和分析,就是在培养自己的科学思维和工作方法;又如桌面保持整洁,仪器存放有序、污物不乱扔,就是培养自己从事科学实验的良好习惯和作风。不能认为这些都是无关紧要的小事而不认真去做。须知,小事是构成大事的基石,人才是在平常点滴的锤炼中逐渐成长起来的。

基本操作的训练必须逐步而有层次、有重点地进行。一些基本而重要的、无机化学实验中必须掌握的操作要多次反复地进行练习,以达到熟练自如的程度。一些非重点的、后续实验课还要训练的操作,只要求初步训练。本书各实验中基本操作累计见表 1-2 和表 1-3。

表1-2　各实验中基本操作累计一览表(一)

实验类型	实验名称	仪器洗涤干燥	灯的使用	加热	常压过滤	离心分离	减压过滤	结晶或重结晶	试管操作	试剂取用	托盘天平的使用	分析天平的使用	气体发生、收集	溶液的配制	滴定管的使用	容量瓶的使用	吸管的使用	量筒的使用	玻璃管切割	配塞钻孔	萃取	蒸馏	使用启普发生器的	常见仪器或测定方法
基础知识和基本操作	1. 仪器的认领、洗涤和干燥	1																						
	2. 灯的使用,玻璃管及塑料管的简单加工	2	1	1															1	1				
	3. 溶液的配制	3								1	1	1		1		1	1	1						密度计
	4. 胆矾结晶水的测定	4	2	2						2		2												干燥器,温度计
	5. 氢气的制备和铜相对原子质量的测定	*	3	3					1	3		3	1										1	安装装置
	6. 二氧化碳相对分子质量的测定	*								4		4	2										2	安装装置
	7. 转化法制备硝酸钾	*	4	4	1		1	1		*	2			2		2		2						甘油浴
	8. Fe^{3+}、Al^{3+}的分离	*								*				3			3				1	1		
	9. 水的净化	*								*						2	4	2	2					离子交换柱,电导率仪
基本化学原理	10. 过氧化氢分解热的测定	*								*							*							秒表,温度计
	11. 化学反应速率与活化能	*								*														秒表
	12. $I_3^- \rightleftharpoons I^- + I_2$ 平衡常数的测定	*								*				4	1	3	3	*						
	13. 醋酸解离度和解离常数的测定	*								*				*	2	4	4							pH计
	14. 碘化铅溶度积的测定	*								*						3	*	*						离子交换柱
	15. 氧化还原反应和氧化还原平衡	*						2																伏特计
	16. 磺基水杨酸铁(Ⅲ)配合物的组成及其稳定常数的测定	*								*						*	*	*						分光光度计

实验类型	实验名称	仪器洗涤干燥	灯的使用	加热	常压过滤	离心分离	减压过滤	结晶或重结晶	试管操作	试剂取用	托盘天平的使用	分析天平的使用	气体发生、收集	溶液的配制	滴定管的使用	容量瓶的使用	吸管的使用	量筒的使用	玻璃管切割	配塞钻孔	萃取	蒸馏	启普发生器的使用	常见方法仪器或测定
基础元素化学	17. p区非金属元素（一）	*			2	1			3	*			3											
	18. p区非金属元素（二）	*	*			2			4	*														焰色反应
	19. 常见非金属阴离子的分离与鉴定	*				3			*	*														
	20. 主族金属	*	*	*		4			*	*														焰色反应
	21. ds区金属	*	*			*			*	*														
	22. 常见阳离子的分离与鉴定（一）	*	*	*		*			*	*														

注：表格中的数字表示该基本操作在本实验中重复出现的实验次数，重复出现5次以上用"＊"表示，要求熟练掌握。

表 1-3 各实验中基本操作累计一览表（二）

实验类型	实验名称	仪器洗涤干燥	灯的使用	加热	常压过滤	离心分离	减压过滤	结晶或重结晶	试管操作	试剂取用	托盘天平的使用	分析天平的使用	气体发生、收集	溶液的配制	滴定管的使用	容量瓶的使用	吸管的使用	量筒的使用	玻璃管切割	回流	萃取	蒸馏	IR	常见仪器方法或测定
基础元素化学	23. 第四周期d区元素（一）	*	*	*			*		*	*	3													沙浴
	24. 第四周期d区元素（二）	*					*		*	*														
	25. 常见阳离子的分离与鉴定（二）	*		*			*		*	*														
无机化合物的制备	26. 由粗食盐制备试剂级氯化钠	*	*	*	3		*	2	2		*		4	4										目视比色法
	27. 高锰酸钾的制备及含量的测定	*	*	*			3	3			*	*	*		4									烘箱
	28. 由钛铁矿制取二氧化钛	*					4	4	*	*							*	*						
	29. 硫代硫酸钠的制备	*	*		4		*	*	*	*			*	*						1				回流
	30. 一种钴（Ⅲ）配合物的制备			*	*				*															电导率测量
	31. 十二钨磷酸的合成及其红外吸收光谱表征	*	*	*																2			1	磁力搅拌

实验类型	实验名称	仪器洗涤干燥	灯的使用	加热	常压过滤	离心分离	减压过滤	结晶或重结晶	试管操作	试剂取用	托盘天平的使用	分析天平的使用	气体发生、收集	溶液的配制	滴定管的使用	容量瓶的使用	吸管的使用	量筒的使用	玻璃管切割	回流	萃取	蒸馏	IR	常见仪器或定方法测
无机化合物的制备	32. 四氯化锡的制备	*	*	*						*			*					*						微型仪器安装，回流，熔点测定
	33. 四碘化锡的制备	*		*			*			*	*									2				毛细管法测定熔点
	34. 醋酸铬（Ⅱ）水合物的制备	*						*		*	*							*						
	35. 反尖晶石类型化合物铁（Ⅲ）酸锌（ZnFe$_2$O$_4$）的制备及结构表征	*		*				*	*	*	*	*	*											高温灼烧，X射线衍射相分析

注：表格中的数字表示实验教学进行到本实验时该基本操作在实验中已重复出现的次数，重复出现5次以上用"*"表示，要求熟练掌握。

[思考题]

学习第一章内容并回答下列问题：

1. 依据实验室学生守则，实验前，实验过程中和实验后应做好哪些工作？

2. 如何稀释浓酸、强碱溶液？如何嗅气体的气味？

3. 如何处置烫伤、碱腐蚀损伤以及吸入氯气和氯化氢等有害气体？

4. 紧急救治时，什么情况下可以进行人工呼吸？什么情况下不可以进行人工呼吸？

5. 何为三废？如何处置铬酸废液？水银温度计打碎了应如何处理？

6. 怎样扑灭由活泼金属和有机溶剂引起的火灾？

7. 如何培养良好的学风？

第二章 化学实验中的数据表达与处理

一、测量误差与有效数字

在测量实验中,取同一试样进行多次重复测试,其测定结果常常不会完全一致。这说明测量误差是普遍存在的。人们在进行各项测试工作中,既要掌握各种测定方法,又要对测量结果进行评价。分析测量结果的精密度、误差的大小及其产生的原因,以求不断提高测量结果的准确度。

1. 误差与偏差

(1) 准确度与误差　准确度是指测量值与真实值之间相差的程度,用误差表示。误差越小,表明测量结果的准确度越高。反之,准确度就越低。误差可以表示为绝对误差和相对误差:

$$绝对误差(E) = 测量值(x) - 真实值(x_T)$$

$$相对误差(E_r) = \frac{绝对误差}{真实值} \times 100\% = \frac{x - x_T}{x_T} \times 100\%$$

绝对误差只能显示出误差变化的范围,不能确切地表示测量精度。相对误差表示误差在测量结果中所占的百分数,测量结果的准确度常用相对误差表示。绝对误差可以是正值或者负值,正值表示测量值较真实值偏高,负值表示测量值较真实值偏低。

(2) 精密度与偏差　精密度是指在相同条件下多次测量结果互相吻合的程度,表现了测定结果的再现性。精密度用偏差表示。

设一组多次平行测量测得的数据为 $x_1, x_2, \cdots, x_n$,则各单次测量值 x_i 与平均值 $\bar{x}$ 的绝对偏差 d_i 为

$$d_1 = x_1 - \bar{x}; d_2 = x_2 - \bar{x}; \cdots; d_n = x_n - \bar{x}$$

$$平均值 \quad \bar{x} = \frac{x_1 + x_2 + \cdots + x_n}{n} = \frac{1}{n} \sum_{i=1}^{n} x_i$$

单次测量值的相对偏差 $d_r = \frac{d_i}{\bar{x}} \times 100\%$

为了说明测量结果的精密度,可以用平均偏差表示:

$$\bar{d} = \frac{|d_1| + |d_2| + \cdots + |d_n|}{n}$$

也可用相对平均偏差($\bar{d}_r$)来表示:

$$\bar{d}_r = \frac{\bar{d}}{\bar{x}} \times 100\%$$

相对平均偏差越小,说明测定结果的精密度越高。

由以上分析可知,误差以真实值为标准,偏差以多次测量结果的平均值为标准。误差与偏差、准确度与精密度的含义不同,必须加以区别。但是由于在一般情况下,真实值是不知道的(测量的目的就是为了测得真实值),因此处理实际问题时常常在尽量减小系统误差的前提下,把多次平行测得结果的平均值当作真实值,把偏差作为误差。

2. 误差的种类及其产生原因

(1) 系统误差 这种误差是由某种固定的原因造成的,如方法误差(由测定方法本身引起的)、仪器误差(仪器本身不够准确)、试剂误差(试剂不够纯)、操作误差(正常操作情况下,操作者本身的原因)。这些情况产生的误差在同一条件下重复测定时会重复出现。一般来说,由于系统误差具有可测性、单向性和重复性的特点,出现的原因比较明确,因而可以设法除去。

(2) 随机误差 又称偶然误差,这是由一些难以控制和预见的因素随机变动而引起的误差,如测定时的温度、大气压力的微小波动,仪器性能的微小变化,操作人员对各份试样处理时的微小差别等。由于引起原因有偶然性,所以误差是可变的,有时大,有时小,有时是正值,有时是负值。

除上述两类误差外,还有因工作疏忽,操作马虎而引起的过失误差。如试剂用错、刻度读错、砝码认错或计算错误等,均可引起很大误差,这些都应尽力避免。

(3) 准确度与精密度的关系 系统误差是测量中误差的主要来源,它影响测定结果的准确度,偶然误差影响测定结果的精密度。测定结果要准确高,一定先要精密度好,表明每次测定结果的再现性好。若精密度很差,说明测定结果不可靠,已失去衡量准确度的前提。

有时测量结果精密度很好,说明它的偶然误差很小,但不一定准确度就高。只有在系统误差小时,才能做到既精密度好又准确度高。因此,在评价测量结果的时候,必须将系统误差和偶然误差的影响结合起来,以提高测定结果的准确度。

3. 提高测量结果准确度的方法

为了提高测量结果的准确度,应尽量减小系统误差,尽力避免过失误差。认真仔细地进行多次测量,取其平均值作为测量结果,可以减少偶然误差。在测量过程中,提高准确度的关键是尽可能地减少系统误差。系统误差总是以相同的符号出现,在相同的条件下重复实验无法消除。可以选择合适的方法,测量前对仪器进行校正,使用标准试样或修正计算公式来消除。

(1) 校正测量仪器和测量方法 在测量之前,要根据实验结果对准确度的要求选择适当的校正方法。例如,对于产品质量等级的鉴定,要用国家标准方法与选用的测量方法相比较,以校正所选用的测量方法。

对准确度要求较高的测量,要对选用的仪器,如天平砝码、滴定管、移液管、容量瓶、温度计等进行校正。但当准确度要求不高时(如允许相对误差<1%),正常工作的仪器、器具的精度能够满足实验的要求,一般不必校正仪器。

(2) 空白实验 空白实验是在同样测定条件下,用蒸馏水代替试液,用同样的方法进行实验。其目的是消除由试剂(或蒸馏水)和仪器带进杂质所造成的系统误差。

(3) 对照实验 对照实验是用已知准确成分或含量的标准试样代替待测试样,在同样的测定条件下,用同样的方法进行测定的一种方法。其目的是判断试剂是否失效,反应条件是否控制适当,操作是否正确,仪器是否正常等。

对照实验也可以用不同的测定方法,或由不同单位、不同人员对同一试样进行测定来互相对照,以说明所选方法的可靠性。是否善于利用空白实验、对照实验,是分析问题和解决问题能力大小的主要标志之一。

（4）增加平行测定次数,减小随机误差 随机误差可正、可负、可大、可小,但是它完全遵循统计规律。按照概率统计的规律,如果测定的次数足够多,取各种测定结果的平均值时,该平均值就代表了真实值。

4. 有效数字

（1）有效数字位数的确定 在化学实验中,经常需要对某些物理量进行测量并根据测得的数据进行计算。测定物理量时,应采用几位数字,在数据处理时又应保留几位数字？为了合理地取值并能正确运算,需要了解有效数字的概念。

有效数字是实际能够测量到的数字。到底要采取几位有效数字,这要根据测量仪器和观察的精确程度来决定。例如,在托盘天平上称量某物为 7.8 g,因为托盘天平的精密度为 ± 0.1 g,所以该物质量可表示为（7.8 ± 0.1）g,它的有效数字是 2 位。加/减号前面的数字是以有效数字形式表示的数据,加/减号后面的数字是测量的平均偏差（或误差）。如果将该物放在分析天平上称量,得到的结果是 7.812 5 g,由于分析天平的精密度为 ± 0.000 1 g,所以该物质量可以表示为（$7.812\ 5 \pm 0.000\ 1$）g,它的有效数字是 5 位。又如,在用最小刻度为 1 mL 的量筒测量液体体积时,测得体积为 17.5 mL 其中 17 mL 是直接由量筒的刻度读出的,而 0.5 mL 是估计的,所以该液体在量筒中准确读数可表示为（17.5 ± 0.1）mL,它的有效数字是 3 位。如果将该液体用最小刻度为0.1 mL的滴定管测量,则其中体积为 17.56 mL,其中 17.5 mL 是直接从滴定管的刻度读出的,而 0.06 mL 是估计的,所以该液体的体积可以表示为（17.56 ± 0.01）mL,它的有效数字是4 位。

从上面的例子可以看出,有效数字与仪器的精确程度有关,其最后一位数字是估计的（可疑数）,其他的数字都是准确的。因此,在记录测量数据时,任何超过或低于仪器精确程度的有效位数的数字都是不恰当的。如果在托盘天平上称得某物质量为 7.8 g,不可计为 7.800 g。在分析天平称得某物质量恰为 7.800 0 g,亦不可记为 7.8 g,因为前者夸大了仪器的精确度,后者缩小了仪器的精确度（表 2-1）。

有效数字的位数可用下面几个数值为例来说明:

数值	0.005 6	0.050 6	0.506 0	56	56.0	56.00
有效数字的位数	2 位	3 位	4 位	2 位	3 位	4 位

数字 1,2,3,4,5,…,9 都可作为有效数字,只有"0"有些特殊。它在数字的中间或数字后面时,则表示一定的数量,应当包括在有效数字的位数中。但是,如果"0"在数字的前面时,它只是定位数字,用来表示小数点的位置,而不是有效数字。在化学实验的数据记录中,常常用科学计数法表示数据。例如,（5.6 ± 0.1）$\times 10^{-3}$ 表示 2 位有效数字;（5.600 ± 0.001）$\times 10^{-3}$ 表示 4 位有效数字。

在记录实验数据和有关的化学计算中,要特别注意有效数字的运用,否则会使计算结果不准确。

表 2-1　常用仪器的精密度及数据表示

仪器名称	仪器精密度/g	数据记录示例（质量/g）	有效数字
托盘天平	0.1	15.6±0.1	3 位
1/100 天平	0.01	15.61±0.01	4 位
分析天平	0.000 1	7.812 5±0.000 1	5 位
	仪器平均偏差/mL	数据记录示例（体积/mL）	
10 mL 量筒	0.1	10.0±0.1	3 位
100 mL 量筒	1	10±1	2 位
	仪器相对平均偏差/%	数据记录示例（体积/mL）	
25 mL 移液管	0.2	25.00±0.05	4 位
50 mL 滴定管	0.1	25.00±0.05	4 位
100 mL 容量瓶	0.2	100.0±0.2	4 位

对数值的有效数字位数,仅由小数部分的位数决定。因此对数运算时,对数尾数部分的有效数字位数应与相应的真数的有效数字位数相同。例如 pH = 7.68,即 $c_{H^+} = 2.1 \times 10^{-8}$ mol·L^{-1},有效数字为 2 位,而不是 3 位。

（2）有效数字的使用规则

① 数字修约规则　实验中所测得的各个数据,由于测量的准确程度不完全相同,因而其有效数字的位数可能也不同。在数据的记录和数学运算中需要重新确定各测量值的有效数字位数,舍弃其后多余的数字。舍弃多余数字的过程称为"数字修约"。根据我国国家标准（GB）,修约规则为"四舍六入五成双",即

当测量值中被修约的那个数字等于或小于 4 时,则舍去。例如,数据 16.343 6 要保留一位小数,被修约的数字为 4,则 16.343 6→16.3。

当测量值中被修约的那个数字等于或大于 6 时,则进一。例如,数据 16.363 6 要保留一位小数,被修约的数字为 6,则 16.363 6→16.4。

当测量值中被修约的那个数字等于 5 时,而 5 之后的数字不全为"0"时,则进一。例如,数据 1.250 6 要保留一位小数,被修约的数字为 5,其后数字为 06,则 1.250 6→1.3。

当测量值中被修约的那个数字等于 5 时,而 5 之后的数字全为 0 时;5 之前的数字为奇数,则进一;5 之前的数字为偶数（包括"0"）,则不进,总之使末位数成偶数。例如,下列数据保留一位小数:

$$1.350\ 0 \rightarrow 1.4$$
$$1.650\ 0 \rightarrow 1.6$$
$$1.050\ 0 \rightarrow 1.0$$

一个数据不论舍去多少位,只能修约一次。

② 加减运算　几个数据在进行加减运算时,所得结果的小数点后面的位数应该与各加减数中小数点后面位数最少者相同。

例如,将 28.3,0.17,6.39 三数相加,它们的和为

$$
\begin{array}{r}
28.\underline{3} \\
0.1\underline{7} \\
+)\ 6.3\underline{9} \\
\hline
34.\underline{86}
\end{array}
\quad \text{应改为 34.9}
$$

显然,在三个相加数值中,28.3 是小数点后面位数最少者,该数的精确度只到小数点后一位,即 28.3±0.1,所以在其余两个数值中,小数点后的第二位数在加和中是没有意义的。显然加和数中小数点后第二位数值也是没有意义的。因此应当用修约规则弃去多余的数字。

在计算时,为简便起见,可以在进行加减前就将各数值修约,再进行计算。如上述三个数值之和可修约为

$$
\begin{array}{r}
28.3 \\
0.2 \\
+)\ 6.4 \\
\hline
34.9
\end{array}
$$

③ 乘除运算　几个数据在进行乘、除运算时,所得结果的有效数字的位数,应与参与运算的数值中有效数字位数最少的相同,而与小数点的位置无关。

例如,0.012 1,25.64,1.057 82 三数相乘,其积为

$$0.0121 \times 25.64 \times 1.057\,82 = 0.328182\,308\,08$$

所得结果的有效数字的位数应与三个数值中有效数字最少的 0.012 1 的位数(三位)相同,故结果应改为 0.328。这是因为,在数值 0.012 1 中,0.000 1 是不太准确的,它和其他数值相乘时,直接影响到结果的第三位数字,显然乘积中第三位以后的数字是没有意义的。

在进行一连串数值的乘(除)运算时,也可以先将各数修约,然后运算。如上例中三个数值连乘,可先修约为

$$0.012\,1 \times 25.6 \times 1.06$$

在最后结果中应保留三位有效数字。需要说明的是,在进行计算的中间过程中,可多保留一位有效数字运算,以消除在修约数字中累积的误差。

④ 对数运算　在对数运算中,真数有效数字的位数应与对数的尾数的位数相同,而与首数无关。首数是供定位用的,不是有效数字。

例如:$\lg 15.36 = 1.186\,4$ 是四位有效数字,不能写成 $\lg 15.36 = 1.186$ 或 $\lg 15.36 = 1.186\,39$。

⑤ 若数据的首位数字大于 8 时,则有效数字的位数可以多算一位。例如,8.68 可看作 4 位有效数字。

⑥ 只有在涉及直接或间接测定的物理量时才考虑有效数字。对于像 π、e 以及手册中查到的常数,可以认为其有效数字的位数是无限的,不影响其他数字的修约,可按需要取适当的位数。一些分数或系数等应视其有足够多的有效数字,可以直接计算,不必考虑其本身的修约问题。其他如相对原子质量、摩尔气体常数等基本数值,如需要的有效数字少于公布的数值,可以根据需要修约。

二、化学实验中的数据处理与表达

1. 少量次测定实验数据的处理

在化学基础实验中,如数据的精密度较好,一般一个数据只要求重复测定二、三次,再用平均值作为结果。若需要注明结果的误差,可根据方法误差或者根据所用仪器的精密度估计出来。对于准确度要求较高的实验,往往要多次重复实验,然后按照统计学的方法,将数据的准确范围表示出来。一般情况下,可以将准确值 μ 表示为: $\mu = \bar{x} \pm \bar{d}$;其中 $\bar{x}$ 为算术平均值; $\bar{d}$ 为平均偏差。

按照统计学规律也经常按照相对标准偏差、置信度与平均值的置信区间的方法表示。

（1）相对标准偏差方法　有限次数实验结果的标准偏差(s)定义为

$$s = \sqrt{\frac{\sum\limits_{i=1}^{n}(x_i - \bar{x})^2}{n-1}}$$

式中,n 为测定次数。也可以将准确值 μ 表示为 $\mu = \bar{x} \pm s$。

有限次数实验结果的相对标准偏差($\bar{s}$)定义为 $\bar{s} = \dfrac{s}{\bar{x}} \times 100\%$。

（2）置信度与平均值的置信区间　在有限次数的实验测定中,只能求出平均值及其可能达到的准确范围。例如,可以将经 5 次测定的 $CuSO_4$ 的质量分数表达为 27.37%±0.04%。这说明尽管 $CuSO_4$ 的真正含量不知道,但可以理解为位于上述闭区间内。可是,另一个值得关心的问题是,真实值落入上述区间内的可能性（概率）究竟有多大？这个概率称为置信度,这一范围称为平均值的置信区间。

由统计学可以推导出真实值 μ 与平均值间具有以下关系:

$$\mu = \bar{x} \pm \frac{ts}{\sqrt{n}}$$

式中,t 为选定的某一置信度下的概率系数,可以从表 2-2 中查得。根据定义,上式即表示在所选置信度下的平均值置信区间。

表 2-2　对于不同测定次数及不同置信度的 t 值

测定次数 n	置　信　度				
	50%	90%	95%	99%	99.5%
2	1.000	6.314	12.706	63.657	127.32
3	0.816	2.920	4.303	9.925	14.089
4	0.765	2.353	3.182	5.481	7.453
5	0.741	2.132	2.776	4.604	5.598
6	0.727	2.015	2.571	4.032	4.773
7	0.718	1.943	2.447	3.707	4.317
8	0.711	1.895	2.365	3.500	4.029
9	0.706	1.806	2.306	3.355	3.832

测定次数 n	置 信 度				
	50%	90%	95%	99%	99.5%
10	0.703	1.833	2.262	3.250	3.690
11	0.700	1.812	2.228	3.169	3.581
21	0.687	1.725	2.086	2.845	3.153
∞	0.674	1.645	1.960	2.576	2.807

（3）极端值的剔除 按照统计学规律,随机误差遵循正态分布曲线的规律。借助数理统计方法可以计算出,测定误差在标准误差 $\pm\sigma$（标准偏差, $\pm s$）之间出现的概率为 68.3%,在 $\pm2\sigma$（$\pm2s$）之间出现的概率为 95.5%,在 $\pm3\sigma$（$\pm3s$）之外出现的概率很小,仅为 0.3%。因此在多次重复测定时,如果个别数据测定误差的绝对值超出 3σ（$3s$）,即可视为极端值,舍去是合理的。从另一方面讲,若某个数据的误差很大,则应十分警惕,因为从概率论角度讲,一旦可能性很小的事件发生了,其中必有值得注意的地方。

（4）可疑值的取舍（Q 检验法） 在实验测定过程中,常会遇到个别数据与平均值差值较大的情况。这种明显偏离平均值的测定值称为离群值或可疑值。如果确实查明该值是由于过失引起的,可以舍去。否则,就必须利用统计学的方法进行检验,以决定取舍。常用的检验方法有很多种,这里只介绍 Q 检验法。

当测定次数 $n=3\sim10$ 时,根据要求选择置信度并按下列步骤进行:

① 将各数据按递增顺序排列: $x_1, x_2, x_3 \cdots, x_n$。

② 计算 $Q_{计} = \dfrac{x_n - x_{n-1}}{x_n - x_1}$ 或 $Q_{计} = \dfrac{x_2 - x_1}{x_n - x_1}$。

③ 按实验要求的置信度和测定次数查表 2-3,得到 $Q_{表}$。

④ 比较 $Q_{计}$ 和 $Q_{表}$,若 $Q_{计} \geqslant Q_{表}$,则舍去可疑值,否则应予以保留。注意,若 $Q_{计} \approx Q_{表}$,且测定次数较少时,为慎重起见,应补做一两次实验后再检验。

表 2-3 不同置信度下,丢弃可疑数据的 Q 值表

测定次数 n	$Q_{0.90}$	$Q_{0.96}$	$Q_{0.99}$
3	0.94	0.98	0.99
4	0.76	0.85	0.93
5	0.64	0.73	0.82
6	0.56	0.64	0.74
7	0.51	0.59	0.68
8	0.47	0.54	0.63
9	0.44	0.51	0.60
10	0.41	0.48	0.57

2. 化学实验数据的表达

为了表示实验结果和分析其中规律,需要将实验数据归纳和整理。在无机化学实验中主要采用列表法和作图法。

（1）列表法　在无机化学实验中,最常用的是函数表。将自变量 x 和因变量 y 一一对应排列成表格,以表示二者的关系。列表时注意以下几点:

① 每个完整的数据表必须有表的序号、名称、项目、说明及数据来源。

② 原始数据表格应记录包括重复测量结果的每个数据,表内或表外适当位置应注明温度、大气压力、日期与时间、仪器与方法等条件。

③ 将表格分为若干行和列。每一自变量 x 占一列,每一因变量 y 占一行。根据物理量＝数值×单位的关系,将量纲、公共乘方因子放在每一行和列的第一栏名称下,以物理量的符号除以单位来表示,如 $t/℃$, p/kPa 等,使其中的数据尽量化为最简单的形式,一般为纯数。

④ 每一行所记录的数字应注意其有效数字的位数,按照小数点将数据对齐。如果用指数表示数据时,可将指数放在行名旁,但此时指数上的正、负号应异号。例如,测得的 K_a 为 1.75×10^{-5} ,则行名可写为 $K_a \times 10^5$ 。

⑤ 自变量的选择有一定的灵活性。通常选择较简单的变量(如温度、时间、浓度等)作为自变量。自变量要有规律的递增或递减,最好为等间隔。

（2）作图法　实验数据常需要用图形来表达,图形可直观地表示出数据的规律性和特点。根据图形还可求得斜率、截距、内插值、外推值等。因此,作图好坏与实验结果有着直接的关系。

可以利用各种具有作图功能的软件作图(如 Excel,Origin、Chemoffice 等),也可以用坐标纸手工绘图。作图时要遵循共同的原则:

① 选取坐标轴　在直角坐标中,通常横轴表示自变量,纵轴表示因变量。坐标轴旁需要标明该轴代表的变量的名称和单位。纵轴左面及横轴下面每隔一定距离标出该处变量的数值,横轴从左向右,纵轴自下而上。

② 坐标轴上比例尺的选择原则

a. 选择合理的比例尺,确定图形的最大值和最小值的大致位置。

b. 使分度能表示出测量的全部有效数字,从图上读出的有效数字与实验测量的有效数字要一致。

c. 要考虑图的大小布局,坐标起点不一定从"0"开始,要能使数据的点分散开。

d. 分度所对应的数值以 1、2、5 为好,切忌 3、7、9 或小数。使数据易读,有利于计算。

③ 标定坐标点　根据数据的两个变量,在坐标内确定坐标点。在一张图上若有数组不同的测量值时,应以不同种类符号表示,如×、⊙、△ 等,并在图例中注明。各图形中心点及面积大小要与所测数据及其误差相适应,不能过大或过小。

④ 画出图线　将各点连成光滑的线。当曲线不能完全通过所有点时,应尽量使其两边数据点个数均等,且各点离曲线距离的平方和最小,其距离表示了测量的误差。若作直线求斜率,应尽量使直线成 45°。作图软件中配备多种处理数据的函数功能,便于使用者根据需要选取。具体操作可参阅作图软件说明书。

⑤ 写图题　数据点上不要标注数据,报告上要有完整的数据表。

[思考题]

1.误差和偏差有何不同？准确度与精密度有何关系？用相对平均偏差表示测定结果有何优点？如何计算相对平均偏差？

2.如何减小称量误差和滴定误差？

3.与纯数学的数值比较,化学测量数据有何含义？

4.确定有效数字位数时,"0"何时表现为有效数字,何时不表现为有效数字？

5.表示化学测量的数据时,决定有效数字位数的依据是什么？

6.有效数字的运算遵循什么规则？

7.可疑数据如何取舍？

第三章 常用玻璃仪器和常用加热装置的使用

一、无机化学实验常用仪器介绍

认识和正确地选择、使用仪器,开展实验是培养学生实践能力的基本要求。这一节主要介绍常用仪器的一般用途和使用方法。随着实验课程的深入,将学到更多不同用途的仪器。

常用仪器主要以玻璃仪器为主,按其用途可分为容器类仪器、量器类仪器和其他类仪器(见附录1)。

1. 常用玻璃仪器

(1) 容器类 常温或加热条件下物质的反应容器,储存容器,包括试管、烧杯、烧瓶、锥形瓶、滴瓶、细口瓶、广口瓶、称量瓶、分液漏斗和洗气瓶等。每种类型又有许多不同的规格。使用时要根据用途和用量选择不同种类和不同规格的容器。注意阅读附录1中的使用说明和注意事项,特别要注意对容器加热的方法,以防损坏仪器。

(2) 量器类 用于度量溶液体积,不可以作为实验容器。例如,不可以用于溶解、稀释操作。不可以量取热溶液,不可以加热,不可以长期存放溶液。量器类容器主要有:量筒、移液管、吸量管、容量瓶和滴定管等。每种类型又有不同规格。应遵循保证实验结果精确度的原则选择度量容器。正确地选择和使用度量容器,反映了学生实验技能水平的高低。

(3) 标准磨口仪器 具有标准内磨口和外磨口的玻璃仪器。使用时根据实验的需要选择合适的容量和合适的口径。相同编号的磨口仪器,具有一致的口径。连接是紧密的,使用时可以互换。注意,仪器使用前,首先将内外口擦洗干净,再涂少许凡士林,然后口与口相转动,使口与口之间形成一层薄薄的油层,再固定好,能提高严密度和防粘连。常用标准磨口玻璃仪器口径编号见表3-1。

表3-1 常用标准磨口玻璃仪器口径编号

编号	10	12	14	19	24	29
口径(大端)/mm	10.0	12.5	14.5	18.5	24	29.2

2. 其他仪器

其他仪器包括玻璃仪器和非玻璃仪器。它们的用途、使用方法和注意事项见附录1。

二、玻璃仪器的洗涤与干燥

为了得到准确的实验结果,每次实验前和实验后必须将实验仪器洗涤干净。尤其对于久置变硬不易洗掉的实验残渣和对玻璃仪器有腐蚀作用的废液,一定要在实验后立即清洗干净。一般说来,污物既有可溶性物质,也有灰尘和不溶性物质,还有有机物及油污等。

1. 一般仪器的洗涤方法

（1）对普通玻璃容器,倒掉容器内物质后,可向容器内加入约 1/3 容积的自来水冲洗,再选用合适的刷子,依次用洗衣粉和自来水刷洗。最后用洗瓶挤压出蒸馏水水流涮洗,以将自来水中的离子洗净。注意,不要同时抓多个仪器一起刷洗,以免仪器破损。

（2）对于那些无法用普通水洗方法洗净的污垢,需根据污垢的性质选用适当的试剂,通过化学方法除去,见表 3-2。

表 3-2　常见污垢处理方法

污　垢	处　理　方　法
MnO_2,$Fe(OH)_3$,碱土金属的碳酸盐	用盐酸处理,对于 MnO_2 污垢,盐酸浓度要大于 6 mol·L^{-1}。也可以用少量草酸加水,并加几滴浓硫酸来处理: $MnO_2+H_2C_2O_4+H_2SO_4 \rule[0.5ex]{2.5em}{0.4pt} MnSO_4+2CO_2\uparrow+2H_2O$
沉积在器壁上的银或铜	用硝酸处理
难溶的银盐	用 $Na_2S_2O_3$ 溶液洗,Ag_2S 污垢则需用热、浓硝酸处理
黏附在器壁上的硫黄	用煮沸的石灰水处理 $3Ca(OH)_2+12S \xrightarrow{煮沸} 2CaS_5+CaS_2O_3+3H_2O$
残留在容器内的 Na_2SO_4 或 $NaHSO_4$ 固体	加水煮沸使其溶解,趁热倒掉
不溶于水,不溶于酸、碱的有机物和胶质等	用有机溶剂洗或者用热的浓碱液洗。常用的有机溶剂有乙醇、丙酮、苯、四氯化碳、石油醚等
瓷研钵内的污垢	取少量食盐放在研钵内研洗,倒去食盐,再用水冲洗
蒸发皿和坩埚上的污垢	用浓硝酸,王水或重铬酸盐洗液

重铬酸盐洗液的具体配法是:将 25 g 重铬酸钾固体在加热条件下溶于 50 mL 水中,然后向溶液中加入 450 mL 浓硫酸,边加边搅动。切勿将重铬酸钾溶液加到浓硫酸中。装洗液的瓶子应盖好盖,以防吸潮。使用洗液时要注意安全,不要溅到皮肤、衣物上。重铬酸盐洗液可反复使用,直至溶液变为绿色时失去去污能力。失去去污能力的洗液要按照废洗液处理的办法处理,不要随意倒入下水道。

王水是体积比为 1∶3 的浓硝酸和浓盐酸的混合溶液,因其不稳定,所以使用时应现用现配。近年来有人用洗涤精(灵)洗涤玻璃仪器,同样能获得较好的效果。

2. 度量仪器的洗涤方法

度量仪器的洗净程度要求较高,有些仪器形状特殊,不宜用毛刷刷洗,常用洗液进行洗涤。度量仪器的具体洗涤方法如下:

（1）滴定管的洗涤　先用自来水冲洗后,使水流净。酸式滴定管将旋塞关闭,碱式滴定管除去乳胶管,用乳胶头将管口下方堵住。加入约 15 mL 重铬酸盐洗液,双手平托滴定管的两端,不断转动滴定管并向管口倾斜,使洗液流遍全管(注意:管口对准洗液瓶,以免洗液外溢!),可反复操作几次。洗完后,碱式滴定管由上口将洗液倒出,酸式滴定管可将洗液分别由两端放出,再依次用自来水和纯水洗净。如滴定管太脏,可将洗液灌满整个滴定管浸泡一段时间。此时,在滴定管下方应放一烧杯,防止洗液流在实验台面上。

（2）容量瓶的洗涤　先用自来水冲洗,将自来水倒净,加入适量(15~20 mL)洗液,盖上瓶塞。转动容量瓶,使洗液流遍瓶内壁,将洗液倒回原瓶,最后依次用自来水和纯水洗净。

（3）移液管和吸量管的洗涤　先用自来水冲洗,用洗耳球吹出管中残留的水,然后将移液管(吸量管)插入重铬酸盐洗液瓶内,按移液的操作,吸入约1/4容积的洗液,用右手食指堵住移液管(吸量管)上口,将移液管(吸量管)横置过来,左手托住没沾洗液的下端,右手食指松开,水平转动移液管(吸量管),使洗液润洗内壁,然后放出洗液于瓶中。如果移液管(吸量管)太脏,可在移液管(吸量管)上口接一段乳胶管,再以洗耳球吸取洗液至管口处,以自由夹夹紧乳胶管,使洗液在移液管(吸量管)内浸泡一段时间,拔出乳胶管,将洗液放回瓶中,最后依次用自来水和纯水洗净。

除了上述清洗方法之外,现在还有超声波清洗。只要把用过的玻璃仪器放在盛有合适洗涤剂溶液的超声波清洗器中,接通电源,利用超声波的能量和振动,就可以将仪器清洗干净。

3. 洗净的标准

凡洗净的玻璃仪器,应该是清洁透明的。当把玻璃仪器倒置时,器壁上只留下一层既薄又均匀的水膜,器壁不应挂水珠,见图3-1。

凡是已经洗净的仪器,不要用布或软纸擦干,以免使布或纸上的少量纤维留在器壁上反而沾污了仪器。

(a) 洗净：水均匀分布(不挂水珠)　　(b) 未洗净：器壁附着水珠(挂水珠)

图3-1　洗净标准

4. 仪器的干燥

有一些无水条件的无机实验和有机实验必须在干净、干燥的仪器中进行。常用的仪器干燥方法有如下几种,见图3-2。

（1）晾干[如图3-2(a)]　将洗净的仪器倒立放置在适当的仪器架上或者仪器柜内,让其在空气中自然干燥,倒置可以防止灰尘落入,但要注意放稳仪器。

（2）烤干[如图3-2(b)]　用煤气灯小心烤干。一些常用的烧杯、蒸发皿等可置于石棉网上用小火烤干。烤干前应先擦干仪器外壁的水珠。试管烤干时应使试管口向下倾斜,以免水珠倒流炸裂试管。烤管时应先从试管底部开始,慢慢移向管口,不见水珠后再将管口朝上,把水汽赶尽。

（3）吹干　用热或冷的空气流将玻璃仪器吹干,所用仪器是电吹风机[见图3-2(c)]或玻璃仪器气流干燥器[见图3-2(e)]。用吹风机吹干时,一般先用热风吹玻璃仪器的内壁,待干后再吹冷风使其冷却。如果先用易挥发的溶剂如乙醇、乙醚、丙酮等润洗一下仪器[见图3-2(f)],将润洗液倒净,然后用吹风机按冷风—热风—冷风的顺序吹,则会干得更快。

（4）烘干　将洗净的仪器放入电热恒温干燥箱内加热烘干。

恒温干燥箱(简称烘箱)是实验室常用的仪器[见图3-2(d)],常用来干燥玻璃仪器或烘干无腐蚀性、热稳定性比较好的药品,但挥发性易燃品或刚用酒精、丙酮润洗过的仪器切勿放入烘箱内,以免发生爆炸。烘箱带有自动控温装置和温度显示装置。具体使用方法参考烘箱使用说明书。

(a) 晾干

(b) 烤干(仪器外壁擦干后，用小火烤干，同时要不断地摇动使受热均匀)

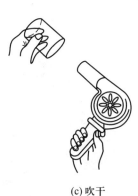

(c) 吹干

(d) 烘干(105℃左右控温)

(e) 气流烘干

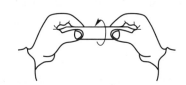

(f) 烘干(有机溶剂法)
(先用少量丙酮或乙醇使内壁均匀润湿一遍倒出，再用少量乙醚使内壁均匀润湿一遍后晾干或吹干。丙酮或酒精、乙醚等应回收)

图 3-2　仪器的干燥

　　烘箱最高使用温度可达 200~300 ℃,常用温度在 100~120 ℃。玻璃仪器干燥时,应先洗净并将水尽量倒干,放置时应注意平放或使仪器口朝上,带塞的瓶子应打开瓶塞,如果能将仪器放在托盘里则更好。一般在 105 ℃加热约 15 min 即可干燥。最好让烘箱降至常温后再取出仪器。如果热时就要取出仪器,应注意用干布垫手,防止烫伤。热玻璃仪器不能碰水,以防炸裂。热仪器自然冷却时,器壁上常会凝上水珠,这可以用吹风机吹冷风助冷而避免。烘干的药品一般取出后应放在干燥器里保存,以免在空气中又吸收水分。

　　还应注意,一般带有刻度的计量仪器,如移液管、容量瓶、滴定管等不能用加热的方法干燥,以免热胀冷缩影响这些仪器的精密度。应该晾干或使用有机溶剂快干法。

三、加热器具及其使用方法

化学实验室中的加热器具可以分类为燃料加热器、电加热器和微波加热器。在无机化学实验中,主要涉及燃料加热器和电加热器。

1. 燃料加热器及其应用

燃料加热器是最传统的加热器具。使用的燃料一般为酒精、煤气或天然气(液化气)。燃料加热器使用明火加热,不适宜在有较高蒸气压、易燃、易爆的有机气氛中使用,因此多用于无机化学实验中。

(1)酒精灯 酒精灯由灯罩、灯芯和灯壶三部分组成,如图3-3所示。使用方法如图3-4所示。先要加酒精,即应在灯熄灭情况下,牵出灯芯,借助漏斗将酒精注入,最多加入量为灯壶容积的2/3。用火柴点燃,绝不能用另一个燃着的酒精灯去点燃,以免洒落酒精引起火灾。欲熄灭火时,要用灯罩盖灭。片刻后,将灯罩再打开一次,然后再盖上,以免冷却后盖内产生负压使以后打开困难。不能用嘴吹灭酒精灯。酒精灯的加热温度通常为400~500 ℃,适用于不需太高加热温度的实验。

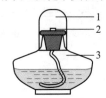

图3-3 酒精灯的构造
1—灯罩;2—灯芯;3—灯壶
火焰温度通常在400~500 ℃

① 检查灯芯,并修整

灯芯不齐或烧焦

② 添加酒精

加入酒精量为1/2~2/3灯壶容积

③ 点燃

燃着时不能加酒精   不要用燃着的酒精灯对火

④ 熄灭

盖灭不要吹灭

⑤ 加热

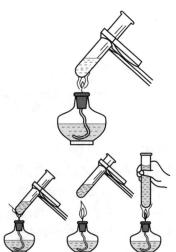

使用火焰部位不对   不要手拿着加热

⑥ 若要使火焰平稳,并适当提高温度可以加金属网罩

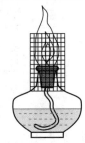

图3-4 酒精灯的使用方法

安全操作:酒精是易燃品,使用时一定要按规范操作,切勿洒溢在容器外面,以免引起火灾。

(2)酒精喷灯　酒精喷灯有座式和挂式两种,构造见图3-5。它们的使用方法相同,见图3-6。应先在酒精灯壶或储罐内加入酒精,注意在使用过程中不能续加,以免着火。预热盘中加满酒精(挂式喷灯应将储罐下面的开关打开,从灯管口冒出酒精后再关上;在点燃喷灯前先打开)并点燃,等酒精燃烧完将灯管灼热后,打开空气调节器并用火柴将灯点燃。酒精喷灯是靠汽化的酒精燃烧,所以温度较高,可达700~900 ℃。用完后关闭空气调节器,或用石板盖住灯管口即可将灯熄灭。挂式喷灯不用时,应将储罐下面的开关关闭。

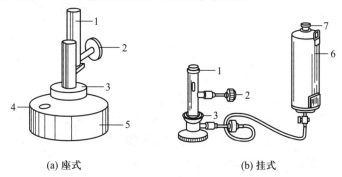

(a) 座式　　　　　　　　　　(b) 挂式

图3-5　酒精喷灯的类型和构造

1—灯管;2—空气调节器;3—预热盘;4—铜帽;5—酒精灯壶;6—酒精储罐;7—盖子

① 添加酒精

注意关好下口开关,座式喷灯
内储酒精量不能超过壶容积的2/3

② 预热

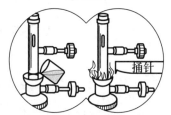

预热盘中加少量酒精点燃,可多次试点。但两次不出气,必须在火焰
熄灭后加酒精,并用捅针疏通酒精蒸气出口后,方可再预热

③ 调节

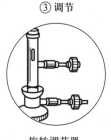

旋转调节器

④ 熄灭

可盖灭,也可旋转调节器熄灭

图3-6　酒精喷灯的使用

安全注意事项:酒精是易燃品,使用时一定要按规范操作,切勿洒溢在容器外面,以免引起火灾。使用酒精喷灯时注意灯管必须灼热后再点燃,否则易造成液体酒精喷出引起火灾。

座式喷灯最多使用0.5 h,挂式喷灯也不可将罐里的酒精一次用完。若需继续使用,应到时将喷灯熄灭,冷却,添加酒精后再次点燃。

（3）煤气灯 在有煤气（天然气）、液化石油气的地方，煤气灯是化学实验室中最常用的加热装置。样式虽多，但构造原理基本相同，主要由灯管和灯座组成，如图3-7所示；灯管下部有螺旋与灯座相连，并开有作为空气入口的圆孔。旋转灯管，可关闭或打开空气入口，以调节空气进入量。灯座侧面为煤气入口，用橡胶管与煤气管道相连；灯座侧面（或下面）有螺旋形针阀，可调节煤气的进入量。

如图3-8所示，煤气灯在使用时应先关闭煤气灯的空气入口，将燃着的火柴移近灯管口时再打开煤气管道开关，将煤气灯点燃（切勿先开气后点火）。然后调节煤气和空气的进入量，使二者的比例合适，得到分层的正常火焰。火焰大小可调节煤气灯上的针阀控制。关闭煤气管道上的开关，即可熄灭煤气灯（切勿吹灭）。

煤气灯的正常火焰分三层，见图3-9。外层1，煤气完全燃烧，称为氧化焰，呈淡紫色；中层2，煤气不完全燃烧，分解为含碳的化合物，这部分火焰具有还原性，称为还原焰，呈淡蓝色；内层3，煤气和空气进行混合并未燃烧，称为焰心。正常火焰的最高温度点4在还原焰顶部上端与氧化焰之间，温度可达800~900 ℃。

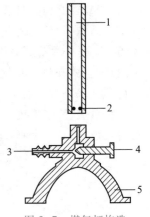

图3-7 煤气灯构造
1—灯管；2—空气入口；3—煤气入口；4—针阀；5—灯座

① 点燃

② 调节

③ 加热

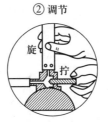

先划火柴，后开气

上旋灯管，空气进入量增大，向里拧针阀，煤气进入量减少

氧化焰加热

④ 关闭

⑤ 若要扩大加热面积，可加鱼尾灯头

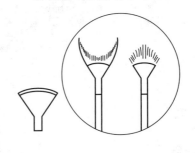

向里拧针阀，并关煤气开关

图3-8 煤气灯的使用

当空气和燃料气的比例不合适时，会产生不正常火焰。如果火焰呈黄色或产生黑烟，说明燃料气燃烧不完全，应调大空气进入量；如果燃料气和空气的进入量过大，火焰会脱离灯管在管口上方临空燃烧，称为临空火焰，见图3-10（a），这种火焰容易自行熄灭；若燃料气进入量很小（或气压突然降低）而空气比例很高时，燃料气会在灯管内燃烧，在灯口上方能看到一束细长的火焰并能听到特殊的嘶嘶声，这种火焰叫侵入火焰，见图3-10（b），片刻即能把灯管烧热，不小心易烫伤手指。遇到后两种情况时，应关闭燃料气阀，重新调节后再点燃。

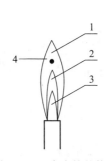

图 3-9　正常火焰的构造

1—氧化焰；2—还原焰；3—焰心；4—最高温度点

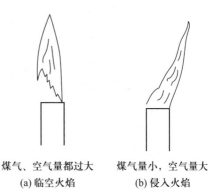

煤气、空气量都过大
(a) 临空火焰

煤气量小，空气量大
(b) 侵入火焰

图 3-10　不正常火焰示意图

使用煤气、天然气和石油液化气的灯具略有差别，主要表现在空气入口的空气通入量不同。因此要改用不同燃料时，要改造或重购相应的灯具。

安全注意事项：煤气中的 CO 有毒，使用时要注意安全。一般煤气中都含有带特殊臭味的报警杂质，漏气时使人很容易觉察。一旦发现漏气，应关闭煤气灯，及时查明漏气的原因并加以处理。另外由于煤气中常夹杂未除尽的煤焦油，久而久之，它会把煤气阀门和煤气孔内孔道堵塞。因此，常要把金属灯管和螺旋针阀取下，用细铁丝清理孔道。堵塞严重时，可用苯洗去煤焦油。

2. 加热方法

由于物质的性质不同，加热物质的器具与方法也不同。一般分为直接加热、间接加热、液体加热与固体加热。最简单的方法是使用加热器具直接加热。

（1）直接加热　直接加热是将被加热物直接放在热源中进行加热，如在煤气灯上加热试管或坩埚等。

① 液体的直接加热　当被加热的液体在较高的温度下稳定而不分解，又无着火危险时，可以把盛有液体的器皿放在石棉网上用酒精灯或煤气灯直接加热。对于少量液体可以放在试管中加热。

加热试管时，不要用手拿，应该用试管夹夹住试管的中上部，试管与桌面约成 60°倾斜，如图 3-11 所示。试管口不能对着别人或自己。先加热液体的中上部，慢慢移动试管，热及下部，然后不时地移动或振荡试管，从而使液体各部分受热均匀，避免试管内液体因局部沸腾而迸溅，引起烫伤。

② 固体物质的灼烧　需要在高温下加热固体物质时，可以把固体物质放在坩埚中，将坩埚置于泥三角上，用氧化焰灼烧。不要让还原焰接触坩埚底部，以免坩埚底部结上炭黑。灼烧开始时，先用小火烘烧坩埚，使坩埚受热均匀。然后加大火焰，根据实验要求

图 3-11　试管中液体的加热

控制灼烧温度和时间。停止加热时，要首先关闭煤气开关或者熄灭酒精灯。要夹取高温下的坩埚时，必须用干净的坩埚钳。用前先在火焰上预热钳的尖端，再去夹取。坩埚钳用后应平放在石棉网上，尖端向上，保证坩埚钳尖端洁净，见图 3-12。

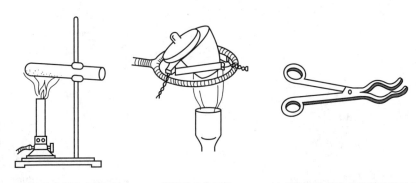

(a) 硬质试管中灼烧少量固体　　(b) 坩埚中灼烧固体　　(c) 坩埚钳尖端向上放在石棉网上

图 3-12　固体物质的灼烧

用煤气灯灼烧温度可达到 700~800 ℃。若需要更高的温度灼烧,可以使用马弗炉。用马弗炉可以准确地控制灼烧温度与时间。但是使用时要注意根据温度选用合适的反应容器。

(2)间接加热　间接加热是先用热源将某些介质加热,介质再将热量传递给被加热的物质,这种方法也称为热浴加热。常见的热浴有水浴、油浴、沙浴和空气浴等。热浴的优点是加热均匀,升温平稳,并能使被加热的物质保持一定温度。

① 水浴　水浴加热是在水浴锅上进行的。水浴锅的盖子由一组大小不同的同心金属圆环组成。根据要加热的器皿大小去掉部分圆环,原则是尽可能增大容器受热面积而又不使器皿掉进水浴锅里。水浴锅内放水量不要超过其容积的 2/3。水浴锅下面用酒精灯或煤气灯等热源加热,热水或蒸汽即可使上面的器皿升温,见图 3-13(a)。

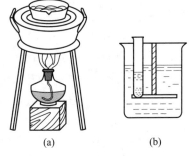

图 3-13　水浴加热

在水浴加热操作中,应尽可能使水浴中水的表面略高于被加热容器内反应物的液面,这样加热效果更佳。若要使水浴保持一定温度,在要求不太高的情况下,将水浴加热至所需温度后改为小火加热,也可用电子自动控温装置来实现。若温度要求不超过 100 ℃,可将水煮沸。加热时注意随时补充水浴锅中的水,切勿蒸干。如果加热温度要稍高于 100 ℃,可以选用无机盐类的饱和水溶液作为热浴液。

实验室常用大烧杯代替水浴锅加热(水量占烧杯容积的 2/3)。在烧杯中放一支架,将试管放在支架上,进行试管的水浴加热,见图 3-13(b)。在烧杯上放一个蒸发皿,可作为简易的蒸汽浴加热装置,进行蒸发浓缩。较先进的水浴加热装置是恒温水浴槽,它采用电加热并带有自动控温装置,控温精度更高。

② 油浴　用油代替水浴中的水,将加热容器置于热浴中,即为油浴。油浴所能达到的最高温度取决于所用油的种类。甘油可加热至 220 ℃,温度再高会分解。透明石蜡可加热至 200 ℃,温度再高不分解,但易燃烧。它们是实验室中最常用的油浴油。硅油和真空泵油加热至 250 ℃仍较稳定。使用油浴时,应在油浴中放入温度计观测温度,以便调整火焰,防止油温过高。在油浴锅内使用电热圈加热,要比明火加热更为安全。再接入继电器和接触式温度计,就可以实现自动控制油浴温度。

③ 沙浴　沙浴适用于 400 ℃ 以下的加热。沙浴是在铺有一层均匀细沙的铁盘上加热。可以

将器皿中欲被加热的部位埋入细沙中,将温度计的水银球部分埋入靠近器皿处的沙中(不要触及底部),用煤气灯加热沙盘,见图 3-14。沙浴的特点是升温比较缓慢,停止加热后,散热也较慢。

④ 空气浴 空气浴是以空气为介质的加热方式,适用于 400 ℃ 以下的加热。通常情况下,使用电热套结合泥三角等仪器就可以搭建空气浴装置。其加热温度的高低可以通过调节电阻来粗略控制,使用具有控温装置的加热套,则可以精确控制加热温度。

3. 电加热器及其应用

实验室中常用的电加热装置主要有电热套、电加热板以及管式炉和马弗炉等。

电热套和电加热板见图 3-15,可根据加热液体的多少,选择不同大小和功率的加热仪器,加热温度的高低可以通过调节电阻来控制。使用时应注意不要把加热的药品溅在电炉丝上,以免电炉丝损坏。

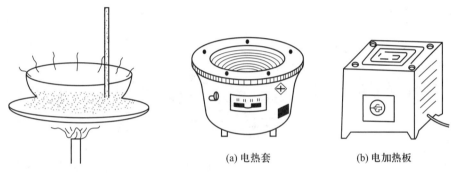

图 3-14　沙浴加热　　　　　　　　(a) 电热套　　　　(b) 电加热板

图 3-15　实验室常用电加热器

管式电炉和马弗炉见图 3-16,都属于高温电炉,主要用于高温灼烧或进行高温反应。它们外形不同但结构类似,均由炉体和电炉温度控制器两部分组成。加热元件是电热丝时,最高使用温度可以达到 950 ℃ 左右;如果用硅碳棒加热,最高使用温度可以达到 1 300 ℃ 左右。测量这样高的温度,通常使用热电偶温度计,它由热电偶和毫伏表组成。热电偶由两根不同的金属丝焊接一端制成。例如,铬镍-镍铝、铂-铂铑等,不同热电偶测温范围不同。将此焊接端插入待测温度处,未焊接端分别接到毫伏表的正、负极上。不同温度产生不同的热电势,毫伏表指示不同读数。一般将毫伏表的读数换算成温度数,这样就可以直接从表的指针位置上读出温度。一般情况下,都需要控制反应在某一温度下进行,只要把热电偶和一只接入电路的温度控制器连接起来,就组成了自动温度控制器。使用时接通电源,开启加热开关,炉子开始升温,红色指示灯亮。此时有黑色指针指示炉内温度,另有一螺旋可调节红色指针到达设定温度。等炉温升到该温度时,加热元件停电,绿色指示灯亮。等炉温降低后又可自动进入加热状态。

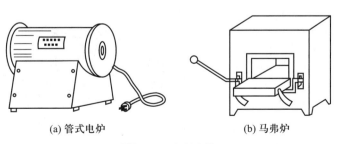

(a) 管式电炉　　　　　　　　(b) 马弗炉

图 3-16　高温电炉

管式电炉内部为管式炉膛,炉膛中插入一根耐高温的瓷管或石英管。反应物放入瓷舟或石英舟,再将其放进瓷管或石英管内。较高温度的恒温部分位于炉膛中部。固体灼烧可以在空气气氛或其他气氛中进行,也可以进行高温下的气、固反应。在通入别的气氛气或反应气时,瓷管或石英管的两端应该用带有导管的塞子塞上,以便导入气体和引出尾气。

马弗炉炉膛为正方形,打开炉门就可放入要加热的坩埚或其他耐高温容器。在马弗炉内不允许加热液体和其他易挥发的腐蚀性物质。如果要灰化滤纸或有机成分,在加热过程中应打开几次炉门通空气进去。

四、玻璃管的加工与塞子的钻孔

1. 玻璃管的简单加工

(1)截割和熔烧玻璃管(见图3-17)

第一步 锉痕
向前划痕,不是往复锯

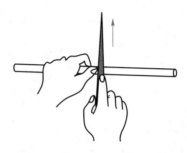

第二步 截断
拇指齐放在划痕的背后向前推压,同时食指向外拉

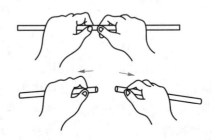

第三步 熔光
前后移动并不停转动,熔光截面

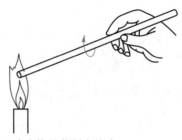

图3-17 玻璃管的截割和熔光

（2）弯曲玻璃管（见图 3-18）

第一步 烧管
加热时①均匀转动玻璃管，左右移动用力匀称，稍向中间渐推

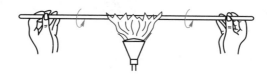

第二步 弯管
吹气法

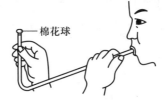

用棉球堵住一端，掌握火候，
取离火焰，迅速弯管

不吹气法

掌握火候，取离火焰，用"V"字形手法，弯好后冷却变硬再撒手（弯小角管时
可多次弯成，如图先弯成 M 部位的形状，再弯成 N 部位的形状）

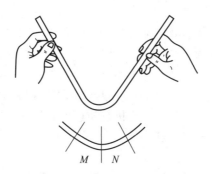

图 3-18 弯曲玻璃管

弯管好坏的比较和分析（见图 3-19）。

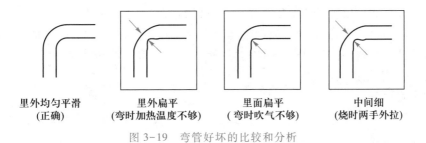

里外均匀平滑	里外扁平	里面扁平	中间细
（正确）	（弯时加热温度不够）	（弯时吹气不够）	（烧时两手外拉）

图 3-19 弯管好坏的比较和分析

----

① 加热前可在玻璃管中放少量食盐以保持玻璃管受热弯管时不变形。

（3）制备滴管（拉制玻璃管，见图 3-20）

第一步 烧管 同上，但要烧得时间长，玻璃软化程度大些

第二步 拉管

边旋转，边拉动，控制温度
使狭部至所需粗细

拉管好坏比较

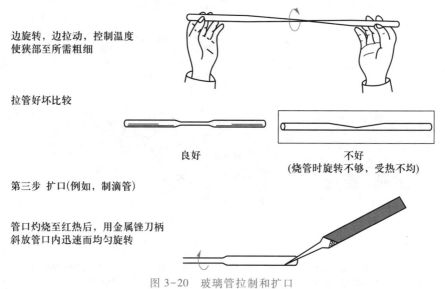

良好

不好
（烧管时旋转不够，受热不均）

第三步 扩口（例如，制滴管）

管口灼烧至红热后，用金属锉刀柄
斜放管口内迅速而均匀旋转

图 3-20 玻璃管拉制和扩口

2. 塞子的钻孔

化学实验室常用的塞子有玻璃磨口塞、橡胶塞、塑料塞和软木塞。玻璃磨口塞能与带有磨口的瓶口很好地密合，密封性好。但不同瓶子的磨口塞不能任意调换，否则不能很好密合。使用前最好用塑料绳将瓶塞与瓶体系好。这种瓶子不适于装碱性物质。不用时洗净后应在塞与瓶口中间夹一纸条，防止久置后塞与瓶口粘住打不开。橡胶塞可以把瓶子塞得很严密，并且可以耐强碱性物质的侵蚀，但它易被酸、氧化剂和某些有机物质（如汽油、苯、丙酮、二硫化碳等）所侵蚀。软木塞不易与有机物质作用，但易被酸碱所侵蚀。

无机化学实验装配仪器时多用橡胶塞。

在塞子内需要插入玻璃管或温度计时，必须在塞子上钻孔。钻孔的工具是钻孔器（见图 3-21）。它是一组直径不同的金属管，一端有柄，另一端很锋利，可用来钻孔。另外还有一根带圆头的铁条，用来捅出钻孔时嵌入钻孔器中的橡胶。

钻孔的金属管如果用钝了，孔就不易钻好，可用钻孔器刨来刮磨，使它变锋利。钻孔器刨（见图 3-22）是个附着一把刮刀的金属圆锥体。右手握着钻孔管，把刃口的一端套在圆锥体上转动。同时左手握住刨柄，而用大拇指推住刮刀，使钻孔器的管口在转动时正好被刮刀所刮削，这样，就可使钻孔管恢复锋利。

钻孔的步骤如下：

（1）塞子大小的选择 塞子的大小应与仪器的口径相适合，塞子进入瓶颈或管颈部分不能少于塞子本身高度的 1/2，也不能多于 2/3，如图3-23所示。

（2）钻孔器的选择 选择一个比要插入橡胶塞的玻璃管口径略粗的钻孔器，因为橡胶塞有弹性，孔道钻成后会收缩使孔径变小。对于软木塞，应选用比管径稍小的钻孔器。因为软木质软而疏松，导管可稍用力挤插进去而保持严密。

图 3-21 钻孔器

图 3-22 钻孔器刨

软木塞在使用前要放在木塞压榨器中压软压实。软木塞压紧的方法见右侧二维码。

（3）钻孔的方法 软木塞和橡胶塞钻孔的方法完全一样。如图 3-24 所示，将塞子小的一端朝上，平放在桌面上的一块木板上(避免钻坏桌面)，左手持塞，右手握住钻孔器的柄，并在钻孔器前端涂点甘油或水，将钻孔器按在选定的位置上，以顺时针的方向，一面旋转，一面用力向下压向下钻动。钻孔器要垂直于塞子的面上，不能左右摆动，更不能倾斜，以免把孔钻斜。钻至超过塞子高度 2/3 时，以反时针的方向一面旋转，一面向上拉，拔出钻孔器。

软木塞
的压紧

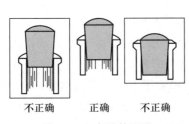

不正确 正确 不正确

图 3-23 塞子的配置

图 3-24 钻孔方法

按同法从塞子大的一端钻孔。注意对准小的那端的孔位。直到两端的圆孔贯穿为止。拔出钻孔器，捅出钻孔器内嵌入的橡胶。

钻孔后，检查孔道是否合用，如果玻璃管可以毫不费力地插入圆塞孔，说明塞孔太大，塞孔和玻璃管之间不够严密，塞子不能使用；若塞孔稍小或不光滑，可用圆锉修整。

（4）玻璃管插入橡胶塞的方法 用甘油或水把玻璃管的前端湿润后，按图 3-25(a)所示，先用布包住玻璃管，然后手握玻璃管的前半部，把玻璃管慢慢旋入塞孔内合适的位置。如果用力过猛或者手离橡胶塞太远，如图 3-25(b)，都可能把玻璃管折断，刺伤手掌，务必注意。

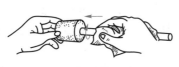

(a) 正确的手法

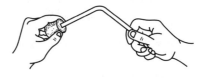

(b) 不正确的手法

图 3-25 把玻璃管插入塞子的手法

五、试剂的取用

化学试剂是用以研究其他物质组成、性状及其质量优劣的纯度较高的化学物质。化学试剂的纯度级别及其类别和性质,一般在标签的左上方用符号注明,规格则在标签的右端,并用不同颜色的标签加以区别。

化学试剂的纯度标准分五种:国家标准以符号"GB"表示,原化学工业部标准以符号"HG"表示。

按照药品中杂质含量的多少,我国生产的化学试剂(通用试剂)的等级标准基本上可分为四级,级别的代表符号、规格标志以及适用范围如表 3-3 所示。

表 3-3　我国生产的化学试剂的等级标准

级别	一级品	二级品	三级品	四级品	其他
名称	保证试剂 (优级纯)	分析试剂 (分析纯)	化学纯	实验试剂	生物试剂
英文名称	guarantee reagent	analytical reagent	chemical pure	laboratory reagent	biological reagent
英文缩写	GR	AR	CP	LR	BR
瓶签颜色	深绿	金光红	蓝	棕或黄	黄或其他颜色

应根据实验的不同要求选用不同级别的试剂。一般说来,在一般无机化学实验中,化学纯级别的试剂就已能符合实验要求。但在有些实验中要使用分析纯级别的试剂。

随着科学技术的发展,对化学试剂的纯度也愈加严格,愈加专门化,因而出现了具有特殊用途的专门试剂。如高纯试剂,以符号 CGS 表示;色谱纯试剂 GC、GLC;生物试剂 BR、CR、EBP 等。此外,在工业生产中,还有大量的化学工业品以及可供食用的食品级试剂等。

1. 试剂瓶的种类

(1)细口试剂瓶　用于保存试剂溶液,通常有无色和棕色两种。遇光易变化的试剂(如硝酸银等)用棕色瓶。试剂瓶通常为玻璃制品,也有聚乙烯制品。玻璃瓶的磨口塞各自成套,注意不要混淆。苛性碱用聚乙烯瓶盛较好。

(2)广口试剂瓶　用于装少量固体试剂,有无色和棕色两种。

(3)滴瓶　用于盛逐滴滴加的试剂(如指示剂等),也有无色和棕色两种。使用时用中指和无名指夹住乳胶头和滴管的连接处,食指与拇指捏(松)住(开)乳胶头,以放出或吸取试液。

(4)洗瓶　内盛蒸馏水,主要用于洗涤沉淀。洗瓶原来是玻璃制品,目前几乎全部由聚乙烯瓶代替,只要用手捏一下瓶身即可出水。

2. 试剂瓶塞子打开的方法

(1)欲打开市售固体试剂瓶上的软木塞时,可手持瓶子,使瓶斜放在实验台上,然后用锥子斜着插入软木塞将塞取出。即使软木塞渣附在瓶口,因瓶是斜放的,渣也不会落入瓶中,可用卫生纸擦掉。

(2)盐酸、硫酸、硝酸等液体试剂瓶,多用塑料塞(也有用玻璃磨口塞的)。塞子打不开时,可用热水浸过的布裹上塞子的头部,然后用力拧,一旦松动,就能拧开。

（3）细口试剂瓶塞也常有打不开的情况,此时可在水平方向用力转动塞子或左右交替横向用力摇动塞子,若仍打不开时,可紧握瓶的上部,用木柄或木槌从侧面轻轻敲打塞子,也可在桌端轻轻叩敲,请注意,绝不能手握下部或用铁锤敲打。

用上述方法还打不开塞子时,可用热水浸泡瓶的颈部(即塞子嵌进的那部分)。也可用热水浸过的布裹着,玻璃受热后膨胀,再仿照前面做法拧松塞子。

3. 试剂的取用方法

每一试剂瓶上都必须贴有标签,写明试剂的名称、浓度和配制日期。在标签外面涂上一薄层蜡或者贴上一层透明胶带来保护字迹。

取用试剂药品前,应看清标签。取用时,先打开瓶塞,将瓶塞反放在实验台上。如果瓶塞上端不是平顶而是扁平的,可用食指和中指将瓶塞夹住(或放在清洁的表面皿上),绝不可将它横置桌上以免沾污。不能用手接触化学试剂。应根据用量取用试剂,这样既能节约药品,又能取得好的实验结果。取完试剂后,一定要把瓶塞盖严,绝不允许将瓶盖张冠李戴。然后把试剂瓶放回原处,以保持实验台整齐干净。

（1）固体试剂的取用

① 要用清洁、干燥的药匙取试剂。药匙的两端为大小不同的两个匙,分别用于取大量固体和少量固体。应专匙专用。用过的药匙必须洗净擦干后才能再使用。

② 注意不要超过指定用量取药,多取的不能倒回原瓶,可放在指定的容器中供他人使用。

③ 要求取用一定质量的固体试剂时,可把固体放在干燥的纸上称量。具有腐蚀性或易潮解的固体应放在表面皿上或玻璃容器内称量。

④ 往试管(特别是湿试管)中加入固体试剂时,可用药匙或将取出的药品放在对折的纸片上,伸进试管约2/3处(图3-26、图3-27)。加入块状固体时,应将试管倾斜,使其沿管壁慢慢滑下(图3-28),以免碰破管底。

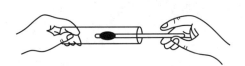

图3-26 用药匙往试管中送入固体试剂

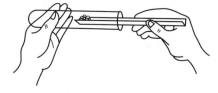

图3-27 用纸槽往试管中送入固体试剂

⑤ 固体的颗粒较大时,可在清洁而干燥的研钵中研碎。研钵中所盛固体的量不要超过研钵容量的1/3。

⑥ 有毒药品要在教师指导下取用。

（2）液体试剂的取用

① 从滴瓶中取用液体试剂时,要用滴瓶中的滴管,滴管绝不能伸入所用的实验容器中,以免接触器壁而沾污药品(图3-29)。如用滴管从试剂瓶中取少量液体试剂时,则需用附于该试剂瓶的专用滴管取用。装有药品的滴管不得横置或滴管口向上斜放,以免液体流入滴管的乳胶头中。

图3-28 块状固体沿管壁慢慢滑下

② 从细口瓶中取用液体试剂时,用倾注法。先将瓶塞取下,反放在桌面上,手握住试剂瓶上贴标签的一面,逐渐倾斜瓶子,让试剂沿着洁净的试管壁流入试管或沿着洁净的玻璃棒注入烧杯中(见图3-30)。倾出所需量后,将试剂瓶口在容器上靠一下,再逐渐竖起瓶子,以免遗留在瓶口的液滴流到瓶的外壁。

图 3-29 滴液滴入试管的方法   图 3-30 倾注法

③ 在试管里进行某些实验时,取试剂不需要准确用量,只要学会估计取用液体的量即可。例如,用滴管取用液体,会估计 1 mL 相当多少滴,5 mL 液体占一个试管容量的几分之几等。倒入试管里溶液的量,一般不超过其容积的 1/3。

④ 定量取用液体时,用量筒或移液管。量筒用于量度一定体积的液体,可根据需要选用不同容量的量筒。量取液体时,要按图3-31(a)所示,使视线与量筒内液体的弯月面的最低处保持水平,偏高或偏低都会读不准读数而造成较大的误差。

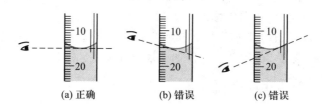

(a) 正确   (b) 错误   (c) 错误

图 3-31 读取量筒内液体的体积

实验一　仪器的认领、洗涤和干燥

[实验目的]

1. 熟悉无机化学实验室规则和要求。
2. 领取无机化学实验常用仪器并熟悉其名称、规格,了解使用注意事项。
3. 学习并练习常用仪器的洗涤和干燥方法。

[基本操作]

1. 玻璃仪器的一般洗涤方法

（1）振荡水洗（见图 3-32）

(a) 烧瓶的振荡 　　　　(b) 试管的振荡

注入少一半水，稍用力振荡后
把水倒掉。照此连洗数次

图 3-32　振荡水洗

（2）毛刷刷洗　内壁附有不易洗掉物质,可用毛刷加去污粉(洗衣粉)刷洗(见图 3-33)。

(a) 倒废液　　(b) 注入一半水　　(c) 选好毛刷,确定手拿部位　　(d) 来回柔力刷洗

图 3-33　毛刷刷洗

2. 玻璃仪器的干燥方法

参见第三章二 4。

注意:带有刻度的度量仪器,如移液管、滴定管不能用加热的方法进行干燥,因为这会影响仪器的精度。

[实验内容]

一、认领仪器

按仪器单逐个认领无机化学实验中常用仪器。

二、洗涤仪器

用水和洗衣粉将领取的仪器洗涤干净,抽取两件交教师检查。将洗净的仪器合理地放于柜内。

[思考题]

指出图 3-34 操作中的错误之处。

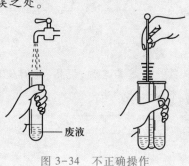

废液

图 3-34   不正确操作

三、干燥仪器

烤干两支试管交给教师检查。

[思考题]

烤干试管时,为什么试管口要略向下倾斜?

[实验习题]

指出下列仪器的名称、用途及使用时的注意事项。

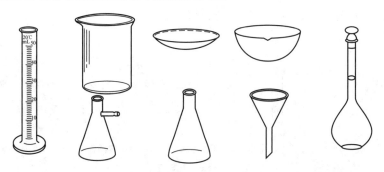

[附注] 仪器单(各校可根据实际情况调整)

名称	规格	数量	名称	规格	数量
烧 杯	500 mL	1个	试管夹	—	1个
	250 mL	1个	试管刷	—	1把
	100 mL	2个	试管架	—	1个
试 管	1.5 cm×15 cm	6支	表面皿	6~8 cm	1块
	1.8 cm×18 cm	6支	蒸发皿	60 mL	1只

名称	规格	数量	名称	规格	数量
硬质试管	30 mL	2支	量筒	10 mL	1只
离心试管	10 mL	4支	锥形瓶	250 mL	2只
漏斗	6 cm	1只	玻璃片	—	4块
集气瓶	250 mL	4只	酒精灯	—	1盏
石棉网	—	1块	铁夹	—	1支
三脚架	—	1只	铁圈	—	1支
煤气灯（或喷灯）	—	1只			

实验二 灯的使用，玻璃管及塑料管的简单加工

[实验目的]

1. 了解煤气灯或酒精灯、酒精喷灯的构造并掌握正确使用方法。
2. 学会截、弯、拉、熔烧玻璃管的操作。
3. 练习聚乙烯塑料管的弯曲、调直、拉细、打孔、修补等操作。
4. 练习塞子钻孔的基本操作。

[实验用品]

仪器：煤气灯、酒精灯(或酒精喷灯)、石棉网、锉刀、打孔器、量角器

液体药品：工业酒精

材料：火柴、硬纸片、玻璃管、聚乙烯塑料管、乳胶头(胶帽)、玻璃棒、橡胶塞

[基本操作]

1. 灯的使用，参见第三章三。
2. 玻璃管的加工，参见第三章四。
3. 塞子钻孔，参见第三章四。
4. 聚乙烯塑料管的简单加工

在实验中，有时使用的塑料器具，需要自己动手制作。因此，有必要掌握聚乙烯塑料管的简单加工方法。聚乙烯塑料与玻璃不同，耐高温性及导热性都较差，因而加工时不能使用过强热源和直接放火焰中加热，应利用热源对流热风进行加热。加工温度在 120 ℃ 左右较适宜，加热温度要均匀并且边冷边成型。

(1) 弯曲与调直 内径 4 mm 左右细聚乙烯塑料管，可在 60 ℃ 以上热水中弯曲，弯好后取出用水冷却。弯制较粗管子时，最好放在相应模具上进行。

聚乙烯热变形温度一般在 45~85 ℃，将卷曲塑料管放入 90 ℃ 以上热水中浸泡少许时间，曲管自然变直，或用吹风机的热风加热调直。若取一根直径比塑料管稍小的玻璃棒插入调直塑料管使之慢慢冷却，效果更好。

(2) 拉细及打孔 聚乙烯管边加热边轻拉，加热至适宜温度时，停止加热稍用力拉伸，即可拉细，加热时间太长会发生收缩，加热不足则拉伸过程中易断裂。

打孔时，先加热一直径稍细的金属棒，然后用它烫穿。

(3) 修补及与玻璃管的连接 将聚乙烯塑料棒点燃，熔融，其液滴滴至要修补的地方，待稍冷后进行修补，冷却则可成型。

连接玻璃管时，将聚乙烯管和玻璃管一端同时浸入 90 ℃ 以上热水中加热，待聚乙烯管变软后由热水中取出，迅速套在玻璃管上，冷却收缩即可卡紧。聚乙烯管不能加热过软，若加热到透明，玻璃管反而难插入。

[实验内容]

一、煤气灯的使用

1. 拆装煤气灯、观察各部分的构造。

2. 正确点燃煤气灯,观察正常火焰的颜色,把一张硬纸片竖直插入火焰中部,1~2 s 后取出,观察纸片被烧焦的部位和程度。

3. 用一根玻璃管伸入焰心,用火柴点燃玻璃管另一端逸出的气体。

[思考题]

正常火焰哪一部位温度最高?哪一部位温度最低?各部位的温度为何不同?

4. 正确关闭煤气灯。

二、玻璃管的简单加工

1. 练习玻璃管的截断、熔光、弯曲、拉管。

2. 按教师要求制作一定角度的弯管,为后续实验备用。制作 2 支搅拌棒,其中 1 支拉细成小头搅棒。制作 2~4 支滴管,要求自滴管中每滴出 20~25 滴水的体积约等于 1 mL。注意:受热玻璃管不能直接放实验台上,要放在石棉网上。

三、聚乙烯塑料管的简单加工

练习聚乙烯管的弯曲、调直、拉细、打孔等操作。

四、塞子的钻孔

1. 练习塞子钻孔操作。

2. 按教师要求选取一橡胶塞,并钻合适的孔径,为后续实验备用。

[实验习题]

1. 熄灭煤气灯与熄灭酒精灯有何不同,为什么?

2. 不正常火焰有几种,若实验中出现不正常火焰,如何处理?

3. 有人说,实验中用小火加热,就是用还原焰加热,因还原焰温度相对较低,这种说法对吗?用还原焰直接加热反应容器会出现什么问题?

4. 当把玻璃管插入已打好孔的塞子中时,要注意什么问题?

［简介］ 微型无机化学实验仪器

　　微型化学实验是在微型化的仪器装置中进行的化学实验,其试剂用量是常规实验的十分之一至千分之一。因此微型实验有以下优点:① 用量少,节省试剂及实验经费,可开设许多由于实验费用太高而无法开设的实验;② 对环境污染小,有利于培养学生环保意识;③ 节省时间,节省教学时数;灵活、方便、安全,可以激发学生的主动学习精神。目前微型化学实验已扩展到无机化学、普通化学和中学化学教学各个领域。微型实验技术在工、农、医生产检验中也有广阔前景。随着微型实验的发展,目前已研制开发了多种类型微型实验技术。

　　一、高分子材料制作的微型仪器及其操作

　　无机微型化学实验经常用到由高分子材料制作的一类微型仪器,它们制作精细规范,价格低廉,试剂用量少,不易破碎,易于普及。这是无机化学、普通化学(含中学化学)微型实验的一个特点,这类仪器主要是多用滴管和井穴板。

　　1. 多用滴管

　　由聚乙烯吹塑而成,是一个圆筒形的具有弹性的吸泡连接一根细长的径管构成(见图3-35)。国外多用滴管型号列于表3-4。

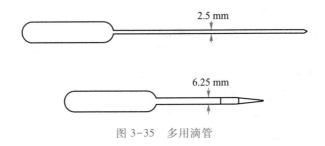

图 3-35　多用滴管

表 3-4　国外多用滴管型号

型　　号	吸泡体积/mL	径管直径/mm	径管长度/mm
AP1444	4	2.5	153
AP1445	8	6.3	150

　　国内生产的多用滴管类似 AP1444 型。吸泡体积为 4 mL。

　　多用滴管的基本用途是作滴液试剂瓶供学生实验时使用。一般浓度的无机酸、碱、盐溶液可长期储于吸泡中;如浓硝酸等强氧化剂的浓溶液和浓盐酸等与聚乙烯有不同程度反应的试剂不宜长期储于吸泡中;甲苯、松节油、石油醚等对聚乙烯有溶解作用,不要储于多用滴管中。

　　市售多用滴管的液滴体积约为 0.04 mL。利用聚乙烯的热塑性,可以加热软化滴管的径管,拉细径管得到液滴体积约为 0.02 mL 的滴管,用于一般的微型实验。按捏多用滴管的吸泡排出空气后便可吸入液体试剂,盖上自制的瓶盖,贴上标签后就是适用的试剂滴液滴瓶。对于一些易与空气中 O_2、CO_2 等反应的试剂储于多用滴管时,再熔封径管隔绝空气进入,可长久保存也便于携带。

　　多用滴管的液滴体积经过标定后,便是小量液体的计量器。通过计量滴加液滴的滴数,就得知滴加试剂的体积。因此,已知液滴体积的多用滴管,便是一支简易的滴定管。使用者经过练习,掌握了从多用滴管连续滴出体积均匀的液滴的操作后,就可进行简易的微型滴定实验。决定滴管液滴体积的主要因素之一是滴管出口的大小,手工拉细的毛细滴管管壁薄,温度变化对毛细管口径的影响颇大,液滴体积要经常标定,比较麻烦。在多用滴管径管出口处,紧套上一个市售医用塑料微量吸液头(简称微量滴头)就组成一个液滴体积约为 0.02 mL 的滴液滴管(见图 3-36)。此时,液滴体积不易变化。将同一微量滴头逐一套到盛有不同试剂的滴管上,可得到液滴体积划一的不同试剂液滴。这时,滴液滴数之比即所滴加试剂的体积比。采用微量滴头使滴定操作、反应级数、配合物配位数测定等实验的精确度提高,操作规范化。

图 3-36　滴液滴管

1—多用滴管;2—微量滴头

多用滴管的吸泡还是一个反应容器。在水的电解和氢氧爆鸣的实验中,它就是一个微型电解槽,径管起到导气管的作用,从而使实验装置大为简化。许多化学反应也可在吸泡中进行,反应的温度可通过水浴调节,最高不要超过 80 ℃。已盛有溶液的滴管,要再吸进另一种溶液时,采取径管朝上,左手缓缓挤出吸泡中空气,擦干外壁后,右手再把径管朝下弯曲伸入欲吸溶液(预先按需用量置于井穴板中),再松开左手的办法。不允许已盛有溶液的滴管的径管直接插到储液瓶中吸取试剂,以免对瓶中试剂造成污染。

多用滴管,径管朝上,放入离心机中可进行离心操作。多用滴管还可作滴液漏斗,它穿过塞子与具支试管组合成气体发生器。总之,多用滴管的用途确实很多,掌握了它的材料与结构特点、基本功能与操作要领,开动脑筋,勇于实践,在不同的实验中它还能有不少新的用途。

2. 井穴板

由透明的聚苯乙烯或有机玻璃(甲基丙烯酸甲酯聚合物),经精密注塑而成。对井穴板的质量要求是一块板上各孔穴的容积相同,透明度好,同一列井穴的透光率相同。井穴板的种类与规格列于表 3-5。

表 3-5　井穴板的种类与规格

井穴板孔穴数	孔穴容积/mL	主要应用范围	备　注
96	0.3	医学检验	又称酶标板,简称 96 孔板
40	0.3	医学检验	
24	3	生化科研	均可在投影仪上使用
12	7	生化科研	
9	0.7	微型实验 (替代试管、点滴板……)	经原国家教委鉴定,已列入中学理科教学仪器目录
6	5	微型实验 (用于电导、pH 测定……)	

井穴板是微型无机或普化实验的重要反应容器。常用的是 9 孔和 6 孔井穴板,简称 9 孔板和 6 孔板(见图 3-37)。温度不高于 80 ℃(限于水浴加热)的无机反应,一般可在板上井穴(孔穴)中进行,因而井穴板具有烧杯、试管、点滴板、试剂储瓶等的功能,有时还可起到一组比色管的作用。由于井穴板上孔穴较多,可由板的纵横边沿所标示的数字给每个孔穴定位。这样就便于向指定的井穴滴加规定的试剂。颜色改变或有沉淀生成的无机反应在井穴板上进行时现象明显,不仅操作者容易观察,而且通过投影仪还可做演示实验。对于一些由量变引起质变的系列对比实验,如指示剂的 pH 变色范围等实验 9 孔板尤其适用。电化学实验、pH 测定等宜在 6 孔板中进行。如给 6 孔板的孔穴中加上有导气和滴液导管的塞子,就使孔穴板扩展为具有气体发生、气液反应或吸收功能的装置。

使用井穴板时应注意:① 不能用火直接加热,而要采用水浴间接加热,浴温不宜超过 80 ℃;② 一些能与聚苯乙烯等反应的物质如芳香烃、氯化烃、酮、醚、四氢呋喃、二甲基甲酰胺或酯类有机物不得储于井穴板中(烷烃、醇类、油可放入）。如不清楚试剂是否有作用,可取小滴该试剂,滴在井穴板的侧面板上观察 15 min,如板面无起毛、变形,试剂方可放入孔穴中。

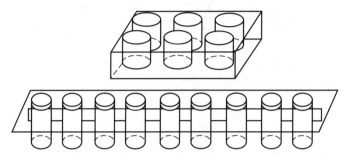

图 3-37　9 孔和 6 孔井穴板

3. 滴管架

由加填料 ABS 塑料注塑而成。有 30 个插孔,用于放置多用滴管、滴液滴瓶和小试管,架端两侧有小孔,插入铅笔般粗细的小棒后就是一个微型仪器支架。底层的圆孔用于放置微型酒精灯。从上述仪器的介绍中看出,设计多功能的器件是微型实验仪器的一项重要原则。在使用中也应注意充分地发挥这些仪器的各种功能。

以上塑料仪器,再配上一些小试管、小漏斗等玻璃仪器,即可完成元素与化合物性质与鉴别等一系列实验,其成本低廉,试剂用量少,易于实现人手一套,是改变我国学生动手实验机会少的状况的一条有效途径。

二、微型玻璃仪器

微型化学制备仪器中多数部件是常规玻璃仪器的缩微,如由圆底烧瓶、克莱森蒸馏头、直形冷凝管、真空接引管、温度计套管和温度计组成的缩微蒸馏装置。此套仪器适用于 10 mL 左右液体的蒸馏。在微型制备实验中,由于原料试剂用量少,仪器器壁对试剂的沾损和多步骤转移的损耗成为影响产率的主要因素。减少这些损耗的办法是采用多功能部件。在微型制备仪中核心部件微型蒸馏头、微型分馏头、真空指形冷凝器(简称真空冷指)均具有多种功能。

由于微型化学制备仪器是常规仪器的缩微,因此其操作规范与常规仪器基本一致,其试剂用量比常规实验节约 90% 以上。

微型玻璃仪器的质(量)/壁厚比显著下降,仪器耐冲击性能好,使用微型玻璃仪器时,仪器的破损率显著下降。国外有一个统计,用于购买微型成套仪器的支出,可在 2~3 年里由微型实验节省试剂、减少仪器破损而节约的经费来收回。这就促使了国外学校无机实验室的微型化工作的开展。

第四章　基本度量仪器的使用

一、托盘天平与分析天平

天平是进行化学实验不可缺少的重要称量仪器。由于对质量准确度的要求不同,需要使用不同类型的天平进行称量。常用的天平种类很多,如托盘天平、电子天平、单盘分析天平等,本章只介绍托盘天平和电子天平。单盘分析天平的相关知识见右侧二维码。

单盘分析
天平

1. 托盘天平

托盘天平常用于一般称量。它能迅速地称量物体的质量,但精确度不高。最大载荷为200 g的托盘天平的精密度为±0.2 g,最大载荷为500 g的托盘天平能称准至0.5 g。

（1）托盘天平的构造　如图4-1所示,托盘天平的横梁架在托盘天平座上。横梁的左右有两个盘子。横梁的中部有指针与刻度盘相对,根据指针在刻度盘左右摆动情况,可以看出托盘天平是否处于平衡状态。

（2）称量　在称量物体之前,要先调整托盘天平的零点。将游码拨到游码标尺的"0"位处,检查托盘天平的指针是否停在刻度盘的中间位置。如果不在中间位置,可调节托盘天平秤盘下侧的平衡调节螺丝。当指针在刻度盘的中间左右摆动大致相等时,则托盘天平处于平衡状态,此时指针即能停在刻度盘的中间位置,将此中间位置称为托盘天平的零点。

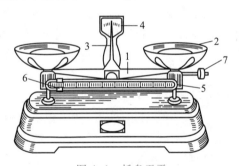

图 4-1　托盘天平

1—横梁;2—秤盘;3—指针;4—刻度盘;5—游码标尺;
6—游码;7—平衡调节螺丝

称量时,左秤盘放称量物,右秤盘放砝码。砝码用镊子夹取。10 g或5 g以下质量的砝码,可移动游码标尺上的游码。当添加砝码到托盘天平的指针停在刻度盘的中间位置时,托盘天平处于平衡状态。此时指针所停的位置称为停点。零点与停点相符时(零点与停点之间允许偏差1 小格以内),砝码的质量就是称量物的质量。

（3）称量时的注意事项

① 不能称量热的物品;

② 化学药品不能直接放在秤盘上,应根据情况决定称量物放在已称量的、洁净的表面皿、烧杯或光洁的称量纸上;

③ 称量完毕,应将砝码放回砝码盒中,将游码拨到"0"位处,并将秤盘放在一侧,或用橡胶圈架起,以免托盘天平摆动;

④ 保持托盘天平整洁。

2. 电子天平

目前电子天平的种类很多,按精度划分,常用的电子天平分为 1/100 天平、1/1 000 天平、1/10 000 天平、1/100 000 天平等,精度高于 1/10 000 的天平称为分析天平。按电子天平传感器的工作原理可以划分为:电磁力平衡式、电感式、电阻应变式、电容式等电子天平。电磁力平衡式电子天平的结构复杂,但精度很高,可达百万分之一以上,是目前国际上高精密度天平普遍采用的一种形式,也是高等学校教学和科研中主要使用的电子分析天平。

(1)电磁力平衡式电子天平的基本原理 常见电子天平的结构是机电结合式的,核心部分由载荷接受与传递装置、测量及补偿控制装置两部分组成。电子天平称量原理示意图如图 4-2 所示。

载荷接受与传递装置由秤盘、盘支承、平行导杆等部件组成,它是接受被称物和传递载荷的机械部件。平行导杆是由上下两个三角形导向杆形成一个空间的平行四边形(从侧面看)结构,以维持秤盘在载荷改变时进行垂直运动,并可避免秤盘倾倒。

载荷测量及补偿控制装置是对载荷进行测量,并通过传感器、转换器及相应的电路进行补偿和控制的部件单元。该装置是机电结合式的,既有机械部分,又有电子部分,包括示位器(图 4-2 中的 7~9)、补偿线圈、电力转换器的永久磁铁,以及控制电路等部分。

电子装置能记忆加载前示位器的平衡位置。所谓自动调零就是能记忆和识别预先调定的平衡位置,并能自动保持这一位置。秤盘上载荷的任何变化都会被示位器察觉并立即向控制单元发出信号。当秤盘上加载后,示位器发生位移并导致补偿线圈接通电流,线圈内就产生垂直的力,这种力作用于秤盘上的外力,使示位器准确地回到原来的平衡位置。载荷越大,线圈中通过电流的时间越长,通过电流的时间间隔是由通过平衡位置扫描的可变增益放大器来调节的,而且这种时间间隔直接与秤盘上所加载荷成正比。整个称量过程均由微处理器进行计算和调控。这样,当秤盘上加载后,即接通了补偿线圈的电流,计算器就开始计算冲击脉冲,达到平衡后,就自动显示出载荷的质量值。

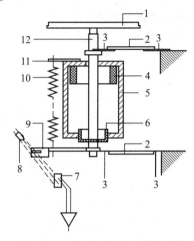

图 4-2 电子天平称量原理示意图
1—秤盘;2—平行导杆;3—挠性支承簧片;
4—线性绕组;5—永久磁铁;6—载流线圈;
7—接受二极管;8—发光二极管;9—光闸;
10—顶载弹簧;11—双金属片;12—盘支承

(2)电子天平的构造 电子天平的结构设计一直在不断改进和提高。但就其基本结构和称量原理而言,各种型号基本相同。图 4-3 显示的是丹佛 T-/TB-203 型电子天平。

(3)电子天平的使用方法

① 在使用前观察水平仪是否水平。若不水平,调节地脚螺栓,直到水准器内的气泡正好位于圆环的中央。

② 天平在初次接通电源或长时间断电后,至少需要预热 30 min,方可开启显示器。

③ 轻按天平面板上的[ON/OFF]键,接通显示器。此时电子称量系统会自动进行自检,显示器上出现 $^{8}_{00}8\,888\,888\%$ g,约 2 s 后,显示称量模式:0.000 0 g,说明自检过程结束。此时,天平工作准备就绪。若结果显示不是正好 0.000 0 g,则需按一下[TARE]键。

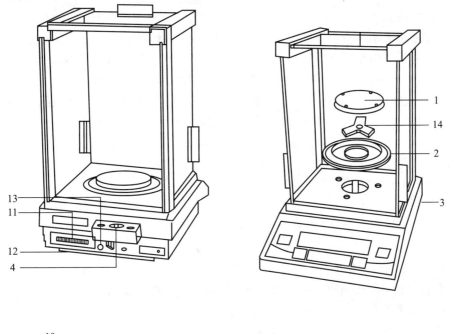

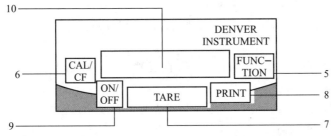

图 4-3 丹佛 T-/TB-203 型电子天平外观

1—秤盘;2—屏蔽盘;3—地脚螺栓;4—水准仪;5—功能键[FUNCTION];

6—[CAL/CF]键(校正/清除功能);7—[TARE]回零设置/除皮键;8—打印键(数据输出);

9—[ON/OFF]开关键;10—显示器;11—数据接口;12—电源插孔;13—菜单-去连锁开关;14—秤盘支架

④ 将容器(或待称物)轻轻放在秤盘上,待显示数字稳定下来并出现质量单位"g"后,即可读数,并记录称量结果。

⑤ 若需清零、去皮重,轻按[TARE]键,显示的容器质量消隐,随即出现全零状态。容器质量显示值已去除,即为去皮重。可继续在容器中加试样进行称量。显示出的是加入试样的质量。当拿走称量物后,就出现容器质量的负值。

⑥ 称量完毕,取下被称物,按一下[ON/OFF]键(如不久还要称量,可不拔掉电源),让天平处于待命状态。再次称量时,按一下[ON/OFF]键,就可继续使用。最后使用完毕,应拔下电源插头,盖上防尘罩。

(4) 电子天平的校准 因存放时间长、位置移动、环境变化或为获得精确数值,天平在使用前或使用一段时间后都应进行校准操作。天平在预热过程完成后可以进行校准。

分析天平的内部校准操作[丹佛 T/TB 系列]:按[TARE]键,当显示器显示"0.000 0 g"时,按

[CAL]键,此时,显示器显示"C"之后,再显示"0.000 0 g"。在校准过程中,内校砝码由电机自动取放。如果在校准过程中出现干扰,显示器上会显示"Error 02"的错误代码,此时请再次按[TARE]键,显示器显示"0.000 0 g"时,按[CAL]键。校准时,确保天平秤盘上无负载。

分析天平的外部校准操作[丹佛 T/TB 系列]:按[TARE]键,当显示器显示"0.000 0 g"时,按[CAL]键,开始校准,此时,显示器上显示校正砝码的质量值如"100.000 0 g",此时把准备好的100 g 标准砝码放在秤盘中央,天平自动开始校准。校正结束后,显示器上稳定显示校正砝码的质量值"100.000 0 g"。拿去校准砝码,显示器应出现"0.000 0 g"。若显示不为零,则再次清零,重复以上校准操作(注意,为了得到准确的校准结果,最好重复以上校准操作两次)。如果在启动校准程序时出现错误或干扰,显示器上会显示"Error 02"的错误代码。此时请再次按[TARE]键,显示器显示"0.000 0 g"时,按[CAL]键。

3. 使用天平的注意事项与天平的维护

分析天平属于精密测量仪器,因此无论是单盘分析天平还是电子分析天平都要遵循以下事项:

(1) 使用天平的注意事项

① 天平室应避免阳光照射,保持干燥,防止腐蚀性气体的侵袭。

② 天平应放置在稳定、平坦的平面上,避免震动。

③ 不要将天平置于暖气附近、阳光直射处、打开的门窗附近或空气对流处。

④ 天平箱内应保持清洁,要定期放置和更换变色硅胶以保持干燥。

⑤ 称量物体不得超过天平的载荷。

⑥ 称量的试样必须放在适当的容器中。不得直接放在天平秤盘上。不得在天平上称量热的、冷的或散发腐蚀性气体的物质。

⑦ 称量时动作要轻、慢,避免天平剧烈振动。

⑧ 称量时天平侧门必须关好。

⑨ 称量数据必须记在记录本中,不得记在其他地方。

⑩ 如果发现天平不正常,应及时报告教师,不要自行处理。

⑪ 称量完毕,应随时将天平关闭,关好天平门,罩上天平罩,切断电源。并检查天平周围是否清洁。最后在天平使用登记本上写清使用情况。

⑫ 天平使用一段时间(半年或一年)后要检查计量性能和调整灵敏度(这项工作由实验技术人员进行)。

(2) 天平的维护

① 当天平秤盘上有试样残留物或粉末时,必须仔细地用毛刷或手持式吸尘器去除。确保天平秤盘的缝隙无试样或灰尘。

② 天平秤盘等不锈钢零件需经常用中性清洗剂清洗,清洗完毕后,用柔软的干布将其擦干。清洗天平前需将电源变压器拔掉。

③ 若有迹象表明,与电源变压器连用的天平的安全操作没有保障时,请立即关闭电源,并断开与天平连接的电源变压器。把天平锁在安全的地方,确保暂时不会使用。然后通知仪器厂商的维修部门来检修。

4. 称量方法

（1）**直接（称量）法** 天平调定零点后，将被称物直接放在天平秤盘上，所得读数即为被称物的质量。这种方法适用于称量洁净干燥的器皿、棒状或块状及其他整块的不易潮解或升华的固体试样。注意：不得用手直接拿取被称物，可以采用布手套、垫纸条、用镊子或钳子夹取等适宜方法。

（2）**递减称量法（差减法）** 取适量待称试样置于一干燥洁净的称量瓶或小滴瓶中，在天平上准确称量后，倾（取）出欲称量的试样于实验容器中，再次准确称量，两次称量读数之差，即为所称量试样的质量。如此重复操作，可连续称若干份试样。这种方法适用于一般的粒状、粉状固体试剂或试样及液体体试样。在用基准物质配制标准溶液时，基准物质的称量一般采用这种方法。

称量瓶的使用方法：称量瓶是递减称量法称量粉末状、小颗粒状试样最常用的容器。用前要洗净烘干，用时不可直接用手拿，而应用纸条套住瓶身中部，用手捏紧纸条进行操作，如图 4-4 所示，以防手的温度高或沾汗污等影响称量准确度。具体方法如下：

① 将内盛试样的称量瓶放在天平秤盘上，准确称量试样加称量瓶的质量，记为 m_1（g）。

② 取出称量瓶，如图 4-5 所示，将称量瓶放在承接试样的容器上方倾斜，用称量瓶盖轻磕瓶口上部，使试样慢慢落入容器中，当倾出的试样已接近所需质量时，慢慢地边用瓶盖轻磕瓶口上部边将称量瓶竖起，待试样都落入瓶底后，盖好瓶盖（上述操作均应在容器上方进行，防止试样丢失），将称量瓶再放到天平秤盘上，称得质量，记为 m_2（g），如此继续进行，可称取多份试样。

图 4-4　用纸条拿称量瓶

图 4-5　磕出试剂的操作

第一份试样的质量为 m_1-m_2；第二份试样的质量为 m_2-m_3；……

应该注意的是，如果一次倾出的试样不足所需用的质量范围时，可按上述操作继续倾出。但如果超出所需的质量范围时，不准将已倾出的试样再倒回称量瓶中。此时只有弃去倾出的试样，洗净容器重新称量。

（3）**固定质量称量法（增量法）** 用基准物质直接配制标准溶液，有时需要配成固定浓度值的溶液。这就要求所称基准物质的质量必须是固定的。例如，配制 0.014 92 mol·L^{-1} 的 $K_2Cr_2O_7$ 标准溶液 500 mL 以备测 Fe^{2+} 用（这时 $T_{Fe/K_2Cr_2O_7}=0.005\ 00$ g/mL），必须称取 $K_2Cr_2O_7$ 2.194 6 g。

称量步骤如下：

① 先准确称取一洁净干燥的小烧杯，假设质量为 23.142 3 g。

② 打开天平侧门，用药勺加 $K_2Cr_2O_7$ 于小烧杯中，当天平读数小于但接近 25.336 9 时（即试样小于 2.194 6 g），用药勺小心地增加试样直到天平读数为 25.336 9±0.000 1 即可。此时 $K_2Cr_2O_7$ 的质量为 25.336 9 g 与 23.142 3 g 的差，即 2.194 6 g。

③ 关上天平侧门，关闭天平。

二、基本度量仪器的使用

1. 量筒

量筒(见图4-6)是化学实验室中度量液体最常用的仪器。它有各种不同的容量,可根据不同需要选用。例如,需要量取8.0 mL液体时,为了提高测量的准确度,应选用10 mL量筒(测量误差为±0.1 mL),如果选用100 mL量筒量取8.0 mL液体体积,则至少有±1 mL的误差。读取量筒的刻度值,一定要使视线与量筒内液面(半月形弯曲面)的最低点处于同一水平线上(见图4-7),否则会增加体积的测量误差。量筒不能做反应器用,不能装热的液体。

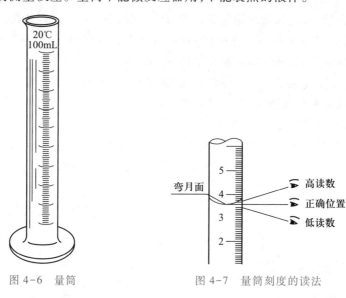

图4-6　量筒　　　　　　　　　　图4-7　量筒刻度的读法

2. 滴定管

滴定管是滴定时准确测量溶液体积的量出式量器,它是具有精确刻度、内径均匀的细长玻璃管。常量分析的滴定管容积有50 mL和25 mL,最小刻度为0.1 mL,读数可估计到0.01 mL。另外还有容积为10 mL、5 mL、2 mL、1 mL的半微量和微量滴定管。

滴定管一般分为酸式滴定管[见图4-8(a)]和碱式滴定管[见图4-8(b)]两种。酸式滴定管下端有玻璃旋塞开关,它用来装酸性溶液和氧化性溶液,不宜盛碱性溶液。碱式滴定管的下端连接一乳胶管,管内有玻璃珠以控制溶液的流出,乳胶管的下端再连一尖嘴玻璃管[见图4-8(c)]。凡是能与乳胶管起反应的氧化性溶液,如$KMnO_4$、I_2等,都不能装在碱式滴定管中。

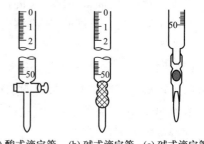

(a)酸式滴定管　(b)碱式滴定管　(c)碱式滴定管

图4-8　酸、碱滴定管

(1)使用前的准备

① 检查滴定管的密合性　酸式滴定管磨口旋塞是否密合是滴定管的质量指标之一。其检查的方法是将旋塞用水润湿后插入旋塞槽内,管中充水至最高标线,用滴定管夹将其固定。密合性良好的滴定管,15 min后漏水不应超过1个分度(50 mL滴定管为0.1 mL)。

② 旋塞涂油脂　旋塞涂油脂是起密封和润滑作用,最常用的油脂是凡士林。做法是:将滴定管平放在台面上,抽出旋塞,用滤纸将旋塞及旋塞槽内的水擦干,用手指蘸少许凡士林在旋塞的两侧涂上薄薄的一层(见图4-9)。在旋塞孔的两旁少涂一些,以免凡士林堵住塞孔。另一种涂油脂的做法是分别在旋塞粗的一端和旋塞槽细的一端内壁涂一薄层凡士林。涂好凡士林的旋塞插入旋塞槽内,沿同一方向旋转旋塞,直到旋塞部位的油膜均匀透明(见图4-9)。如发现转动不灵活或旋塞上出现纹路,表示油涂得不够;若有凡士林从旋塞缝挤出,或旋塞孔被堵,表示凡士林涂得太多。遇到这些情况,都必须把旋塞和旋塞槽擦干净后重新处理。应注意:在涂油脂过程中,滴定管始终要平放、平拿,不要直立,以免擦干的旋塞槽又沾湿。涂好凡士林后,用乳胶圈套在旋塞的末端,以防旋塞脱落破损。

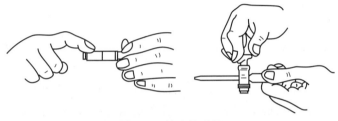

图4-9　旋塞涂油脂

涂好油脂的滴定管要试漏。试漏的方法是将旋塞关闭,管中充水至最高刻度,然后将滴定管垂直夹在滴定管架上,放置12 min,观察尖嘴口及旋塞两端是否有水渗出;将旋塞转动180°,再放置2 min,若前后两次均无水渗出,旋塞转动也灵活,即可使用。

碱式滴定管应选择合适的尖嘴、玻璃珠和乳胶管(长约6 cm),组装后应检查滴定管是否漏水,液滴是否能灵活控制。如不合要求,则需重新装配。

③ 装入操作溶液　在装入操作溶液时,应由储液瓶直接灌入,不得借用任何别的器皿,如不能借用漏斗或烧杯,以免改变操作溶液的浓度或造成污染。装入前应先将储液瓶中的操作溶液摇匀,使凝结在瓶内壁的水珠混入溶液。为除去滴定管内残留的水膜,确保操作溶液的浓度不变,应用该溶液涮洗滴定管2~3次,每次用量约10 mL。涮洗的操作要求是:先关好旋塞,倒入溶液,两手平端滴定管,即右手拿住滴定管上端无刻度部位,左手拿住旋塞无刻度部位,边转边向管口倾斜,使溶液流遍全管,然后打开滴定管的旋塞,使涮洗液由下端流出。涮洗之后,随即装入溶液。用左手拇指、中指和食指自然垂直地拿住滴定管无刻度部位,右手拿储液瓶,将溶液直接加入滴定管至最高标线以上。装满溶液的滴定管,应检查滴定管尖嘴内有无气泡,如有气泡,必须排出。对于酸式滴定管,可用右手拿住滴定管无刻度部位使其倾斜约30°,左手迅速打开旋塞,使溶液快速冲出,将气泡带走;对于碱式滴定管,可把乳胶管向上弯曲,出口上斜,挤捏玻璃珠右上方,使溶液从尖嘴快速冲出,即可排除气泡(图4-10)。

图4-10　碱式滴定管排出气泡

④ 滴定管的读数　将装满溶液的滴定管垂直地夹在滴定管架上。由于附着力和内聚力的作用,滴定管内的液面呈弯月形。无色水溶液的弯月面比较清晰,而有色溶液的弯月面清晰程度较差。因此,两种情况的读数方法稍有不同。为了正确读数,应遵守下列原则。

a. 读数时滴定管应垂直放置,注入溶液或放出溶液后,需等待 1~2 min 后才能读数。

b. 无色溶液或浅色溶液,应读弯月面下缘实线的最低点。为此,读数时,视线应与弯月面下缘实线的最低点在同一水平上,见图 4-11(a)。有色溶液,如 $KMnO_4$、I_2 溶液等,视线应与液面两侧的最高点相切,见图 4-11(b)。

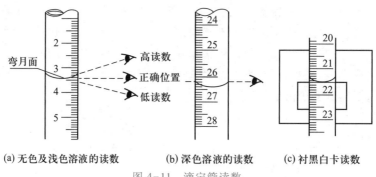

(a) 无色及浅色溶液的读数   (b) 深色溶液的读数   (c) 衬黑白卡读数

图 4-11　滴定管读数

c. 滴定时,最好每次从 0.00 mL 开始,或从接近“0”的任一刻度开始,这样可以固定在某一体积范围内量度滴定时所消耗的标准溶液,减少体积误差。读数必须准确至 0.01 mL。

d. 为了协助读数,可采用读数卡。这种方法有利于初学者练习读数。读数卡可用黑纸或用一中间涂有一黑长方形(约 3 cm×1.5 cm)的白纸制成。读数时,将读数卡放在滴定管背后,使黑色部分在弯月面下约 1 mm 处,此时即可看到弯月面的反射层成为黑色,然后读此黑色弯月面下缘的最低点,见图 4-11(c),读数应准确到 0.01 mL。

(2)滴定操作　使用酸式滴定管(见图 4-12)时,应用左手控制滴定管旋塞,大拇指在前,食指和中指在后,手指略微弯曲,轻轻向内扣住旋塞,手心空握,以免碰到旋塞使其松动,甚至可能顶出旋塞。右手握持锥形瓶,边滴边摇动,向同一方向作圆周旋转,而不能前后振动,否则会溅出溶液。滴定速率一般为 10 mL·min^{-1},即每秒 3~4 滴。临近滴定终点时,应一滴或半滴地加入,并用洗瓶吹入少量水冲洗锥形瓶内壁,使附着的溶液全部流下,然后摇动锥形瓶。如此继续滴定至准确到达终点为止。

使用碱式滴定管时(见图 4-13),左手拇指在前,食指在后,捏住乳胶管中的玻璃球所在部位稍靠上处,向手心捏挤乳胶管,使其与玻璃球之间形成一条缝隙,溶液即可流出。应注意,不能捏挤玻璃球下方的乳胶管,否则易进入空气形成气泡。为防止乳胶管来回摆动,可用中指和无名指夹住尖嘴的上部。

图 4-12　酸式滴定管的操作　　　　　图 4-13　碱式滴定管的操作

滴定通常在锥形瓶中进行,必要时也可以在烧杯中进行,见图4-14。对于滴定碘法、溴酸钾法等,则需在碘量瓶中进行反应和滴定。碘量瓶是带有磨口玻璃塞与喇叭形瓶口之间形成一圈水槽的锥形瓶,见图4-15。槽中加入纯水可形成水封,防止瓶中反应生成的气体（I_2、Br_2 等）逸失。反应完成后,打开瓶塞,水即流下并可冲洗瓶塞和瓶壁。

（3）滴定结束后滴定管的处理　滴定结束后,把滴定管中剩余的溶液倒掉,（不能倒回原储液瓶!）依次用自来水和纯水洗净,然后用纯水充满滴定管并垂直夹在滴定管架上,下尖嘴口距台底座 1~2 cm,上管口用一滴定管帽盖住。

图4-14　在烧杯中滴定

图4-15　碘量瓶

3. 容量瓶

容量瓶是一种细颈梨形的平底瓶,带有磨口塞。瓶颈上刻有环形标线,表示在所指温度下（一般为 20 ℃）液体充满至标线时的容积,这种容量瓶一般是"量入"的容量瓶。但也有刻有两条标线的,上面一条表示量出的容积。容量瓶主要是用来把精密称量的物质配制成准确浓度的溶液或是将准确容积及浓度的浓溶液稀释成准确浓度及容积的稀溶液。常用的容量瓶有 25 mL、50 mL、100 mL、250 mL、500 mL、1 000 mL 等各种规格,见图 4-16。容量瓶的使用方法如下。

① 容量瓶使用前应检查是否漏水　检查方法:注入自来水至标线附近,盖好瓶塞,右手托住瓶底,将其倒立 2 min,观察瓶塞周围是否有水渗出。如果不漏,再把塞子旋转180°,塞紧、倒置,如仍不漏水,则可使用。使用前必须把容量瓶按容器器皿洗涤要求洗涤干净。

图4-16　容量瓶

容量瓶与塞要配套使用。瓶塞须用尼龙绳把它系在瓶颈上,以防掉下来摔碎。系绳不要很长,2~3 cm,以可开启塞子为限。

② 配制溶液的操作方法　将准确称量的试剂放在小烧杯中,加入适量水,搅拌使其溶解（若难溶,可盖上表面皿,稍加热,但须放冷后才能转移）,沿玻璃棒把溶液转移至容量瓶中,见图4-17(a)。烧杯中的溶液倒尽后烧杯不要直接离开玻璃棒,而应在烧杯扶正的同时使烧杯嘴沿玻璃棒上提 1~2 cm,随后烧杯即离开玻璃棒,这样可避免烧杯嘴与玻璃棒之间的一滴溶液流到烧杯外面。然后再用少量水涮洗烧杯壁 3~4 次,每次的涮洗液按同样操作转移至容量瓶中。当溶液达到容量瓶的2/3容量时,应将容量瓶沿水平方向摇晃使溶液初步混匀,（注意:不能倒转容

量瓶!)再加水至接近标线,最后用滴管从刻线以上 1 cm 处沿颈壁缓缓滴加纯水至溶液弯月面最低点恰好与标线相切。盖紧瓶塞,用食指压住瓶塞,另一只手托住容量瓶底部,倒转容量瓶,使瓶内气泡上升到顶部,边倒转边摇动如此反复倒转摇动多次,使瓶内溶液充分混合均匀,见图 4-17(b)、(c)。

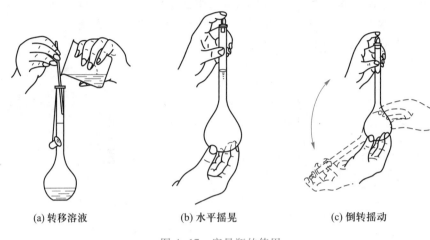

(a) 转移溶液   (b) 水平摇晃   (c) 倒转摇动

图 4-17 容量瓶的使用

容量瓶是量器而不是容器,不宜长期存放溶液,如溶液需使用一段时间,应将溶液转移至试剂瓶中储存,试剂瓶应先用该溶液涮洗 2~3 次,以保证浓度不变。

容量瓶不得在烘箱中烘烤,也不许以任何方式对其加热。

4. 移液管、吸量管

移液管和吸量管是用于准确移取一定体积的量出式玻璃量器。移液管是中间有一膨大部分(称为球部)的玻璃管,球部上和下均为较细窄的管颈,上端管颈刻有一条标线,亦称"单标线吸量管",见图 4-18(a)。常用的移液管有 2 mL、5 mL、10 mL、25 mL、50 mL 等规格。

吸量管是具有分刻度的玻璃管,见图 4-18(b),亦称分度吸量管。用于准确移取非固定量的溶液。常用的吸量管有 1 mL、2 mL、5 mL、10 mL 等规格。

移取溶液的操作:移取溶液前,必须用滤纸将管尖端内外的水吸去,然后用欲移取的溶液涮洗 2~3 次,以确保所移取溶液的浓度不变。移取溶液时,用右手的大拇指和中指拿住管颈上方,下部的尖端插入溶液中 1~2 cm,左手拿洗耳球,先把球中空气压出,然后将球的尖端接在移液管口,慢慢松开左手使溶液吸入管内。当液面升高到刻度以上时,移去洗耳球,立即用右手的食指按住管口,将移液管下口提出液面,管的末端仍靠在盛溶液器皿的内壁上,略放松食指,用拇指和中指轻轻捻转管身,使液面平稳下降,直到溶液的弯月面与标线相切时,立即用食指压紧管口,使液体不再流出。取出移液管,以干净滤纸片擦去移液管末

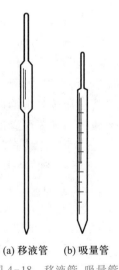

(a) 移液管 (b) 吸量管

图 4-18 移液管、吸量管

端外部的溶液,但不得接触下口,然后插入承接溶液的器皿中,使管的末端靠在器皿内壁上。此时移液管应垂直,承接的器皿倾斜,松开食指,让管内溶液自然地全部沿器壁流下,见图4-19。等待10~15 s后,拿出移液管。如移液管未标"吹"字,残留在移液管末端的溶液,不可用外力使其流出,因移液管的容积不包括末端残留的溶液。

有一种0.1 mL的吸量管,管口上刻有"吹"字。使用时,末端的溶液必须吹出,不允许保留。

三、其他小型测量仪器的使用及注意事项

1. 水银温度计的选用和使用注意事项

(1)水银温度计的选用 水银温度计有多种规格,常用的有:

① 刻度线每格为1 ℃或0.5 ℃,量程范围一般为0~100 ℃、0~200 ℃和0~300 ℃等的普通温度计。

② 刻度以0.1 ℃为间隔,每支量程约为50 ℃的精

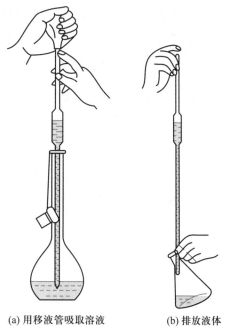

(a) 用移液管吸取溶液　　(b) 排放液体

图4-19　移液管的使用

密温度计。这类温度计往往多支配套,所测温度范围交叉组成-10~400 ℃的量程。也有刻度间隔为0.02 ℃或0.01 ℃,专供量热用的精密温度计。

③ 高温水银温度计 这种水银温度计用特殊配料的硬质玻璃或石英做管壁,并在其中充以氮气或氩气,因而使温度最高可以测到750 ℃。

正确地选用温度计主要是根据实验要求选择温度计的测温精度和温度计的量程。例如,要测定温度$t = 70$ ℃,要求测量精度为1%,则测量的允许绝对误差为70 ℃×1% = 0.7 ℃。选择刻度线为0.5 ℃的温度计能够满足测量精度要求。温度计正常使用的温度范围为全量程的30%~90%,因此应选用量程为0~100 ℃温度计。

(2)使用水银温度计的注意事项

① 由于工作液体夹杂气泡或搬运不慎等原因造成的毛细管中液柱断裂,如不注意,将引起极大的误差,因此在使用温度计前必须检查有无液柱断裂现象。如有断裂现象,则可采用下列办法修复。

a. 加热法。如温度计毛细管的上端有安全泡,则可用加热法修复。将温度计直立并将感温泡浸入温水中徐徐加热直到中断的液柱全部进入安全泡。注意液柱只能升至安全泡的1/3处,不能全部充满安全泡以免破裂。在上升过程中应轻轻振动温度计,以帮助全体气泡上升。加热后将温度计慢慢冷却,最好是浸在原来热水中自然冷却至室温。冷却后一定要垂直放置数小时,以使管壁的液体都下降至液柱中。

b. 冷却法。如液柱断在温度计中、下部或高温用的温度计,则可将温度计浸入冷却剂中(冰+纯水),使温度逐渐降低,一直到液柱的断裂部缩入玻璃泡内为止。然后取出,再使温度计慢慢升高回至原来的温度值。如果进行一次不行,则需进行几次,直至故障消失为止。

② 根据需要对温度计做读数校正或露茎校正,校正方法见(3)。

③ 温度计应尽可能垂直浸在被测体系内,测量溶液的温度时一般应将温度计悬挂起来,并

使水银球处于溶液中的一定位置,不要靠在容器壁上或插到容器底部。

④ 测量温度时,必须等待温度计与被测物质间达到热平衡、水银柱液面不再移动后方可读数。达到热平衡所需的时间与温度计水银球的直径、温度的高低及被测物质的性质等有关。一般情况下温度计浸在被测物质中需 1~6 min 才能达到平衡。若被测温度是变化的,则因为温度计的热惰性而使测温精度大为降低。

⑤ 使用水银温度计时,为防止水银在毛细管上附着,发生液柱断裂或挂壁影响读数,读数前应用手指轻轻弹动温度计,这一点在使用精密温度计时尤其要特别注意。

⑥ 读数时水银柱液面、刻度和眼睛应保持在同一水平面上,精密测量可用测高仪。

⑦ 防止骤冷骤热(以免引起温度计破裂),还要防止强光及射线直接照射到水银球上。

⑧ 水银温度计是易碎玻璃仪器,且毛细管中的水银有毒,故绝不允许作搅拌、支柱等它用;要十分小心,避免与硬物相碰,如果温度计需插在塞孔中,孔的大小要合适,以防脱落或折断。万一温度计破损水银洒出,应立即按安全用汞的操作规定来处理:尽可能地用吸管将汞珠收集起来,再用能形成汞齐的金属片(如 Zn、Cu 等)在汞的溅落处多次扫过。最后用硫黄覆盖在有汞溅落的地方,并摩擦之,使汞变为 HgS;亦可用 $KMnO_4$ 溶液使汞氧化。

(3)水银温度计的校正　玻璃水银温度计指示值与实际温度之间的偏差,称为示值误差。玻璃水银温度计的玻璃虽然经过老化处理,但玻璃热后效应仍难消除,长期放置或使用都会使得感温泡的体积收缩造成示值误差。因此测定示值误差是校正水银温度计本身的误差。另外内标尺水银温度计中的标尺位移也会造成较大的测量误差。

水银温度计的使用方法也会造成测量误差。精密水银温度计大都是全浸式的,但实际使用时,常有部分水银柱露在待测体系之外,由此产生的误差需要通过露茎校正消除。

水银温度计的误差露茎校正

2. 秒表的使用

秒表是准确测量时间的仪器。它有各种规格,实验室常用的一种秒表其秒针转一周为 30 s,分针转一周为 15 min(见图 4-20)。这种表有两个针,长针为秒针,短针为分针,表面上也相应地有两圈刻度,分别表示秒和分的数值。这种表可读准到 0.01 s。表的上端有柄头,用它旋紧发条,控制表的启动和停止。

使用时,先旋紧发条,用手握住表体,用拇指或食指按柄头,按一下,表即走动。需停表时,再按柄头,秒针、分针就都停止,便可读数。第三次按柄头时,秒针、分针即返回零点,恢复原始状态,可再次计时。

3. 比重计的使用

比重计是用来测定溶液相对密度的仪器。它是一支中空的玻璃浮柱,上部有标线,下部为一重锤,内装铅粒。根据溶液相对密度的不同而选用相适应的比重计。通常将比重计分为两种。一种是测量相对密度大于 1 的液体,称作重表;另一种是测量相对密度小于 1 的液体,称作轻表。

测定液体相对密度时,将欲测液体注入大量筒中,然后将清洁干燥的比重计慢慢放入液体中。为了避免比重计在液体中上下沉浮和左右摇动与量筒壁接触以至打破,故在浸入时,应该用手扶住比重计的上端,并让它浮在液面上,待比重计不再摇动而且不与器壁相碰时,即可读数。读数时视线要与凹液面最低处相切。用完比重计要洗净,擦干,放回盒内。由于液体相对密度的不同,可选用不同量程的比重计。测定相对密度的方法,如图 4-21 所示。

图 4-20　秒表

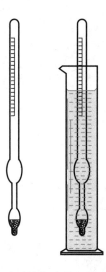

图 4-21　比重计和液体相对密度的测定

实验三　溶液的配制

[实验目的]

1. 学习比重计、移液管、容量瓶的使用方法。
2. 掌握溶液的质量分数、质量摩尔浓度、物质的量浓度等一般溶液的配制方法和基本操作。
3. 了解特殊溶液的配制。

在化学实验中,常常需要配制各种溶液来满足不同实验的要求。如果实验对溶液浓度的准确性要求不高,一般利用托盘天平、量筒、带刻度烧杯等低准确度的仪器配制就能满足需要。如果实验对溶液浓度的准确性要求较高,如定量分析实验,就须使用分析天平、移液管、容量瓶等高准确度的仪器配制溶液。对于易水解的物质,在配制溶液时还要考虑先以相应的酸溶解易水解的物质,再加水稀释。无论是粗配还是准确配制一定体积、一定浓度的溶液,首先要计算所需试剂的用量,包括固体试剂的质量或液体试剂的体积,然后再进行配制。

不同浓度的溶液在配制时的具体计算及配制步骤如下。

一、由固体试剂配制溶液

1. 质量分数浓度的溶液

因为

$$w = \frac{m_{溶质}}{m_{溶液}}$$

所以

$$m_{溶质} = \frac{w \cdot m_{溶剂}}{1-w} = \frac{w \cdot \rho_{溶剂} \cdot V_{溶剂}}{1-w}$$

如溶剂为水:

$$m_{溶质} = \frac{w \cdot V_{溶剂}}{1-w}$$

式中,$m_{溶质}$ 为固体试剂的质量;$m_{溶液}$ 为溶液的质量;w 为溶质质量分数;$m_{溶剂}$ 为溶剂质量;$\rho_{溶剂}$ 为溶剂的密度,3.98 ℃时,对于水 $\rho = 1.000\ 0\ \text{g} \cdot \text{mL}^{-1}$;$V_{溶剂}$ 为溶剂体积。

计算出配制一定质量分数的溶液所需固体试剂质量,用托盘天平称取,倒入烧杯,再用量筒量取所需蒸馏水也倒入烧杯,搅动,使固体完全溶解即得所需溶液,将溶液倒入试剂瓶中,贴上标签备用。

2. 质量摩尔浓度的溶液

$$m_{溶质} = \frac{M \cdot b \cdot m_{溶剂}}{1\ 000} = \frac{M \cdot b \cdot \rho_{溶剂} \cdot V_{溶剂}}{1\ 000}$$

如溶剂为水:

$$m_{溶质} = \frac{M \cdot b \cdot V_{溶剂}}{1\ 000}$$

式中,b 为质量摩尔浓度,单位为 $mol \cdot kg^{-1}$;M 为固体试剂摩尔质量,单位为 $g \cdot mol^{-1}$(其他符号说明同前)。

配制方法同质量分数浓度的溶液。

3. 物质的量浓度的溶液

$$m_{溶质} = c \cdot V \cdot M$$

式中,c 为物质的量浓度,单位为 $mol \cdot L^{-1}$;V 为溶液体积,单位为 L(其他符号说明同前)。

(1)粗略配制 算出配制一定体积溶液所需固体试剂质量,用托盘天平称取所需固体试剂,倒入带刻度烧杯中,加入少量蒸馏水搅动使固体完全溶解后,用蒸馏水稀释至刻度,即得所需的溶液。然后将溶液移入试剂瓶中,贴上标签,备用。

(2)准确配制 先算出配制给定体积准确浓度溶液所需固体试剂的用量,并在分析天平上准确称出它的质量,放在干净烧杯中,加适量蒸馏水使其完全溶解。将溶液转移到容量瓶(与所配溶液体积相应的)中,用少量蒸馏水洗涤烧杯 2~3 次,冲洗液也移入容量瓶中,再加蒸馏水至标线处,盖上塞子,将溶液摇匀即成所配溶液,然后将溶液移入试剂瓶中,贴上标签,备用。

二、由液体(或浓溶液)试剂配制溶液

1. 质量分数浓度的溶液

(1)混合两种已知浓度的溶液,配制所需浓度溶液的计算方法是:把所需的溶液浓度放在两条直线交叉点上(即中间位置),已知溶液浓度放在两条直线的左端(较大的在上,较小的在下)。然后每条直线上两个数字相减,差额写在同一直线另一端(右边的上、下),这样就得到所需的已知浓度溶液的份数。例如,由 85% 和 40% 的溶液混合,制备 60% 的溶液:

需取用 20 份的 85% 溶液和 25 份的 40% 的溶液混合。

(2)用溶剂稀释原液制成所需浓度的溶液,在计算时只需将左下角较小的浓度写成零表示是纯溶剂即可。例如,用水把 35% 的水溶液稀释成 25% 的溶液:

取 25 份 35% 的水溶液兑 10 份的水,就得到 25% 的溶液。

配制时应先加水或稀溶液,然后加浓溶液。搅动均匀,将溶液转移到试剂瓶中,贴上标签,备用。

2. 物质的量浓度的溶液

(1)计算

① 由已知物质的量浓度溶液稀释:

$$V_{原} = \frac{c_{新} \ V_{新}}{c_{原}}$$

式中,$c_{新}$ 为稀释后溶液的物质的量浓度;$V_{新}$ 为稀释后溶液体积;$c_{原}$ 为原溶液的物质的量浓度;$V_{原}$ 为取原溶液的体积。

② 由已知质量分数的浓溶液配制稀溶液

$$c_{浓} = \frac{\rho \cdot w}{M}, V_{浓} = \frac{c_{稀} V_{稀}}{c_{浓}}$$

式中,M 为溶质的摩尔质量;ρ 为液体试剂(或浓溶液)的密度。

（2）配制方法

① 粗略配制　先用比重计测量液体(或浓溶液)试剂的相对密度,从有关表中查出其相应的质量分数,算出配制一定物质的量浓度的溶液所需液体(或浓溶液)用量,用量筒取所需的液体(或浓溶液),倒入装有少量水的有刻度烧杯中混合,如果溶液放热,需冷却至室温后,再用水稀释至刻度。搅动使其均匀,然后移入试剂瓶中,贴上标签备用。

② 准确配制　当用较浓的准确浓度的溶液配制较稀准确浓度的溶液时,先计算,然后用处理好的移液管吸取所需溶液注入给定体积的洁净的容量瓶中,再加蒸馏水至标线处,摇匀后,倒入试剂瓶,贴上标签备用。

[实验用品]

仪器:烧杯(50 mL、100 mL)、移液管(25 mL 或带刻度的 10 mL 吸量管)、容量瓶(50 mL、100 mL)、比重计、量筒(100 mL)、试剂瓶、称量瓶、托盘天平、分析天平

固体药品:$CuSO_4 \cdot 5H_2O$、NaCl、KCl、$CaCl_2$、$NaHCO_3$、$SbCl_3$

液体药品:浓硫酸、醋酸(2.00 mol·L^{-1})、浓盐酸

[基本操作]

1. 容量瓶的使用,参见第四章二。

2. 移液管的使用,参见第四章二。

3. 比重计的使用,参见第四章三。

4. 托盘天平及分析天平的使用参见第四章一。

[实验内容]

1. 用硫酸铜晶体粗略配制 50 mL 0.2 mol·L^{-1} $CuSO_4$ 溶液。

2. 准确配制 100 mL 质量分数为 0.90 % 的生理盐水。按 NaCl：KCl：$CaCl_2$：$NaHCO_3$ = 45：2.1：1.2：1的比例,在 NaCl 溶液中加入 KCl、$CaCl_2$、$NaHCO_3$,经消毒后即得 0.90% 的生理盐水。

3. 用比重计测定市售硫酸的密度,查出硫酸的质量分数。配制 50 mL 3 mol·L^{-1} H_2SO_4 溶液。

[思考题]

配制硫酸溶液时烧杯中先加水还是先加酸,为什么?

4. 由已知准确浓度为 2.00 mol·L^{-1} 的 HAc 溶液配制 50 mL 0.200 mol·L^{-1} HAc 溶液。

5. 配制 50 mL 0.1 mol·L^{-1} $SbCl_3$ 溶液。

[思考题]

在配制 $SbCl_3$ 溶液时,如何防止水解?

[实验习题]

1. 用容量瓶配制溶液时,要不要把容量瓶干燥? 要不要用被稀释溶液洗三遍,为什么?

2. 怎样洗涤移液管? 水洗净后的移液管在使用前还要用吸取的溶液来洗涤,为什么?

3. 某学生在配制硫酸铜溶液时,用分析天平称取硫酸铜晶体,用量筒取水配成溶液,此操作对否? 为什么?

[附注]

1. 浓硫酸的相对密度与质量分数对照表

d_4^{20}	1.814 4	1.819 5	1.824 0	1.827 9	1.831 2	1.833 7	1.835 5	1.836 4	1.846 1
$w/\%$	90	91	92	93	94	95	96	97	98

此数据摘自顾庆超. 化学用表. 南京:江苏科技出版社,1979.

若在相对密度表上找不到与所测相对密度对应的质量分数,只提供了相近数值,则其可由上下两个限值来求得。例如,测得 H_2SO_4 相对密度为 1.126。从《化学用表》可知

相对密度 1.120 1.130

质量分数/% 17.01 18.31

计算:

(1) 求出对照表数据中相对密度及质量分数的差:

$$
\begin{array}{cc}
1.130 & 18.31\% \\
-1.120 & -17.01\% \\
\hline
0.010 & 1.30\% \\
\end{array}
$$

(2) 求出比重计所测定数值与表中最低值之间的差:

$$1.126-1.120=0.006$$

(3) 写出比例式:

$$0.010:1.30\%=0.006:w$$

$$w=\frac{1.30\times0.006}{0.010}=0.78\%$$

(4) 将所求数值和表上所给最低的质量分数的数值相加:

$$17.01\%+0.78\%=17.79\%$$

2. 配制准确浓度溶液的固体试剂必须是组成与化学式完全符合,而且摩尔质量大的高纯物质。在保存和称量时其组成和质量稳定不变,即通常说的基准物质。

3. 在配制溶液时,除注意准确度外,还要考虑试剂在水中的溶解性、热稳定性、挥发性、水解性等因素的影响。某些特殊试剂溶液的配制方法请看本书附录部分。

实验四　胆矾结晶水的测定

——分析天平的使用,灼烧恒重

[实验目的]

1. 了解结晶水合物中结晶水含量的测定原理和方法。

2. 进一步熟悉分析天平的使用,学习研钵、干燥器等仪器的使用和沙浴加热、恒重等基本操作。

很多离子型的盐类从水溶液中析出时,常含有一定量的结晶水(或称水合水)。结晶水与盐类结合得比较牢固,但受热到一定温度时,可以脱去结晶水的一部分或全部。胆矾($CuSO_4 \cdot 5H_2O$)晶体在不同温度下按下列反应逐步脱水[①]:

$$CuSO_4 \cdot 5H_2O \xrightarrow{48\ ℃} CuSO_4 \cdot 3H_2O + 2H_2O$$

$$CuSO_4 \cdot 3H_2O \xrightarrow{99\ ℃} CuSO_4 \cdot H_2O + 2H_2O$$

$$CuSO_4 \cdot H_2O \xrightarrow{218\ ℃} CuSO_4 + H_2O$$

因此对于经过加热能脱去结晶水,又不会发生分解的结晶水合物中结晶水的测定,通常是把一定量的结晶水合物(不含吸附水)置于已灼烧至恒重的坩埚中,加热至较高温度(以不超过被测定物质的分解温度为限)脱水,然后把坩埚移入干燥器中,冷却至室温,再取出用分析天平称量。由结晶水合物经高温加热后的失重值可算出该结晶水合物所含结晶水的质量分数,以及 1 mol 该盐所含结晶水的物质的量,从而可确定结晶水合物的化学式。由于压力不同、粒度不同、升温速率不同,有时可以得到不同的脱水温度及脱水过程。

[实验用品]

仪器:坩埚、泥三角、坩埚钳、干燥器、铁架台、铁圈、沙浴盘、温度计(300 ℃)、煤气灯、分析天平

药品:胆矾(s)

材料:滤纸、沙子

[基本操作]

1. 分析天平的使用,参见第四章一。

2. 沙浴加热,参见第三章三。

3. 研钵的使用方法参见附录1。

4. 干燥器的准备和使用。

由于空气中总含有一定量的水汽,因此灼烧后的坩埚和沉淀等,不能置于空气中,必须放在干燥器中冷却以防吸收空气中的水分。

---

① 在各种无机化学教科书和有关手册中,$CuSO_4 \cdot 5H_2O$ 逐步脱水的温度数据相差很大。本数据取自刘建民、马泰儒等"$CuSO_4 \cdot 5H_2O$ 加热过程中的行为"一文(大学化学研讨会论文集,北京大学出版社,1990 年 10 月,128-129)。

干燥器是一种具有磨口盖子的厚质玻璃器皿,磨口上涂有一薄层凡士林,使其更好地密合。底部放适当的干燥剂,其上架有洁净的带孔瓷板,以便放置坩埚和称量瓶等,见图4-22。

准备干燥器时要用干的抹布将内壁和磁板擦抹干净,一般不用水洗,以免不能很快干燥。放入干燥剂时按图4-23方法进行,干燥剂不要放得太满,装至干燥器下室的一半就够了,太多容易沾污坩埚。

开启干燥器时,应左手按住干燥器的下部,右手握住盖的圆顶,向前小心推开器盖,见图4-24。盖取下后,将盖倒置在安全处。放入物体后,应及时加盖。加盖时也应该拿住盖上圆顶,平推盖严。当放入温热的坩埚时,应先将盖留一缝隙,稍等几分钟再盖严;也可以前后推动器盖稍稍打开2~3次。搬动干燥器时,应用两手的拇指按住盖子,以防盖子滑落打碎。

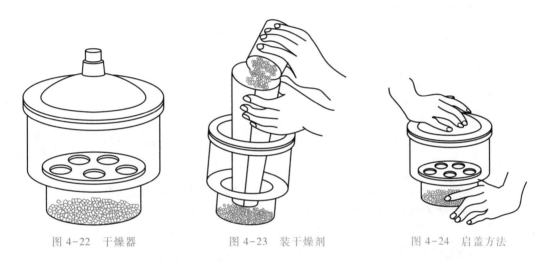

图4-22 干燥器　　　　图4-23 装干燥剂　　　　图4-24 启盖方法

[实验内容]

一、恒重坩埚

将一洗净的坩埚及坩埚盖置于泥三角上。小火烘干后,用氧化焰灼烧至红热。将坩埚冷却至略高于室温,再用干净的坩埚钳将其移入干燥器中,冷却至室温(注意:热坩埚放入干燥器后,一定要在短时间内将干燥器盖子打开1~2次,以免内部压力降低,难以打开)。取出,用分析天平称量。重复上述加热过程、冷却、称量,直至恒重。

二、胆矾脱水

(1)在已恒重的坩埚中加入1.0~1.2 g研细的胆矾($CuSO_4 \cdot 5H_2O$)晶体,铺成均匀的一层,再在分析天平上准确称量坩埚及胆矾的总质量,减去已恒重坩埚的质量即为胆矾的质量。

(2)将已称量的、内装有胆矾晶体的坩埚置于沙浴盘中。将其3/4体积埋入沙内,再在靠近坩埚的沙浴中插入一支温度计(300 ℃),其末端应与坩埚底部大致处于同一水平。加热沙浴至210 ℃左右,然后慢慢升温至280 ℃左右,调节煤气灯火焰以控制沙浴温度在260~280 ℃之间。当坩埚内粉末由蓝色全部变为白色时停止加热(需15~20 min)。用干净的坩埚钳将坩埚移入干燥器内,冷至室温。将坩埚外壁用滤纸揩干净后,在分析天平上称量坩埚和无水硫酸铜($CuSO_4$)的总质量。计算无水硫酸铜的质量。重复沙浴加热、冷却、称量,直到"恒重"(本实验要求两次称量之差≤1 mg)。实验后将无水硫酸铜倒入回收瓶中。

将实验数据填入下表。由实验所得数据,计算 1 mol $CuSO_4$ 中所结合的结晶水的物质的量(计算出结果后,四舍六入五成双取整数),确定胆矾的化学式。

三、数据记录与处理

空坩埚质量/g			(空坩埚+胆矾的质量)/g	(加热后坩埚+无水硫酸铜质量)/g		
第一次称量	第二次称量	平均值		第一次称量	第二次称量	平均值

胆矾的质量 $m_1 =$ _____

无水硫酸铜的质量 $m_2 =$ _____

$CuSO_4$ 的物质的量 $= m_2/(159.6 \text{ g} \cdot \text{mol}^{-1}) =$ _____

结晶水的质量 $m_3 =$ _____

结晶水的物质的量 $= m_3/(18.0 \text{ g} \cdot \text{mol}^{-1}) =$ _____

1 mol $CuSO_4$ 的结合水的物质的量 = _____

胆矾的化学式 _____

[思考题]

1. 在胆矾结晶水的测定中,为什么用沙浴加热并控制温度在 280 ℃左右?

2. 加热后的坩埚能否未冷却至室温就去称量?加热后的热坩埚为什么要放在干燥器内冷却?

3. 在高温灼烧过程中,为什么必须用煤气灯氧化焰而不能用还原焰加热坩埚?

4. 为什么要进行重复的灼烧操作?什么叫恒重?其作用是什么?

[实验注意事项]

1. 胆矾的用量最好不要超过 1.2 g。

2. 加热脱水一定要完全,晶体完全变为灰白色,不能是浅蓝色。

3. 注意恒重。

4. 注意控制脱水温度。

第五章 气体的发生、收集、净化和干燥

一、气体的发生

实验中需用少量气体时,可以在实验室中制备,常用的制备方法见表5-1。

表5-1 气体发生的方法

气体发生的方法	实验装置图	适用气体	注意事项
加热试管中的固体制备气体		氧气,氨气,氮气等	① 管口略向下倾斜,以免管口冷凝的水珠倒流到试管的灼烧处而使试管炸裂 ② 检查气密性
利用启普气体发生器制备气体		氢气,二氧化碳,硫化氢等	见启普气体发生器的使用方法

气体发生的方法	实验装置图	适用气体	注意事项
利用蒸馏烧瓶和分液漏斗的装置制备气体		一氧化碳,二氧化硫,氯气,氯化氢等	① 分液漏斗管(或接套的一个小试管)应插入液体内,否则漏斗中液体不易流下来 ② 必要时可微微加热 ③ 必要时可用三通玻璃管将蒸馏烧瓶支管与分液漏斗上口相通,防止蒸馏烧瓶内气体压力太大
从钢瓶直接获得气体		氮气,氧气,氢气,氨气,二氧化碳,氯气,乙炔,空气等	见下文

如果需要大量气体或者经常使用气体时,可以从高压气体钢瓶中直接获得气体。高压气体钢瓶容积一般为 40~60 L,最高工作压力为 15 MPa,最低的也在 0.6 MPa 以上。为了避免各种钢瓶使用时发生混淆,常将钢瓶漆上不同颜色,写明瓶内气体名称,如表 5-2 所示。

表 5-2 我国高压气体钢瓶常用的标记

气体类别	瓶身颜色	标字颜色	腰带颜色
氮 气	黑 色	黄 色	棕 色
氧 气	天蓝色	黑 色	
氢 气	深绿色	红 色	红 色
空 气	黑 色	白 色	
氨 气	黄 色	黑 色	
二氧化碳	黑 色	黄 色	黄 色
氯 气	草绿色	白 色	白 色

气体类别	瓶身颜色	标字颜色	腰带颜色
乙　炔	白　色	红　色	绿　色
其他一切非可燃气体	黑　色	黄　色	
其他一切可燃气体	红　色	白　色	

由于高压气体钢瓶若使用不当,会发生极危险的爆炸事故,使用者必须注意以下事项。

(1)钢瓶应存放在阴凉、干燥、远离热源(如阳光、暖气、炉火)的地方。盛可燃性气体的钢瓶必须与氧气钢瓶分开存放。

(2)绝对不可使油或其他易燃物、有机物沾在高压气体钢瓶上(特别是气门嘴和减压器处)。也不得用棉、麻等物堵漏,以防燃烧引起事故。

(3)使用钢瓶中的气体时,要用减压器(气压表)。可燃高压气体钢瓶的气门是逆时针拧紧的,即螺纹是反扣的(如氢气、乙炔气)。非可燃或助燃性气体钢瓶的气门是顺时针拧紧的,即螺纹是正扣的。各种气体的气压表不得混用。

(4)钢瓶内的气体绝不能全部用完,一定要保留 0.05 MPa 以上的残留压力(表压)。可燃气体如乙炔应剩余 0.2～0.3 MPa,H_2 应保留 2 MPa,以防重新充气时发生危险。

在实验室中常常利用启普气体发生器制备氢气、二氧化碳、硫化氢等气体。

启普气体发生器是由一个葫芦状的玻璃容器和球形漏斗组成的(见图 5-1)。葫芦状的容器(由球体和半球体构成)底部有一液体出口,平常用玻璃塞(有的用橡胶塞)塞紧。球体的上部有一气体出口,与带有玻璃旋塞的导气管相连(见图 5-2)。

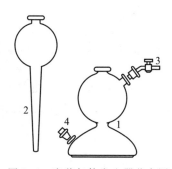

图 5-1　启普气体发生器分布图

1—葫芦状容器;2—球形漏斗;3—旋塞导管;4—液体出口

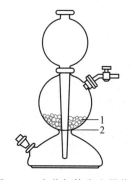

图 5-2　启普气体发生器装置

1—固体药品;2—玻璃棉(或橡胶垫圈)

移动启普气体发生器时,应用两手握住球体下部,切勿只握住球形漏斗,以免葫芦状容器落下而打碎。

启普气体发生器不能受热,装在发生器内的固体必须是颗粒较大或块状的。

(1)装配　在球形漏斗颈和玻璃旋塞磨口处涂一薄层凡士林,插好球形漏斗和玻璃旋塞,转动几次,使其严密。

(2)检查气密性　开启旋塞,从球形漏斗口注水至充满半球体时,关闭旋塞。继续加水,待水从漏斗管上升到漏斗球体内,停止加水。在水面处做一记号,静置片刻,如水面不下降,证明不漏气,可以使用。

（3）加试剂　在葫芦状容器的球体下部先放些玻璃棉(或橡胶垫圈)，然后由气体出口加入固体药品。玻璃棉(或橡胶垫圈)的作用是避免固体掉入半球体底部。加入固体的量不宜过多，以不超过中间球体容积的 1/3 为宜，否则固液反应剧烈，酸液很容易被气体从导管冲出。再从球形漏斗加入适量稀酸(约 6 mol·L^{-1})。

（4）发生气体　使用时，打开旋塞，由于中间球体内压力降低，酸液即从底部通过狭缝进入中间球体与固体接触而产生气体。停止使用时，关闭旋塞，由于中间球体内产生的气体增大压力，就会将酸液压回到球形漏斗中，使固体与酸液不再接触而停止反应。下次再用时，只要打开旋塞即可。使用非常方便，还可通过调节旋塞来控制产生气体的流速。

（5）添加或更换试剂　发生器中的酸液长久使用会变稀。换酸液时，可先用塞子将球形漏斗上口塞紧，然后把液体出口的塞子拔下，让废酸缓缓流出后，将葫芦状容器洗净，再塞紧塞子，向球形漏斗中加入酸液。需要更换或添加固体时，可先把导气管旋塞关好，让酸液压入半球体后，用塞子将球形漏斗上口塞紧，再把装有玻璃旋塞的橡胶塞取下，更换或添加固体。

实验结束后，将废酸倒入废液缸内(或回收)，剩余固体(如锌粒)倒出，洗净回收。仪器洗涤后，在球形漏斗与葫芦状容器连接处以及在液体出口和玻璃塞之间夹一纸条，以免时间过久，磨口黏结在一起而拔不出来。

二、气体的收集

气体的收集方法见表 5-3。

表 5-3　气体的收集方法

收集方法		实验装置	适用气体	注意事项
排水集气法			难溶于水的气体，如氢气、氧气、氮气、一氧化氮、一氧化碳、甲烷、乙烯、乙炔等	① 集气瓶装满水，不应有气泡 ② 停止收集时，应先拔出导管(或移走水槽)后，才能移开灯具
排气集气法	瓶口向下，排气收集密度比空气小的气体法		密度比空气小的气体，如氨气等	① 集气导管应尽量接近集气瓶底 ② 密度与空气接近或在空气中易氧化的气体不宜用排气法，如一氧化氮等
	瓶口向上，排气收集密度比空气大的气体法		密度比空气大的气体，如氯化氢、氯气、二氧化碳、二氧化硫等	

三、气体的净化和干燥

实验室制备的气体常常带有酸雾和水汽。为了得到比较纯净的气体,酸雾可用水或玻璃棉等吸收物质除去;水汽可用浓硫酸、无水氯化钙或硅胶等干燥剂吸收。一般情况下使用洗气瓶(见图5-3),干燥塔(见图5-4),U形管(见图5-5)或干燥管(见图5-6)等容器盛装吸收物质或干燥剂进行净化或干燥。液体(如水、浓硫酸等)装在洗气瓶内,无水氯化钙和硅胶装在干燥塔或U形管内,玻璃棉装在U形管或干燥管内。

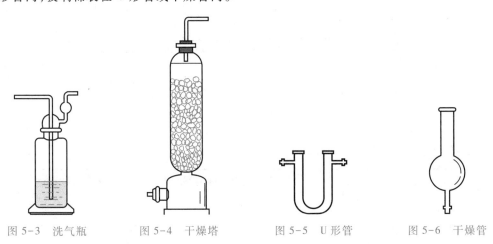

图 5-3　洗气瓶　　　　图 5-4　干燥塔　　　　图 5-5　U形管　　　　图 5-6　干燥管

用锌粒与酸作用制备氢气时,由于制备氢气的锌粒中常含有硫、砷等杂质,所以在气体发生过程中常夹杂有硫化氢、砷化氢等气体。硫化氢、砷化氢和酸雾可通过高锰酸钾溶液、醋酸铅溶液除去,再通过装有无水氯化钙的干燥管进行干燥。其化学反应方程式为

$$H_2S+Pb(Ac)_2 \Longrightarrow PbS\downarrow+2HAc$$
$$AsH_3+2KMnO_4 \Longrightarrow K_2HAsO_4+Mn_2O_3+H_2O$$

不同性质的气体应根据具体情况,分别采用不同的洗涤液和干燥剂进行处理(见表5-4)。

表 5-4　常用气体的干燥剂

气体	干燥剂	气体	干燥剂
H_2	$CaCl_2$,P_2O_5,H_2SO_4(浓)	H_2S	$CaCl_2$
O_2	同上	NH_3	CaO 或 CaO 同 KOH 混合物
Cl_2	$CaCl_2$	NO	$Ca(NO_3)_2$
N_2	H_2SO_4(浓),$CaCl_2$,P_2O_5	HCl	$CaCl_2$
O_3	$CaCl_2$	HBr	$CaBr_2$
CO	H_2SO_4(浓),$CaCl_2$,P_2O_5	HI	CaI_2
CO_2	同上	SO_2	H_2SO_4(浓),$CaCl_2$,P_2O_5

四、实验装置气密性的检查

要检查图5-7的装置是不是漏气,可把导管的一端浸入水中,用手掌紧贴烧瓶或试管的外

壁。如果装置不漏气,则烧瓶或试管里的空气受热膨胀,导管口就有气泡冒出[见图5-7(a)]。把手移开,过一会烧瓶或试管冷却,水就会沿管上升,形成一段水柱[见图5-7(b)]。若此法现象不明显,可改用热水浸湿的毛巾温热烧瓶或试管的外壁,试验装置是否漏气。

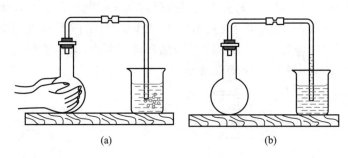

(a)   (b)

图5-7 检查装置的气密性

[附注]

可燃气体的燃点和混合气体的爆炸限度(在101.325 kPa压力下)如下:

气体(蒸气)	燃点/℃	混合气体的爆炸限度(气体的体积分数/%)	
		与空气混合	与氧气混合
一氧化碳 CO	650	12.5~75	13~96
氢气 H_2	585	4.1~75	4.5~9.5
硫化氢 H_2S	260	4.3~45.4	
氨气 NH_3	650	15.7~27.4	14.8~79
甲烷 CH_4	537	5.0~15	5~60
乙醇 C_2H_5OH	558	4.0~18	

实验五　氢气的制备和铜相对原子质量的测定
——氢气的发生与安全使用

[实验目的]

通过制取纯净的氢气来学习和练习气体的发生、收集、净化和干燥的基本操作,并通过氢气的还原性来测定铜的相对原子质量。

[实验用品]

仪器:试管、启普气体发生器、洗气瓶、干燥管、分析天平、煤气灯(酒精灯)、铁架台、铁夹、瓷舟、托盘天平

固体药品:氧化铜、锌粒、无水氯化钙

液体药品:$KMnO_4$ 溶液($0.1 \ mol \cdot L^{-1}$)、$Pb(Ac)_2$ 溶液(饱和)、H_2SO_4 溶液($6 \ mol \cdot L^{-1}$)

材料:导气管、橡胶管

[基本操作]

1. 气体的发生,参见第五章一,装配启普气体发生器。

2. 按图5-8装配测定铜相对原子质量的实验装置。

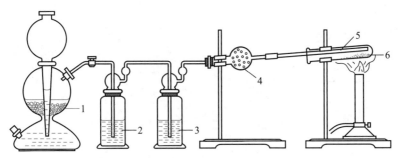

图 5-8　测定铜相对原子质量的实验装置

1—Zn+稀酸;2—$Pb(Ac)_2$ 溶液;3—$KMnO_4$ 溶液;4—无水氯化钙;5—导气管;6—氧化铜

3. 制备氢气。在启普气体发生器中用锌粒与稀酸反应制备氢气。

4. 氢气的安全操作——纯度检验。氢气是一种可燃气体,当它与空气或氧气按一定比例混合时,点火就会发生爆炸。为了实验安全,必须首先检验氢气的纯度。检查的方法是:用一支小试管集满氢气。用中指和无名指夹住试管,大拇指盖住试管口。将管口移近火焰(注意:检验氢气的火焰距离发生器至少 1 m)。大拇指离开管口,若听到平稳的细微的"卟"声,则表明所收集的气体是纯净的氢气;若听到尖锐的爆鸣声,则表明气体不纯;还要做纯度检查。直到没有尖锐的爆鸣声出现为止(注意:每试验一次要换一支试管,防止用于验纯氢气的试管中燃有火种,酿成爆炸的危险)。

[实验内容]

通过氢气的还原性测定铜的相对原子质量:

$$CuO+H_2 \stackrel{\triangle}{=\!=\!=} Cu+H_2O$$

在分析天平上准确称量一个洁净而干燥的瓷舟,在瓷舟中放入已粗称过的一薄层 CuO。将氧化铜平铺好后,再准确称量瓷舟和氧化铜的质量,小心把瓷舟放入一支硬质试管①中,并将试管固定在铁架台上。在检查了氢气的纯度以后,把导气管插入试管并置于瓷舟上方(不要与氧化铜接触)。待试管中的空气全部排出后,(试管中空气一定要全部排出!为什么?)按试管中固体的加热方法加热试管,至黑色氧化铜全部转变为红色铜后,移开煤气灯(或酒精灯),继续通氢气。待试管冷却到室温,抽出导气管,停止制气。用滤纸吸干硬质试管管口冷凝的水珠。小心拿出瓷舟,再准确称量瓷舟和铜的总质量。

数据记录和结果处理

瓷舟质量_____

瓷舟加氧化铜的总质量_____

瓷舟加铜的总质量_____

铜的质量_____

氧的质量_____

铜的相对原子质量_____

误差_____

[实验习题]

1. 指出测定铜的相对原子质量实验装置图中每一部分的作用,并写出相应的化学反应方程式。装置中试管口为什么要向下倾斜?

2. 下列情况对测定铜的相对原子质量实验结果有何影响?

(1)试样中有水分或试管不干燥;

(2)氧化铜没有全部变成铜;

(3)管口冷凝的水珠没有用滤纸吸干。

3. 你能用实验证明 $KClO_3$ 里含有氯元素和氧元素吗?

---

① 硬质试管、瓷舟均由实验员事先在烘箱中烘干,准备好。

[附注]

关于铜的相对原子质量的计算

1. 根据杜隆-珀蒂规则:各种固态单质的摩尔热容(摩尔质量×质量热容)均等于 25.9 J·K^{-1}·mol^{-1}。以某元素的质量热容除 25.9 J·K^{-1}·mol^{-1}即得该元素的近似相对原子质量。铜的质量热容为 0.40 J·K^{-1}·g^{-1},据此可求铜的近似摩尔质量。某物质的相对原子质量在数值上等于其摩尔质量。

2. 由反应的计量关系求铜的摩尔质量。

实验六　二氧化碳相对分子质量的测定

[实验目的]

1. 学习气体相对密度法测定相对分子质量的原理和方法。
2. 加深理解理想气体状态方程式和阿伏加德罗定律。
3. 巩固使用启普气体发生器和熟悉洗涤、干燥气体的装置。

根据阿伏加德罗定律,在等温等压下,等体积的任何气体含有相同数目的分子。

对于 p、V、T 相同的 A、B 两种气体。若以 m_A、m_B 分别代表 A、B 两种气体的质量,M_A、M_B 分别代表 A、B 两种气体的摩尔质量。其理想气体状态方程式分别为

气体 A:

$$pV = \frac{m_A}{M_A}RT \tag{1}$$

气体 B:

$$pV = \frac{m_B}{M_B}RT \tag{2}$$

由式(1)、式(2)整理得

$$\frac{m_A}{m_B} = \frac{M_A}{M_B} \tag{3}$$

于是得出结论:在等温等压下,等体积的两种气体的质量之比等于其摩尔质量之比,由于摩尔质量数值就是该分子的相对分子质量,故摩尔质量之比也等于其相对分子质量之比。

因此应用上述结论,以等温等压下,等体积二氧化碳与空气相比较。因为已知空气的平均相对分子质量为 29.0,所以只要测得二氧化碳与空气在相同条件下的质量,便可根据上式求出二氧化碳的相对分子质量。即

$$M_{r,CO_2} = \frac{m_{CO_2}}{m_{空气}} \times 29.0$$

式中,29.0 是空气的平均相对分子质量。

式中体积为 V 的二氧化碳质量 m_{CO_2} 可直接从分析天平上称出。等体积空气的质量可根据实验时测得的大气压(p)和温度(T),利用理想气体状态方程式计算得到。

[实验用品]

仪器:分析天平、启普气体发生器、托盘天平、洗气瓶、干燥管、磨口锥形瓶

固体药品:石灰石、无水氯化钙

液体药品:HCl 溶液(6 $mol \cdot L^{-1}$)、$NaHCO_3$ 溶液(1 $mol \cdot L^{-1}$)、$CuSO_4$ 溶液(1 $mol \cdot L^{-1}$)

材料:玻璃棉、玻璃管、橡胶管

[基本操作]

1. 启普气体发生器的安装和使用方法,参见第五章一。

2. 气体的洗涤、干燥和收集方法,参见第五章二,三。

[实验内容]

按图 5-9 装配好制取二氧化碳的实验装置图。因石灰石中含有硫,所以在气体发生过程中有硫化氢、酸雾、水汽产生。此时可通过硫酸铜溶液、碳酸氢钠溶液以及无水氯化钙除去硫化氢、酸雾和水汽。

取一洁净而干燥的磨口锥形瓶,并在分析天平上称量(空气+瓶+瓶塞)的质量。

在启普气体发生器中产生二氧化碳气体,经过净化、干燥后导入锥形瓶中。由于二氧化碳气体略重于空气,所以必须把导管插至瓶底。等 4~5 min 后,轻轻取出导管,用塞子塞住瓶口,在锥形瓶颈上记下塞子下沿的位置。在分析天平上称量二氧化碳、瓶、塞的总质量。重复通二氧化碳气体和称量的操作,直到前后两次称量的质量相符为止(两次质量可相差 1~2 mg)。最后在瓶内装入水,使水的液面和瓶颈上的标记相齐,在托盘天平上准确称量锥形瓶、水和塞子的质量。

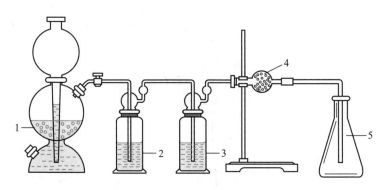

图 5-9　制取、净化和收集 CO_2 装置图

1—石灰石+稀盐酸;2—$CuSO_4$ 溶液;3—$NaHCO_3$ 溶液;4—无水氯化钙;5—锥形瓶

[思考题]

1. 为什么二氧化碳气体、瓶、塞的总质量要在分析天平上称量,而水+瓶+塞的质量可以在托盘天平上称量? 两者的要求有何不同?

2. 哪些物质可用此法测定相对分子质量? 哪些不可以? 为什么?

数据记录和结果处理

室温 $t/℃$ ＿＿＿＿＿＿＿

气压 p/Pa ＿＿＿＿＿＿＿

(空气+瓶+塞子)的质量 m_A ＿＿＿＿＿＿

第一次(二氧化碳气体+瓶+塞)的总质量＿＿＿＿＿＿＿

第二次(二氧化碳气体+瓶+塞)的总质量＿＿＿＿＿＿＿

二氧化碳气体+瓶+塞的总质量 m_B ＿＿＿＿＿

水+瓶+塞的质量 m_C ＿＿＿＿＿＿

瓶的容积 $V = \dfrac{m_C - m_A}{1.00}$ ＿＿＿＿＿＿＿

瓶内空气的质量 $m_{空气}$ _____

瓶和塞子的质量 $m_D = (m_A - m_{空气})$ _____

二氧化碳气体的质量 $m_{CO_2} = (m_B - m_D)$ _____

二氧化碳的相对分子质量 M_{r,CO_2} _____

误差 _____

[实验习题]

1. 完成数据记录和结果处理,并分析误差产生的原因。

2. 指出实验装置图中各部分的作用并写出有关反应方程式。

[附注]

启普气体发生器的代用装置如图 5-10 所示。

先在多孔木板上放置锌粒(锌粒选比木板空大的,不要让锌粒漏下),打开旋塞,再由长颈漏斗加入稀酸（6 mol·L^{-1} HCl 溶液),酸加至刚好没过锌粒为止。打开旋塞可制取气体,关闭旋塞就停止制气。

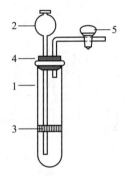

图 5-10　启普气体发生器的代用装置

1—硬质试管或大试管;2—长颈漏斗;3—多孔木板;4—双孔橡胶塞;5—旋塞

第六章 物质的分离和提纯

一、固体物质的溶解、蒸发、结晶和固液分离

在无机制备、固体物质提纯过程中,经常用到溶解、过滤、蒸发(浓缩)、结晶(重结晶)和固液分离等基本操作。现分述如下。

1. 固体溶解

首先要根据被溶解固体的性质选好溶剂,在无机化学实验中,常用的溶剂是水。将固体物质溶解于某一溶剂时,通常要考虑温度对物质溶解度的影响和实际需要而取用适量溶剂。

加热一般可加速溶解过程,应根据物质的热稳定性选用直接用火加热或用水浴等间接加热方法。

溶解在不断搅动下进行,用搅拌棒搅动时,应手持搅拌棒并转动手腕使搅拌棒在液体中均匀地转圈子,不要用力过猛,不要使搅拌棒碰在器壁上,以免损坏容器。

如果固体颗粒太大不易溶解时,应先在洁净干燥的研钵中将固体研细,研钵中盛放固体的量不要超过其容量的1/3。

2. 固液分离

溶液与沉淀的分离方法有三种:倾析法,过滤法,离心分离法。

(1)倾析法 当沉淀的相对密度较大或晶体的颗粒较大,静止后能很快沉降至容器的底部时,常用倾析法进行分离和洗涤。倾析法操作如图6-1所示。将沉淀上部的溶液倾入另一容器中而使沉淀与溶液分离。如需洗涤沉淀时,只要向盛沉淀的容器内加入少量洗涤液,将沉淀和洗涤液充分搅拌均匀。待沉淀沉降到容器的底部后,再用倾析法,倾去溶液。如此反复操作两三遍,即能将沉淀洗净。

图 6-1 倾析法

(2)过滤法 过滤是最常用的分离方法之一。当沉淀和溶液经过过滤器时,沉淀留在过滤器上;溶液通过过滤器而进入容器中,所得溶液称作滤液。

过滤时,溶液的温度、黏度、压力、沉淀的状态和颗粒大小都会影响过滤速率,因而应考虑各种因素的影响而选用不同方法。通常热的溶液黏度小,比冷的溶液容易过滤,一般黏度越小,过滤越快。减压过滤因产生负压故比在常压下过滤快。过滤器的孔隙大小有不同规格,应根据沉淀颗粒的大小和状态选择使用。孔隙太大,小颗粒沉淀易透过;孔隙太小,又易被小颗粒沉淀堵塞,使过滤难以继续进行。如果沉淀是胶状的,可在过滤前加热破坏,以免胶状沉淀透过滤纸。

常用的过滤方法有常压过滤(普通过滤)、减压过滤(抽滤)和热过滤三种。

① 常压过滤 此法最为简单、常用。选用的漏斗大小应以能容纳沉淀为宜。滤纸有定性滤纸和定量滤纸两种,根据需要加以选择使用。在无机定性实验中常用定性滤纸。

a. 滤纸的选择。滤纸按孔隙大小分为"快速""中速"和"慢速"三种;按直径大小分为7 cm、9 cm、11 cm 等几种。应根据沉淀的性质选择滤纸的类型,如 $BaSO_4$ 细晶形沉淀,应选用"慢速"滤纸;NH_4MgPO_4 粗晶形沉淀,宜选用"中速"滤纸;$Fe_2O_3 \cdot nH_2O$ 为胶状沉淀,需选用"快速"滤纸。根据沉淀量的多少选择滤纸的大小,一般要求沉淀的总体积不得超过滤纸锥体高度的1/3。滤纸的大小还应与漏斗的大小相适应,一般滤纸上沿应低于漏斗上沿约 1 cm。重量法定量分析应使用定量滤纸即无灰滤纸。

b. 漏斗。普通漏斗大多是玻璃质的,但也有搪瓷质的。通常分为长颈和短颈两种。在热过滤时,必须用短颈漏斗;在重量分析时,必须用长颈漏斗。漏斗示意图见图 6-2。

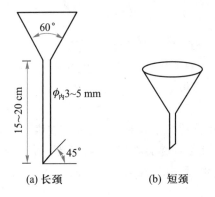

(a) 长颈   (b) 短颈

图 6-2 漏斗

普通漏斗的规格按斗径(深)划分,常用的有 30 mm、40 mm、60 mm、100 mm、120 mm 等几种。过滤后欲获取滤液时,应先按过滤溶液的体积选择斗径大小适当的漏斗。

c. 滤纸的折叠与放置。折叠滤纸前应先把手洗净擦干,以免弄脏滤纸。按四折法折成圆锥形,见图 6-3。如果漏斗角度正好为60°,则滤纸锥体角度应稍大于60°。做法是先把滤纸对折,然后再对折,为保证滤纸与漏斗密合,第二次对折时不要折死,先把锥体打开,放入漏斗(漏斗应干净而且干燥),如果上边缘不十分密合,可以稍微改变滤纸的折叠角度,直到与漏斗密合为止,此时可以把第二次的折边折死。

滤纸锥体一个半边为三层,另一个半边为一层。为了使滤纸和漏斗内壁贴紧而无气泡,常在三层厚的外层滤纸折角处撕下一小块,此小块滤纸保存在洁净干燥的表面皿上,以备擦拭烧杯中残留的沉淀用。

滤纸应低于漏斗边缘 0.5~1 cm。滤纸放入漏斗后,用手按紧使之密合。然后用洗瓶加少量水润湿滤纸,轻压滤纸赶去气泡,加水至滤纸边缘。这时漏斗颈内应全部充满水,形成水柱。由于水柱的重力可起抽滤作用,过滤速率加快。若不能形成水柱,可用手指堵住漏斗下口,稍掀起滤纸的一边,用洗瓶向滤纸和漏斗的空隙处加水,使漏斗充满水,压紧滤纸边,慢慢松开堵住下口的手指,此时应形成水柱,如仍不能形成水柱,可能漏斗形状不规范。如果漏斗颈不干净也影响形成水柱,这时应重新清洗。

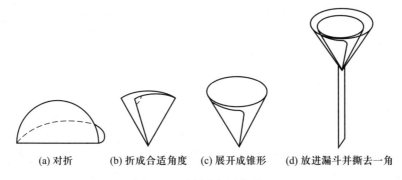

(a) 对折　　　(b) 折成合适角度　　　(c) 展开成锥形　　　(d) 放进漏斗并撕去一角

图 6-3　滤纸的折叠与放置

d. 过滤(注意三靠)和转移。过滤操作多采用倾析法,见图 6-4。即先倾出静置后的清液,再转入沉淀。首先将准备好的漏斗放在漏斗架上,漏斗下面放一承接滤液的洁净烧杯,其容积应为滤液总量的 5~10 倍,并斜盖上表面皿。漏斗颈口斜处紧靠杯壁(一靠),使滤液沿烧杯壁流下。漏斗放置位置的高低,以漏斗颈下口不接触滤液为准。在同时进行几份平行测定时,应把装有待滤溶液的烧杯分别放在相应的漏斗之前,按顺序过滤,不要弄错。

将经过倾斜静置后的清液(为什么先要静置,而不是一开始就将沉淀和溶液搅混合过滤?)倾入漏斗中时,要注意烧杯嘴紧靠玻璃棒(二靠),让溶液沿着玻璃棒缓缓流入漏斗中;而玻璃棒的下端要靠近三层滤纸处(三靠),但不要接触滤纸。一次倾入的溶液一般最多只充满滤纸的2/3,以免少量沉淀因毛细作用越过滤纸上沿而损失。当倾入暂停时,小心扶正烧杯,玻璃棒不离烧杯嘴,烧杯向上移 1~2 cm,靠去烧杯嘴的最后一滴溶液后,将玻璃棒收回并直接放入烧杯中,但玻璃棒不要靠在烧杯嘴处,因为此处可能沾有少量沉淀。倾析完成后,在烧杯内将沉淀作初步洗涤,再用倾析法过滤,如此重复 3~4 次。

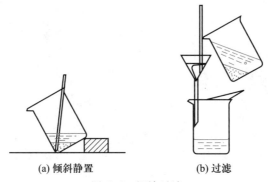

(a) 倾斜静置　　　　　　　(b) 过滤

图 6-4　沉淀过滤

为了把烧杯中的沉淀转移到滤纸上,先用少量洗涤液把沉淀搅起,将悬浮液立即按上述方法转移到滤纸上,如此重复几次,一般可将绝大部分沉淀转移到滤纸上。残留的少量沉淀,按图6-5 所示的方法可将沉淀全部转移干净。左手持烧杯倾斜着拿在漏斗上方,烧杯嘴向着漏斗。用食指将玻璃棒横架在烧杯口上,玻璃棒的下端向着滤纸的三层处,用洗瓶吹出洗液,冲洗烧杯内壁,沉淀连同溶液沿玻璃棒流入漏斗中。

e. 洗涤。沉淀全部转移到滤纸上以后,仍需在滤纸上洗涤沉淀,以除去沉淀表面吸附的杂质和残留的母液。其方法是从滤纸边沿稍下部位开始,用洗瓶吹出的水流,按螺旋形向下移动,如图 6-6 所示。并借此将沉淀集中到滤纸锥体的下部。洗涤时应注意,切勿使洗涤液突然冲在沉淀上,这样容易溅失。

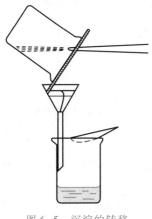

图 6-5　沉淀的转移　　　　　　　　　　　　图 6-6　沉淀的洗涤

　　为了提高洗涤效率,每次使用少量洗涤液,洗后尽量沥干,多洗几次,通常称为"少量多次"的原则。

　　沉淀洗涤至最后,用干净的试管接取几滴滤液,选择灵敏的定性反应来检验共存离子,判断洗涤是否完成。

　　② 减压过滤　此法可加速过滤,并使沉淀抽吸得较干燥。但不宜用于过滤胶状沉淀和颗粒太小的沉淀,因为胶状沉淀在快速过滤时易透过滤纸。颗粒太小的沉淀易在滤纸上形成一层密实的沉淀,溶液不易透过。装置如图6-7所示。

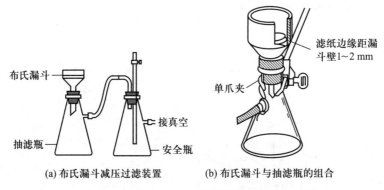

(a) 布氏漏斗减压过滤装置　　　　(b) 布氏漏斗与抽滤瓶的组合

图 6-7　减压过滤装置

　　图 6-7(a)中的安全瓶直接与循环水真空泵连接。真空泵带走空气,使抽滤瓶内压力减小。抽滤瓶内与布氏漏斗液面间产生负压,从而加快过滤速率。抽滤瓶用来承接滤液。

　　图 6-7 中的布氏漏斗上有许多小孔,漏斗颈插入单孔橡胶塞,与抽滤瓶相接。应注意橡胶塞插入抽滤瓶内的部分不得超过塞子高度的 2/3。还应注意漏斗颈下方的斜口要对着抽滤瓶的支管口。

　　当要求保留溶液时,必须要在抽滤瓶和抽气泵之间装上一安全瓶,以防止关闭抽气泵时自来水回流入抽滤瓶内(此现象称为反吸或倒吸),弄脏溶液。安装时应注意安全瓶长管和短管的连接顺序,不要连错。

抽滤操作如下。

a. 按图 6-7 装置好仪器后,将滤纸放入布氏漏斗内,滤纸大小应略小于漏斗内径又能将全部小孔盖住为宜。用蒸馏水润湿滤纸,微开抽气泵,抽气使滤纸紧贴在漏斗瓷板上。

b. 用倾析法先转移溶液,溶液量不应超过漏斗容量的 2/3,逐渐加大抽滤速率,待溶液快流尽时再转移沉淀。

c. 注意观察抽滤瓶内液面高度,当快达到支管口位置时,应停止抽滤,立刻拔掉抽滤瓶上的橡胶管,从抽滤瓶上口倒出溶液,不要从支管口倒出,以免弄脏溶液。

d. 洗涤沉淀时,应停止抽滤,使洗涤剂缓慢通过沉淀物(这样容易洗净),再进行抽滤。

e. 抽滤完毕或中间需停止抽滤时,应注意需先打开安全瓶上的夹子(或三通阀)使系统通大气,然后关闭循环水泵,以防反吸。

如果过滤的溶液具有强酸性或是强氧化性,溶液会破坏滤纸,此时可用玻璃砂漏斗。玻璃砂漏斗也叫垂熔漏斗或砂芯漏斗,是一种耐酸的过滤器,但不能过滤强碱性溶液。过滤强碱性溶液可使用玻璃纤维代替滤纸。由于过滤后,沉淀在玻璃纤维上,故此法只适用于弃去沉淀只要滤液的固液分离。砂芯漏斗有如下规格:

滤板代号	滤板孔径/μm	一般用途
G_1	20~30	过滤胶状沉淀
G_2	10~15	滤除较大颗粒沉淀物
G_3	4.5~9	滤除细小颗粒沉淀物
G_4	3~4	滤除细小颗粒或较细颗粒沉淀物

③ 热过滤 某些溶质在溶液温度降低时,易形成晶体析出,为了滤除这类溶液中所含的其他难溶性杂质,通常使用热滤漏斗进行过滤(见图 6-8),以防止溶质结晶析出。过滤时,把玻璃漏斗放在铜质的热滤漏斗内,热滤漏斗内装有热水(水不要太满,以免水加热至沸后溢出)以维持漏斗内溶液的温度。也可以事先把玻璃漏斗在水浴上用蒸汽加热,再使用。热过滤选用的玻璃漏斗颈越短越好。(为什么?)

图 6-8 热过滤

(3)离心分离法 当试管反应中得到的少量溶液与沉淀需要分离时,常采用离心分离法,其操作简单而迅速。离心机分手摇离心机和电动离心机两种(见图 6-9,图 6-10),后者常用。操作时,把盛有混合物的离心管(或小试管)放入离心机的套管内,在这个套管的相对位置上的空套管内放一同样大小的试管,内装与混合物等体积的溶剂,以保持转动平衡。然后缓慢启动离心机,再逐渐加速,1~2 min 后,停止离心,使离心机自然停下。在任何情况下启动离心机都不能用力太猛,也不能用外力强制停止,否则会使离心机损坏而且易发生危险。

由于离心作用,沉淀紧密地聚集于离心管的尖端,上方的溶液是澄清的。可用滴管小心地吸出上方清液,也可将其倾出(见图 6-11)。如果沉淀需要洗涤,可以加入少量的洗涤液,用玻璃棒充分搅动,再进行离心分离,如此重复操作两三遍即可。

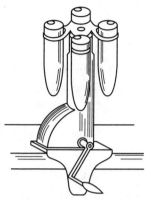

图 6-9　手摇离心机

图 6-10　电动离心机

(a) 吸出法

(b) 倾析法

图 6-11　离心液的转移方法

3. 蒸发(浓缩)

为了使溶质从溶液中析出,常采用加热的方法使水分不断蒸发,溶液不断浓缩而析出溶质晶体。蒸发通常在蒸发皿中进行,因其表面积较大,有利于加速蒸发。注意加入蒸发皿中液体的量不得超过其容量的 2/3,以防液体溅出。如果液体量较多,蒸发皿一次盛不下,可随水分的不断蒸发而多次添加液体。注意不要使瓷蒸发皿骤冷,以免炸裂。根据物质对热的稳定性可以选用直接加热或用水浴间接加热。若物质的溶解度随温度变化较小,应加热到溶液表面出现晶膜时,停止加热。若物质的溶解度较小或高温时溶解度虽大但室温时溶解度较小,降温后容易析出晶体,不必蒸至液面出现晶膜即可冷却。

4. 结晶(重结晶)与升华

(1) 结晶是提纯固态物质的重要方法之一。通常有两种方法,一种是蒸发法,即通过蒸发或汽化,减少一部分溶剂使溶液达到过饱和而析出晶体,该法主要用于溶解度随温度改变变化不大的物质(如氯化钠)。另一种是冷却法,即通过降低温度使溶液冷却达到过饱和而析出晶体,这种方法主要用于溶解度随温度下降明显减小的物质(如硝酸钾),有时需将两种方法结合使用。

晶体颗粒的大小与结晶条件有关,如果溶质的溶解度小,或溶液的浓度高,或溶剂的蒸发速率快或溶液冷却得快,析出的晶粒就细小,反之,就可得到颗粒较大的晶体。实际操作中,常根据需要,控制适宜的结晶条件,以得到颗粒大小合适的晶体。

另外,容器的洁净程度和晶体析出时环境的扰动也会影响晶粒的大小。当溶液发生过饱和现象时,振荡容器,用玻璃棒搅动或轻轻地摩擦器壁,或投入几粒晶体(晶种),也会加速晶体析出,减小晶粒大小。

（2）假如第一次得到的晶体纯度不合乎要求,可将所得晶体溶于少量溶剂中,然后再进行蒸发(或冷却)、结晶、分离,如此反复的操作称为重结晶(见右侧二维码)。有些物质的纯化,需经过几次重结晶才能完成。重结晶时,需考虑溶剂的选择。

重结晶的相关知识

（3）若易升华的物质中含有不挥发性杂质,或分离挥发性明显不同的固体混合物时,可以用升华进行纯化。要纯化的固体物质,必须在低于其熔点的温度下,具有高于 2 665.6 Pa(20 mmHg)的蒸气压。升华可以在常压或减压下操作,也可以根据物质的性质在大气气氛或惰性气氛中操作。

在制备实验中,一般较大量物质在实验室中的升华可在烧杯中进行。如图 6-12 所示,烧杯上放置一个通冷水的圆底烧瓶,使蒸气在烧瓶底部凝结成晶体,并附着在瓶底上。

减压和在惰性气体流中的升华将在后续课程中学到。

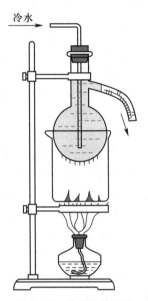

冷水

图 6-12　碘升华装置图

二、萃取和蒸馏

1. 萃取

无机盐易溶于水,形成水合离子,这种性质叫亲水性。如果要将金属离子由水相转移到有机相中,必须设法将其由亲水性转化为疏水性。只有中和金属离子的电荷,并且用疏水基团取代水合金属离子的水分子,才能使水相中的金属离子转移到有机相中。这个过程叫作萃取。

萃取是利用物质在不同溶剂中溶解度的差异使其分离。其过程为某物质从其溶解或悬浮的相中转移到另一相中。

一种物质在互不相溶的两种溶剂 A 与 B 间的分配情况,由分配定律决定:

$$\frac{c_A}{c_B} = K$$

式中,c_A 为物质在溶剂 A 中的浓度,c_B 为同一物质在溶剂 B 中的浓度,温度一定时,K 是一个常数,称为分配系数,它近似地等于同一物质在溶剂 A 与溶剂 B 中的溶解度之比。

根据分配定律,如果将一定量的萃取液,分几次(通常为 2~3 次)萃取,效果比用等体积的萃取液一次萃取时要好。例如,在 100 mL 水中溶有 20 g 某物质,用 35 mL 乙醚萃取此物质。当 $K=4$ 时,设该物质在乙醚中溶解 x g,根据分配定律:

$$\frac{x \text{ g}/35 \text{ mL}}{(20 \text{ g}-x \text{ g})/100 \text{ mL}} = 4, \qquad x = 11.7 \text{ g}$$

若同样用 35 mL 乙醚分两次萃取,一次用 20 mL,另一次用 15 mL,则可萃取出溶质的量为

$$\frac{x_1 \text{ g}/20 \text{ mL}}{(20 \text{ g}-x_1 \text{ g})/100 \text{ mL}} = 4, \qquad x_1 = 8.9 \text{ g}$$

$$\frac{x_2 \text{ g}/15 \text{ mL}}{(20 \text{ g}-8.9 \text{ g}-x_2 \text{ g})/100 \text{ mL}} = 4, \qquad x_2 = 4.2 \text{ g}$$

则两次共萃取出该物质的量为 $x = x_1 + x_2 = 13.1$ g。

由以上计算可知,当用 35 mL 乙醚分两次萃取时效率比一次萃取时要高。

萃取溶剂的选择要根据被萃取的物质在此溶剂中的溶解度而定,同时要易于和溶质分离,最好选用低沸点的溶剂。一般水溶性较小的物质用石油醚作萃取剂;水溶性较大的用苯或乙醚;水溶性极大的用乙酸乙酯。应用有机溶剂时应注意安全,不要接触明火。

稀酸、稀碱的水溶液也常用作萃取剂洗涤有机物,一般有:5%氢氧化钠溶液、5%或 10%碳酸钠溶液、碳酸氢钠溶液、稀硫酸、稀盐酸等。

对于金属离子还可选用适合的配位剂作萃取剂,通过反应生成螯合物、配合物、离子缔合物、溶剂化合物,由亲水性转化为疏水性,来实现无机离子由水相向有机相的转移。

液-液萃取分离法,就是利用与水不相溶的有机相与含有多种金属离子的水溶液在一起振荡,使某些金属离子由亲水性转化为疏水性,同时转移到有机相中,而另一些金属离子仍留在水相中,以达到分离的目的。

液-液萃取是用分液漏斗来进行的。常用的分液漏斗见图 6-13。在萃取前应选择大小合适、形状适宜的漏斗。选择的漏斗应使加入液体的总体积不超过其容量的 3/4。漏斗越细长,振摇后两液分层的时间越长,但分得越彻底。

(1) 分液漏斗的使用

① 检查玻璃塞和旋塞是否与分液漏斗配套:分液漏斗中装少量水,检查旋塞处是否漏水。将漏斗倒转过来,检查玻璃塞是否漏水,待确认不漏水后方可使用。

② 在旋塞上薄薄地涂上一层凡士林,将旋塞塞进旋塞槽内,旋转数圈使凡士林均匀分布后将旋塞关闭好,再在旋塞的凹槽处套上一个直径合适的橡胶圈,以防旋塞在操作过程中松动。

③ 分液漏斗中全部液体的总体积不得超过其容量的 3/4。盛有液体的分液漏斗应正确地放在支架上,见图 6-14。

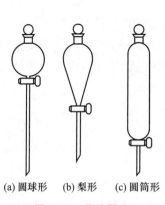

(a) 圆球形　(b) 梨形　(c) 圆筒形

图 6-13　分液漏斗

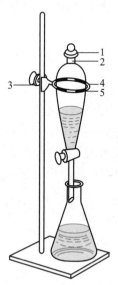

图 6-14　分液漏斗的支架装置

1—小孔;2—玻璃塞上侧槽;3—持夹;

4—铁圈;5—缠扎物(布条或线绳)

（2）萃取操作方法

① 如图6-14装置,在分液漏斗中加入溶液和一定量的萃取溶剂后,塞上玻璃塞。(注意:玻璃塞上若有侧槽必须将其与漏斗上端颈部上的小孔错开!)

② 用左手握住漏斗上端颈部,将其从支架上取下,再按图6-15所示的特殊手势握住。对于惯用右手的操作者,常用左手食指末节顶住玻璃塞,再用大拇指和中指夹住漏斗上端颈部;右手的食指和中指蜷握在旋塞柄上,食指和拇指要握住旋塞柄并能将其自由地旋转。对于左撇子只需将方向转过来即可。

③ 将漏斗由外向里或由里向外旋转振摇3~5次,使两种不相混溶的液体,尽可能充分混合(也可将漏斗反复倒转进行缓和的振摇)。

④ 将漏斗倒置,使漏斗下颈导管向上,不要对着自己和别人。慢慢开启旋塞,排放可能产生的气体以解除超压,见图6-16。待压力减小后,关闭旋塞。振摇和放气应重复几次。振摇完毕,将漏斗如图6-14放置,静置分层。

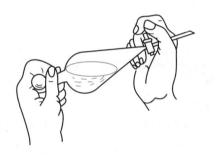

图6-15 振荡萃取时
持分液漏斗的操作手势

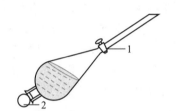

图6-16 解除漏斗内超压的操作示意图
1—旋塞(用拇指和食指慢慢旋开);
2—玻璃塞(用食指顶住)

⑤ 待两相液体分层明显,界面清晰,移开玻璃塞或旋转带侧槽的玻璃塞,使侧槽对准上端颈部的小孔。开启旋塞,放出下层液体,收集在适当的容器中。当下层液体接近放完时要放慢速度,一旦放完则要迅速关闭旋塞。

⑥ 取下漏斗,打开玻璃塞,将上层液体由上端口倒出,收集到指定容器中(注意:一定不要倒洒了)。

⑦ 假如一次萃取不能满足分离的要求,可采取多次萃取的方法,但一般不超过5次,将每次的有机相都归并到一个容器中。

2. 蒸馏

蒸馏是液体物质最重要的分离和纯化方法。液体在一定的温度下,具有一定的蒸气压。一般来说,液体的蒸气压,随着温度的增加而增加,直至到达沸点,这时有大量气泡从液体中逸出,即液体沸腾。

蒸馏的方法就是利用液体的这一性质,将液体加热至沸使其变成蒸气,再使蒸气通过冷却装置冷凝并将冷凝液收集在另一容器中的过程。由于低沸点物质易挥发,高沸点物质难挥发,固体物质更难挥发,甚至可粗略地认为,大多数固体物质不挥发。因此,通过蒸馏,就能把沸点相差较大的两种或两种以上的液体混合物逐一分开,达到纯化的目的;也可以把易挥发物质和不挥发物质分开,达到纯化的目的。

(1)在实验室中进行蒸馏操作,所用仪器主要包括三个部分:

① 蒸馏烧瓶 这是蒸馏时最常用的容器。液体在瓶内汽化,蒸气经支管或蒸馏头的侧管馏出,引入冷凝管。

蒸馏烧瓶的大小,应根据所蒸馏液体的体积来决定,通常所蒸馏液体的体积不应超过烧瓶容积的 2/3,也不应少于其 1/3。

② 冷凝管 由烧瓶中馏出的蒸气在此处冷凝。液体的沸点高于 130 ℃ 时用空气冷凝管,低于 130 ℃ 时用直形水冷凝管。为确保所需馏分的纯度,不应采用球形冷凝管,因为球的凹部会存有馏出液,使不同组分的分离变得困难。

③ 接收器 最常用的是锥形瓶,收集冷凝后的液体。

欲收集几个组分,应准备几个接收器,其中所需馏分,必须用干净的及事先称量好的容器来收集。接收器的大小,应与可能得到的馏分多少相匹配,若馏分很少,用一个大容器来收集,显然会影响产率。若蒸馏的液体量少,可用小的容器作接收器。

若馏出液有毒、易挥发、易燃、易吸潮或放出有毒、有刺激性气味的气体,应根据具体情况,在安装接收器时,采取相应的措施,妥善解决。

根据所要蒸馏液体的性质,正确选用热源,对蒸馏的效果和安全都有着重要的关系。热源的选择主要根据液体的沸点高低、各种热源的特点来考虑。

(2)装配方法 装配蒸馏装置,大致分以下几个步骤。

① 准备好所用的全部仪器、设备 根据液体的沸点,选择好热源、冷凝器及温度计;根据液体的体积,选择好蒸馏烧瓶和接收器。有条件的实验室可以使用标准磨口组合玻璃仪器(标准磨口的规格见表 6-1)。若使用非磨口玻璃仪器,则要选好三个大小合适的塞子:一个要适合于蒸馏烧瓶口,钻孔后插入温度计;一个要适合于冷凝管上口(扩大端管口),钻孔后套在蒸馏烧瓶的支管上,支管口应伸出塞子 2~3 cm;一个要适合接液管上口(扩大端管口),钻孔后套在冷凝器的下口管上,管口应伸出塞子 2~3 cm。

表 6-1 标准磨口的规格

编号	10	12	14	19	24	29
口径(大端)/mm	10.0	12.5	14.5	18.5	24	29.2

如选择的是水冷凝管,需将其进、出水口处分别套上橡胶管,进水口橡胶管接在自来水龙头上,出水口橡胶管通入水槽中。

② 组装仪器 用铁架台、升降台或铁圈,定下热源的高度和位置。

调节铁架台上持夹的位置,将蒸馏烧瓶固定在合适的位置上,夹持烧瓶的单爪夹应夹在烧瓶的瓶颈处且不宜夹得太紧。

在圆底烧瓶的瓶口处装上蒸馏头,将配有温度计的温度计套管插在蒸馏头上,调节温度计的位置,使水银球的上沿恰好位于蒸馏头侧管口下沿所在的水平线上。

根据蒸馏头侧管的位置,用另一铁架台,夹稳冷凝管,通常用双爪夹夹持冷凝管,双爪夹不能夹得太紧,若为空气冷凝管,可垫些柔软物再夹持,夹的位置以在冷凝管的中间部分较为稳妥。

冷凝管的位置应与蒸馏烧瓶的支管尽可能处在同一直线上,见图6-17,随后,松开双爪夹挪动冷凝管,使其与蒸馏烧瓶连接好,重新旋紧。

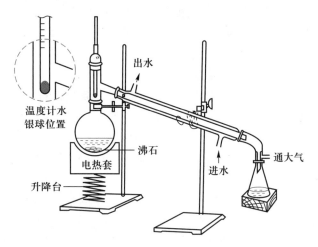

图 6-17　标准磨口组合玻璃仪器蒸馏装置

　　最后将尾接管与冷凝管接上,再在尾接管下口端安放好接收器并注意尾接管口应伸进接收器中,不应高悬在接收器的上方!使用非磨口玻璃仪器时不要在尾接管下口处配上塞子,塞在只有一个开口的接收器上,因为这样整套装置中无一处与大气相通,成了封闭体系!如图6-18所示。

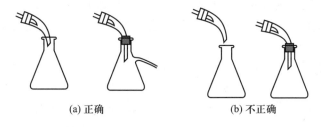

图 6-18　装配非磨口接收器

综上所述,装配顺序是:由下而上,由头至尾。即由热源→烧瓶→冷凝管→尾接管→接收器。以上装配方法,适用于普通玻璃仪器和用标准磨口组合玻璃仪器(简称磨口仪)。

③ 使用标准磨口玻璃仪器注意事项:

a. 标准磨口塞应经常保持清洁,使用前需揩拭干净。

b. 使用前在磨口塞表面须涂以少量真空脂或凡士林,以增强磨砂接口的密合性,避免磨面的相互磨损,同时也便于接口的装、拆。

c. 装配时,把磨口和磨口塞轻微地对旋连接以达到润滑密闭的要求。

d. 用后应即时拆卸、洗净,以免对接处粘牢而使拆卸困难。

e. 装、拆时应注意相对的角度,不能硬性装、拆或用力过猛,以免造成破损。

装配时要注意各仪器接口处要对接严密,确保不漏气,同时又要使磨口不受侧向应力。

(3)蒸馏操作

① 仪器组装好以后,用长颈漏斗把要蒸馏的液体倒入蒸馏烧瓶中。漏斗颈须能伸到蒸馏烧

瓶的支管或蒸馏头支管下面。若用短颈漏斗或用玻璃棒转移液体,应注意必须确保液体沿着支管口对面的瓶颈壁,慢慢加入,不能让液体流入支管。若液体中有干燥剂或其他固体物质,应在漏斗上放滤纸或一小团松软的脱脂棉、玻璃棉等,以滤除固体。

② 往蒸馏烧瓶中投入 2~3 粒沸石。沸石可用分子筛或未上釉的瓷片敲成米粒大小的碎片制得。也可往蒸馏烧瓶里放入毛细管,毛细管的一端封闭,开口的一端朝下,其长度应足以使其上端能贴靠在烧瓶的颈部而不应横在液体中。

沸石和毛细管的作用都是防止液体暴沸,保证蒸馏能平稳地进行。

③ 加热前,应认真地再检查一遍装置,当确认装配严密——气密性好——且稳妥后,方可加热。若用的是水冷凝管,检查后,应先通上冷却水,再加热。

④ 开始加热时,加热速率可稍快些,待接近沸腾时,应密切注意烧瓶中所发生的现象及温度计读数的变化。

当溶液加热至沸点时,毛细管和沸石均能逸出许多细小的气泡,成为液体的汽化中心。在持续沸腾时,沸石和毛细管都继续有效,一旦停止加热,沸腾中断,加进的沸石即会失效,在再次加热蒸馏前,必须重新加入沸石。如果加热后才发现忘了加沸石,应该待液体冷却后,再补加。否则会引起剧烈的暴沸,使部分液体冲出支管口,影响蒸馏效果或者液体冲出瓶外,酿成事故。在沸腾平稳进行时,冷凝的蒸气环由瓶颈逐渐上升到温度计的周围,温度计的水银柱迅速上升,冷凝的液体不断地由温度计水银球下端滴回液面。这时应调节火焰大小或热浴温度,使冷凝管末端流出液体的速率为每秒钟 1~2 滴。

⑤ 第一滴馏出液滴入接收器时,记录此时的温度计读数。当温度计的读数稳定时,另换接收器收集馏出液,记录每个接收器内馏分的温度范围和质量。若要收集的馏分温度范围已有规定,应按规定收集。馏分的沸点范围越小,纯度越高。

烧瓶中残留少量(0.5~1 mL)液体时,应停止蒸馏。即使是半微量操作,液体也不能蒸干。

注意:a. 在整个蒸馏过程中,温度计水银球下端,应始终附有冷凝的液滴,确保气液两相平衡。

b. 蒸馏低沸点易燃液体时(如乙醚),不得用明火加热,附近也不得有明火,最好的办法是预先加热好的水浴,为了保持水浴温度,可以不时地向水浴中添加热水。

c. 蒸馏完毕,先停止加热,后停止通冷却水,再按照与装置顺序相反的程序拆卸仪器。为安全起见,最好在拆卸仪器前小心地将热浴挪开,放在适当的地方。

三、离子交换分离

离子交换分离法是利用离子交换剂与溶液中的离子发生交换反应而实现分离的方法。

离子交换剂的种类很多,主要分为无机离子交换剂和有机离子交换剂。后者又称为离子交换树脂,是应用较多的离子交换剂。

离子交换树脂是具有可交换离子的有机高分子化合物,分为阳离子交换树脂和阴离子交换树脂,分别能与溶液中的阳离子和阴离子发生交换反应。例如,磺酸型阳离子交换树脂 $R—SO_3^-H^+$ 和阴离子交换树脂 $R—NH_3^+OH^-$,就分别具有与阳离子交换的 H^+ 和与阴离子交换的 OH^-。当天然水流经这些树脂时,其中阳离子 Na^+、Mg^{2+} 和 Ca^{2+} 等就与 H^+ 发生交换反应(正向交换）：

$$R—SO_3H+Na^+ \longrightarrow R—SO_3Na+H^+$$

阴离子 Cl^-、HCO_3^- 和 SO_4^{2-} 等与 OH^- 交换（正向交换）：

$$R—NH_3OH+Cl^- \longrightarrow R—NH_3Cl+OH^-$$

在水中

$$H^++OH^- \longrightarrow H_2O$$

经过多次交换,最后得到离子含量很少的水,常称为去离子水。

同其他离子互换反应一样,上述离子交换反应也是可逆的,故若用酸或碱浸泡(反向交换)使用过的离子交换树脂,就可以使其"再生"继续使用。

溶剂萃取和离子交换法的最重要的应用莫过于成功而有效地分离那些性质极其相近的元素,如稀土元素、锆与铪、铌与钽等。

离子交换分离的步骤包括:① 装柱;② 离子交换;③ 洗脱与分离;④ 树脂再生(参见实验九水的净化)。

实验七　转化法制备硝酸钾

——溶解、蒸发、结晶和分离

[实验目的]

1. 学习用转化法合成硝酸钾晶体。
2. 掌握重结晶法提纯物质的原理。
3. 练习物质的溶解、蒸发、浓缩、过滤、间接热浴和重结晶等基本操作。

工业上常采用转化法合成 KNO_3 晶体，其反应如下：

$$NaNO_3 + KCl =\!=\!= NaCl + KNO_3$$

该反应是可逆的。当 $NaNO_3$ 和 KCl 溶液混合时，在混合液中同时存在 Na^+、K^+、Cl^- 和 NO_3^-，由这 4 种离子组成的 4 种盐 $NaNO_3$，KCl，NaCl 和 KNO_3 同时存在于溶液中。这 4 种盐在水中不同温度下的溶解度列于表 6-2。

表 6-2　KNO_3 等 4 种盐在水中不同温度下的溶解度　　　　单位：g/100 g H_2O

盐	温度 $t/℃$							
	0	10	20	30	40	60	80	100
KNO_3	13.3	20.9	31.6	45.8	63.9	110.0	169.0	246.0
KCl	27.6	31.0	34.0	37.0	40.0	45.5	51.1	56.7
$NaNO_3$	73.0	80.0	88.0	96.0	104.0	124.0	148.0	180.0
NaCl	35.7	35.8	36.0	36.3	36.6	37.3	38.4	39.8

由表 6-2 中的数据可知，20 ℃时，除 $NaNO_3$ 外，其他 3 种盐的溶解度相差不大，因此不易单独结晶析出。但是随着温度的升高，NaCl 的溶解度几乎没有多大改变，而 KCl、$NaNO_3$ 和 KNO_3 在高温时具有较大或很大的溶解度，而温度降低时溶解度明显减小（如 KCl、$NaNO_3$）或急剧下降（如 KNO_3）。因此，将一定浓度的 $NaNO_3$ 和 KCl 混合液加热浓缩，当温度达 118～120 ℃时，由于 KNO_3 溶解度增加很多，溶液没有饱和，不析出；而 NaCl 的溶解度增加甚少，随浓缩、溶剂的减少，NaCl 析出。通过热过滤滤除 NaCl，将滤液冷却至室温，即有大量 KNO_3 析出，NaCl 仅有少量析出，从而得到 KNO_3 粗产品。再经过重结晶提纯，可得到纯品。

[实验用品]

仪器：煤气灯、石棉网、锥形瓶（150 mL）、烧杯（500 mL）、温度计（200 ℃）、托盘天平、量筒、铁架台、热滤漏斗、布氏漏斗、抽滤瓶、循环水真空泵、瓷坩埚、坩埚钳、比色管（25 mL）、电子天平、干燥器液体试剂:$AgNO_3$溶液($0.1\ mol \cdot L^{-1}$)、硝酸($5\ mol \cdot L^{-1}$)、氯化钠标准溶液①、甘油

固体试剂:硝酸钠(工业级)、氯化钾(工业级)

材料:滤纸

[基本操作]

1. 蒸发、重结晶、过滤等操作参见第六章中一。

2. 间接热浴操作参见第三章中三。

[实验内容]

一、KNO_3 的制备

1. 溶料转化——粗产品 KNO_3 的制备

称取 22 g $NaNO_3$ 和 15 g KCl 于 150 mL 锥形瓶中,加蒸馏水 35 mL。将锥形瓶置于甘油浴中加热(锥形瓶用铁夹垂直地固定在铁架台上,用 500 mL 烧杯盛甘油 300~350 mL 作为甘油浴,锥形瓶中溶液的液面要在甘油浴的液面之下)。注意控制反应温度在 120 ℃ 左右(甘油浴温度可达 140~180 ℃),不要使其热分解,产生刺激性的丙烯醛。

待盐全部溶解后(注意观察反应液体积),继续加热,使溶液蒸发至原有体积的 2/3。这时锥形瓶中有晶体析出,趁热用热滤漏斗过滤。滤液盛于小烧杯中自然冷却,小烧杯中预先加 2 mL 蒸馏水。随着温度的下降,即有结晶析出。注意,不要骤冷,以防结晶过于细小。抽滤,将晶体尽量抽干,称量,计算粗产率。

2. 粗产品的提纯——重结晶

(1) 保留少量(0.03 g)粗产品供纯度检验。向 KNO_3 粗产品中加入一定量的蒸馏水,KNO_3 与 H_2O 的比例是 2:1(质量比)。

(2) 温和加热,轻轻搅拌,待晶体全部溶解后立即停止加热。若溶液沸腾时,晶体还未全部溶解,可再加极少量蒸馏水使其完全溶解。

(3) 在溶液冷却过程中,即有 KNO_3 结晶析出。当溶液冷却至室温后抽滤,用少量冷水洗涤晶体后,用水蒸气浴烘干,得到纯度较高的 KNO_3 晶体,称量,计算产率。

[思考题]

1. 锥形瓶中析出的晶体是什么?

2. 热过滤的目的是什么?

3. 热过滤后小烧杯中析出的晶体是什么?

4. 重结晶时,按 KNO_3:H_2O=2:1(质量比)的比例向粗产品中加入一定量水的理论依据是什么?

二、产品纯度检验

1. 定性检验

分别取 0.03 g 粗产品和一次重结晶得到的产品放入两支小试管中,各加入 3 mL 蒸馏水配

---

① 氯化钠标准溶液的配制(1 mL 含 0.1 mg Cl⁻);称取 0.165 g 于 500~600 ℃ 灼烧至恒重的氯化钠,溶于水,移入 1 000 mL 容量瓶中,稀释至刻度。

成溶液。向两支试管中分别滴加 1 滴 5 mol·L⁻¹ HNO₃ 溶液和 2 滴 0.1 mol·L⁻¹AgNO₃ 溶液,观察现象,进行对比,重结晶后的产品溶液应为澄清。

2. 根据试剂级的标准检验试样中总氯量

称取 1 g 试样(称准至 0.01 g),加热至 400 ℃ 使其分解,于 700 ℃ 灼烧 15 min① 冷却,加蒸馏水溶解(必要时过滤),转移至 25 mL 比色管中,加 2 mL 5 mol·L⁻¹ HNO₃ 溶液和 0.1 mol·L⁻¹ AgNO₃溶液,稀释至刻度,摇匀,放置 10 min。所呈浊度不得大于标准②。

本实验要求重结晶后的 KNO₃ 晶体含氯量达化学纯为合格,否则应再次重结晶,直至合格。最后称量,计算产率,并与前几次的结果进行比较。

[实验习题]

1. 何谓重结晶?本实验涉及哪些基本操作,应注意什么?

2. 制备 KNO₃ 晶体时,为什么要进行热过滤?

3. 试设计从母液提取较高纯度的 KNO₃ 晶体的实验方案,并加以试验。

---

① 此步操作需在马弗炉中进行。需要注意的是,当灼烧物质达到灼烧要求后,先关掉电源,待温度降至 200 ℃ 以下时,可打开马弗炉,用长柄坩埚钳取出装试样的坩埚,放在干燥器中冷却,切忌用手拿。

② 标准比浊液的配制:取含下列质量 Cl⁻ 的氯化钠标准溶液(优级纯 0.015 mg;分析纯 0.030 mg;化学纯 0.070 mg),转移至 25 mL 比色管中,加 5 mol·L⁻¹ HNO₃ 溶液和 0.1 mol·L⁻¹ AgNO₃ 溶液各 2 mL,稀释至刻度,摇匀。

实验八　Fe^{3+}、Al^{3+}的分离

——液-液萃取与分离

[实验目的]

1. 学习萃取分离法的基本原理;初步了解铁、铝离子不同的萃取行为。

2. 学习萃取分离和蒸馏分离两种基本操作。

在 6 mol·L^{-1}HCl 溶液中,Fe^{3+}与 Cl^-生成了 $FeCl_4^-$ 配离子。在强酸-乙醚萃取体系中,乙醚(Et_2O)与 H^+结合,生成了𬭼离子($Et_2O·H^+$)。$FeCl_4^-$ 配离子与 $Et_2O·H^+$𬭼离子都有较大的体积和较低的电荷,因此容易形成离子缔合物 $Et_2O·H^+·FeCl_4^-$,在这种离子缔合物中,Cl^- 和 Et_2O 分别取代了 Fe^{3+} 和 H^+ 的配位水分子,并且中和了电荷,具有疏水性,能够溶于乙醚中,因此就从水相转移到有机相中了。

Al^{3+}在 6 mol·L^{-1}HCl 溶液中与 Cl^-生成配离子的能力很弱,因此,仍然留在水相中。

将 Fe^{3+}由有机相中再转移到水相中去的过程叫作反萃取。将含有 Fe^{3+}的乙醚相与水相混合,这时体系中的 H^+浓度和 Cl^-浓度明显降低。𬭼离子 $Et_2O·H^+$和配离子 $FeCl_4^-$解离趋势增加,Fe^{3+}又生成了水合铁离子,被反萃取到水相中。由于乙醚沸点较低(35.6 ℃),因此采用普通蒸馏的方法,就可以实现醚水的分离。这样 Fe^{3+}又恢复了初始的状态,达到了 Fe^{3+}、Al^{3+}分离的目的。

[实验用品]

仪器:圆底烧瓶(250 mL)、直形冷凝器、蒸馏头、尾接管,抽滤瓶、烧杯、梨形分液漏斗(100 mL)、量筒(100 mL)、铁架台、铁环

液体药品:$FeCl_3$ 溶液(5%)、$AlCl_3$ 溶液(5%)、浓盐酸(化学纯)、乙醚(化学纯)、$K_4Fe(CN)_6$溶液(5%)、NaOH 溶液(2 mol·L^{-1}、6 mol·L^{-1})、茜素 S 酒精溶液、冰水、热水

材料:乳胶管、橡胶塞、玻璃弯管、滤纸、pH 试纸

[基本操作]

1. 萃取,参见第六章二。

2. 蒸馏,参见第六章二。

[实验内容]

1. 制备混合溶液

取 10 mL 5% $FeCl_3$ 溶液和 10 mL 5% $AlCl_3$ 溶液混入烧杯中。

2. 萃取

将 15 mL 混合溶液和 15 mL 浓盐酸先后倒入分液漏斗中,再加入 30 mL 乙醚溶液,按照萃取分离的操作步骤进行萃取。

萃取操作中如何注意安全？

3. 检查

萃取分离后,水相若呈黄色,则表明 Fe^{3+}、Al^{3+} 没有分离完全。可再次用 30 mL 乙醚重复萃取,直至水相无色为止。每次分离后的有机相都合并在一起。

4. 安装

按照图 6-19 安装好蒸馏装置。向有机相中加入 30 mL 水,并转移至圆底烧瓶中。整个装置的高度以热源高度为基准,首先固定蒸馏烧瓶的位置,以后再装配其他仪器时,不宜再调整烧瓶的位置。调整铁架台铁夹的位置,使冷凝器的中心线和烧瓶支管的中心线成一直线后,方可将烧瓶与冷凝管连接起来。最后再装上尾接管和接收器,接收器放在冰中或冷水中冷却。

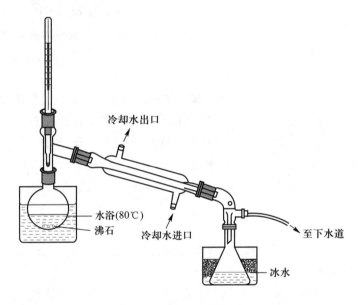

图 6-19 普通蒸馏装置

5. 蒸馏

打开冷却水,把 80 ℃ 的热水倒入水槽中,按普通蒸馏操作步骤,用热水将乙醚蒸出。蒸出的乙醚要测量体积并且回收。

[思考题]

实验室中为什么严禁明火？蒸馏乙醚时,为了防止中毒,应该采取什么措施？此实验采取了哪两种分离方法？这两种方法各自依据的基本原理是什么？

6. 分离鉴定

按照离子鉴定的方法([附注]1),分别鉴定未分离的混合液和分离开的 Fe^{3+}、Al^{3+} 溶液,并加以比较。

[实验习题]

Tl^{3+}在高酸性条件下,能够与 Cl$^-$结合成配离子 TlCl$_4^-$。根据这些性质,选择一个离子缔合物体系,将 Al^{3+}和 Tl^{3+}混合液分离,并设计分离步骤。

[附注]

1. 离子鉴定方法

(1) 将待测试液调至 pH=4。

(2) 向滤纸中心滴上一滴 5%K$_4$Fe(CN)$_6$溶液,再将滤纸晾干。

(3) 将一滴待测试液滴到滤纸中心,再向滤纸中心滴上一滴水,然后滴上一滴茜素 S 酒精溶液。Fe$_4$[Fe(CN)$_6$]$_3$被固定在滤纸中心,生成蓝斑。Al^{3+}被水洗到斑点外围,并与茜素 S 生成茜素铝色淀的红色环。利用这个方法可以分别鉴定出 Fe^{3+} 和 Al^{3+}。

[思考题]

Fe^{3+}、Al^{3+}的鉴定条件是什么? 鉴定 Al^{3+}时如何排除 Fe^{3+}的干扰?

2. 安全知识

(1) 乙醚沸点低(35.6 ℃),燃点也低(343 ℃),并且与空气混合有较宽的爆炸区间(1.8%~40%)。因此,实验室内严禁明火。

(2) 为了防止乙醚蒸气在实验室大量弥散,接收器和冷凝管之间必须通过尾接管紧密相连,并且把接收器的出气口导入下水管道中。整个蒸馏体系绝不可封闭。

(3) 乙醚在光的作用下容易生成过氧化物。蒸馏时,若乙醚中有过氧化物,则可能爆炸。因此,每次实验前,实验教师要检验乙醚中是否有过氧化物生成,必须在确证不含过氧化物的前提下进行蒸馏。

3. 检验过氧化物的方法

向试管中加入 1 mL 新配制的 2%(NH$_4$)$_2$Fe(SO$_4$)$_2$溶液和 2~3 滴 NH$_4$SCN 溶液,摇匀后,再加入 1 mL 所要试验的醚,用力振荡。如果醚中有过氧化物存在,溶液即变成红色。

实验九　水　的　净　化

——离子交换法

[实验目的]

1. 了解用离子交换法纯化水的原理和方法。
2. 掌握水质检验的原理和方法。
3. 学会电导率仪的正确使用方法。

水是常用的溶剂,其溶解能力很强,很多物质易溶于水,因此天然水(河水、地下水等)中含有很多杂质。一般水中的杂质按其分散形态的不同可分为三类,见表6-3。

表6-3　天然水中的杂质

杂质种类	杂质
悬浮物	泥沙,藻类,植物遗体等
胶体物质	黏土胶粒,溶胶,腐殖质体等
溶解物质	Na^+,K^+,Ca^{2+},Mg^{2+},Fe^{3+},CO_3^{2-},HCO_3^-,Cl^-,SO_4^{2-},O_2,N_2,CO_2 等

水的纯度对科研和工业生产影响甚大。在化学实验中,水的纯度直接影响实验结果的准确度。因此了解水的纯度,掌握净化水的方法是每个化学工作者应具有的基本知识。

天然水经简单的物理、化学方法处理后得到的自来水,虽然除去了悬浮物质及部分无机盐类,但仍含有较多的杂质(气体及无机盐等)。因此在化学实验中,自来水不能作为纯水使用。

天然水和自来水的净化,主要有以下几种方法。

1. 蒸馏法

将自来水(或天然水)在蒸馏装置中加热汽化,然后冷凝水蒸气即得蒸馏水。蒸馏水是化学实验中最常用的较为纯净、价廉的洗涤剂和溶剂。在 25 ℃时其电阻率为 1×10^5 $\Omega \cdot cm$ 左右。

2. 电渗析法

电渗析法是将自来水通过电渗析器,除去水中阴、阳离子,实现净化的方法。

电渗析器主要由离子交换膜、隔板、电极等组成(见图6-20)。离子交换膜是整个电渗析器的关键部分,是由具有离子交换性能的高分子材料制成的薄膜。其特点是对阴、阳离子的通过具有选择性。阳离子交换膜(简称阳膜)只允许阳离子通过;阴离子交换膜(简称阴膜)只允许阴离子通过。所以电渗析法除杂质离子的基本原理是,在外电场作用下,利用阴、阳离子交换膜对水中阴、阳离子的选择透过性,达到净化水的目的。

电渗析水的电阻率一般为 $10^4 \sim 10^5$ $\Omega \cdot cm$,比蒸馏水的纯度略低。

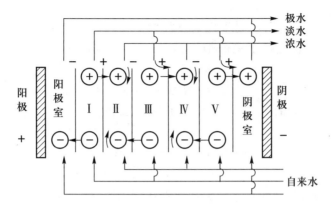

图 6-20　电渗析器的工作原理示意图

3. 离子交换法

离子交换法是使自来水通过离子交换柱(内装阴、阳离子交换树脂)除去水中杂质离子,实现净化的方法。用此法得到的去离子水纯度较高,25 ℃时的电阻率达 $5×10^6\ \Omega·cm$ 以上。

(1)离子交换树脂　离子交换树脂是一种由人工合成的带有交换活性基团和具有多孔网状结构的高分子化合物。它的特点是性质稳定,与酸、碱及一般有机溶剂都不反应。在其网状结构的骨架上,含有许多可与溶液中的离子起交换作用的"活性基团"。根据树脂可交换活性基团的不同,把离子交换树脂分为阳离子交换树脂和阴离子交换树脂两大类。

阳离子交换树脂:特点是树脂中的活性基团可与溶液中的阳离子进行交换。例如:

$$Ar—SO_3^-H^+\quad,\quad Ar—COO^-H^+$$

Ar 表示树脂中网状结构的骨架部分。

活性基团中含有 H^+,可与溶液中的阳离子发生交换的阳离子交换树脂称为酸性阳离子交换树脂或 H 型阳离子交换树脂。按活性基团酸性强弱的不同,又分为强酸性、弱酸性离子交换树脂。例如,$Ar—SO_3H$ 为强酸性离子交换树脂(如国产"732"树脂);$Ar—COOH$ 为弱酸性离子交换树脂(如国产"724"树脂);应用最广泛的是强酸性磺酸型聚乙烯树脂。

阴离子交换树脂:特点是树脂中的活性基团可与溶液中的阴离子发生交换。例如:

$$Ar—NH_3^+OH^-\quad,\quad Ar—\overset{\displaystyle |}{N^+}(CH_3)_3$$
$$OH^-$$

活性基团中含有 OH^-,可与溶液中阴离子发生交换的阴离子交换树脂称为碱性阴离子交换树脂或 OH 型阴离子交换树脂。按活性基团碱性强弱的不同,可分为强碱性、弱碱性离子交换树脂。例如,$Ar—N^+(CH_3)_3OH^-$ 为强碱性离子交换树脂(如国产"717"树脂);$Ar—NH_3^+OH^-$ 为弱碱性离子交换树脂(如国产"701"树脂)。

在制备去离子水时,使用强酸性和强碱性离子交换树脂。它们具有较好的耐化学腐蚀性、耐热性与耐磨性。在酸性、碱性及中性介质中都可以应用,同时离子交换效果好。对弱酸根离子可以进行交换。

(2)离子交换法制备纯水的原理　离子交换法制备纯水的原理是基于树脂中的活性基团和

水中各种杂质离子间的可交换性。

离子交换过程是水中的杂质离子先通过扩散进入树脂颗粒内部,再与树脂活性基团中的 H^+ 或 OH^- 发生交换,被交换出来的 H^+ 或 OH^- 又扩散到溶液中去,并相互结合成 H_2O 的过程。

例如 $Ar—SO_3^-H^+$ 型阳离子交换树脂,交换基团中的 H^+ 与水中的阳离子杂质(如 Na^+、Ca^{2+})进行交换后,使水中的 Ca^{2+}、Na^+ 等离子结合到树脂上,并交换出 H^+ 于水中。反应如下:

$$Ar—SO_3^-H^+ + Na^+ \rightleftharpoons Ar—SO_3^-Na^+ + H^+$$

$$2Ar—SO_3^-H^+ + Ca^{2+} \rightleftharpoons (Ar—SO_3^-)_2Ca^{2+} + 2H^+$$

经过阳离子交换树脂交换后流出的水中有过剩的 H^+,因此呈酸性。

同样,水通过阴离子交换树脂,交换基团中的 OH^- 与水中的阴离子杂质(如 Cl^-、SO_4^{2-} 等)发生交换反应而交换出 OH^-。反应如下:

$$\underset{\overset{|}{OH^-}}{Ar—N^+—(CH_3)_3} + Cl^- \rightleftharpoons \underset{\overset{|}{Cl^-}}{Ar—N^+—(CH_3)_3} + OH^-$$

经过阴离子交换树脂交换后流出的水中含有过剩的 OH^-,因此呈碱性。

由以上分析可知,如果含有杂质离子的原料水(工业上称为原水)单纯地通过阳离子交换树脂或阴离子交换树脂后,虽然能达到分别除去阳(或阴)离子的作用,但所得的水是非中性的。如果将原水通过阴、阳混合离子交换树脂,则交换出来的 H^+ 和 OH^- 又发生中和反应结合成水:

$$H^+ + OH^- \rightleftharpoons H_2O$$

从而得到纯度很高的去离子水。

在离子交换树脂上进行的交换反应是可逆的。杂质离子可以交换出树脂中的 H^+ 和 OH^-,而 H^+ 或 OH^- 又可以交换出树脂所包含的杂质离子。反应主要向哪个方向进行,与水中两种离子(H^+ 或 OH^- 与杂质离子)浓度的大小有关。当水中杂质离子较多时,杂质离子交换出树脂中的 H^+ 或 OH^- 的反应是矛盾的主要方面,但当水中杂质离子减少,树脂上的活性基团大量被杂质离子所交换时,则酸或碱溶液中大量存在着的 H^+ 或 OH^- 反而会把杂质离子从树脂上交换下来,使树脂又转变成 H 型或 OH 型。由于交换反应的这种可逆性,只用两个离子交换柱(阳离子交换柱和阴离子交换柱)串联起来所生产的水仍含有少量的杂质离子未经交换而遗留在水中。为了进一步提高水质,可再串联一个由阳离子交换树脂和阴离子交换树脂均匀混合的交换柱,其作用相当于串联了很多个阳离子交换柱与阴离子交换柱,而且在交换柱床层任何部位的水都是中性的,从而减小了逆反应发生的可能性。

利用上述交换反应可逆的特点,既可以将原水中的杂质离子除去,达到纯化水的目的,又可以将盐型的失效树脂,经过适当处理后重新复原,恢复交换能力,解决树脂循环再使用的问题。后一过程称为树脂的再生。

另外,由于树脂是多孔网状结构,具有很强的吸附能力,可以同时除去电中性杂质。又由于装有树脂的交换柱本身就是一个很好的过滤器,所以颗粒状杂质也能一同除去。

[实验用品]

药品:732 型强酸性阳离子交换树脂、717 型强碱性阴离子交换树脂钙试剂(0.1%)、镁试剂(0.1%)、硝酸($2\ mol \cdot L^{-1}$)、盐酸(5%)、NaOH 溶液($5\%,2\ mol \cdot L^{-1}$)、AgNO$_3$溶液($0.1\ mol \cdot L^{-1}$)、BaCl$_2$溶液($1\ mol \cdot L^{-1}$)

仪器:CON510 型电导率仪

材料:离子交换柱三支(ϕ7 mm×160 mm)、自由夹四个、乳胶管、橡胶塞、直角玻璃弯管、直玻璃管、烧杯

[基本操作]

1. 电导率仪的使用,参见第七章二。

2. 离子交换树脂的预处理,装柱和树脂再生。

(1)树脂的预处理[①] 阳离子交换树脂的预处理:自来水冲洗树脂至水为无色后,改用纯水浸泡4~8 h,再用5%盐酸浸泡 4 h。倾去盐酸溶液,用纯水洗至 pH=3~4。纯水浸泡备用。

阴离子交换树脂的预处理:将树脂如同上法漂洗和浸泡后,改用5%NaOH 溶液浸泡 4 h。倾去 NaOH 溶液,用纯水洗至 pH=8~9。纯水浸泡备用。

(2)装柱 用离子交换法制备纯水或进行离子分离等操作,要求在离子交换柱中进行。本实验中的交换柱采用 ϕ=7 mm 的玻璃管拉制而成,把玻璃管的下端拉成尖嘴,管长 16 cm,在尖嘴上套一根细乳胶管,用小夹子控制出水速率。

离子交换树脂制备成需要的型号后(阳离子交换树脂处理成 H 型、阴离子交换树脂处理成 OH 型),浸泡在纯水中备用。装柱的方法如下:

将少许润湿的玻璃棉塞在交换柱的下端,以防树脂漏出。然后在交换柱中加入柱高 1/3 的纯水,排除柱下部和玻璃棉中的空气。将处理好的湿树脂(连同纯水)一块加入交换柱中,同时调节小夹子让水缓慢流出(水的流速不能太快,防止树脂露出水面),并轻敲柱子,使树脂均匀自然下沉。在装柱时,应防止树脂层中夹有气泡。装柱完毕,最好在树脂层的上面盖一层湿玻璃棉,以防加入溶液时掀动树脂层。

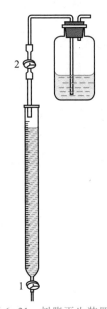

图 6-21 树脂再生装置图
1—流出液控制夹;2—进液控制夹

(3)阳离子交换树脂的再生 按图 6-21 装置,在 30 mL 的试剂瓶中装入 6~10 倍于阳离子交换树脂体积的 $2\ mol \cdot L^{-1}$(5%~10%)盐酸,通过虹吸管以每秒约一滴的流速淋洗树脂。可用夹子 2 控制酸液的流速,用夹子 1 控制树脂上液层的高度。注意在操作中切勿使液面低于树脂层。如此用酸淋洗,直到交换柱中流出液不含 Na$^+$为止。(如何检验?)然后用蒸馏水洗涤树脂,直至流出液的 pH$\approx$6。

(4)阴离子交换树脂的再生 可用 6~10 倍于阴离子交换树脂体积量的 $2\ mol \cdot L^{-1}$(或 5%)NaOH 溶液。再生操作同(3),直至交换柱流出液中不含 Cl$^-$为止。(如何检验?)然后用蒸馏水淋洗树脂,直至流出液的 pH$\approx$7~8。

---

① 离子交换树脂(活性基)的盐型比它的游离酸型(H 型)或游离碱型(OH 型)稳定得多。商品离子交换树脂大多是钠型(阳离子交换树脂)或氯型(阴离子交换树脂)。根据离子交换操作的要求,需要把树脂变成指定的型号(如 H 型、OH 型等)。

[实验内容]

一、装柱

用两只 10 mL 小烧杯,分别量取再生过的阳离子交换树脂约 7 mL(湿)或阴离子交换树脂约 10 mL(湿)。按照装柱操作要求进行装柱。第一个柱中装入约 1/2 柱容积的阳离子交换树脂,第二个柱中装入约 2/3 柱容积的阴离子交换树脂,第三个柱中装入 2/3 柱容积的阴阳混合交换树脂(阳离子交换树脂与阴离子交换树脂按 1:2 体积比混合)。装置完毕,按图 6-22 所示将 3 个柱进行串联,在串联时同样使用纯水并注意尽量排出连接管内的气泡,以免液柱阻力过大而离子交换不畅通。

二、离子交换与水质检验

依次使原料水流经阳离子交换柱、阴离子交换柱、混合离子交换柱。并依次接收原料水、阳离子交换柱流出水、阴离子交换柱流出水、混合离子交换柱流出水试样,进行以下项目检验。

(1)用电导率仪测定各试样的电导率。

(2)取各试样水 2 滴分别放入点滴板的圆穴内,按表6-4 方法检验 Ca^{2+}、Mg^{2+}、SO_4^{2-} 和 Cl^-。

将检验结果填入表 6-4 中,并根据检验结果得出结论。

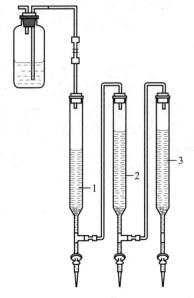

图 6-22　树脂交换装置图
1—阳离子交换柱;2—阴离子交换柱;
3—混合离子交换柱

表 6-4　检验结果及结论

检验项目		电导率	pH	Ca^{2+}	Mg^{2+}	Cl^-	SO_4^{2-}	结论
检验方法		测电导率 $\mu S \cdot cm^{-1}$	pH试纸	加入 1 滴 2 mol·L^{-1} NaOH 溶液和 1 滴钙试剂,观察有无红色溶液生成	加入 1 滴 2 mol·L^{-1} NaOH 溶液和 1 滴镁试剂,观察有无天蓝色沉淀生成	加入 1 滴 2 mol·L^{-1} 硝酸酸化,再加入 1 滴 0.1 mol·L^{-1} 硝酸银溶液,观察有无白色沉淀生成	加入 1 滴 1 mol·L^{-1} $BaCl_2$ 溶液,观察有无白色沉淀生成	—
试样水	自来水							
	阳离子交换柱流出水							
	阴离子交换柱流出水							
	混合离子交换柱流出水							

三、再生

按基本操作中所述的方法再生阴、阳离子交换树脂。

[实验习题]

1. 天然水中主要的无机盐杂质是什么？试述离子交换法净化水的原理。

2. 用电导率仪测定水纯度的根据是什么？

3. 如何筛分混合的阴、阳离子交换树脂？

第七章　基本测量仪器的使用

一、酸度计的使用

酸度计也称 pH 计,是一种通过测量电势差的方法测定水溶液 pH 的仪器,除测量水溶液的酸度外,还可以粗略地测量氧化还原电对的电极电势及配合电磁搅拌器进行电位滴定等。实验室常用的酸度计型号有雷磁 25 型,pHS-2 型、pHS-3 型和 EUTECH Cyber Scan pH500/51O 型等。它们的原理相同,只是结构和精密度不同。下面主要介绍pHS-2型酸度计。

EUTECH Cyber Scan pH500/510 型台式酸度计使用方法

1. 基本原理

酸度计测 pH 方法是电位测定法,它除了测量水溶液的酸度外,还可以测量电池电动势。酸度计主要是由参比电极(饱和甘汞电极)、测量电极(玻璃电极)和精密电位计三部分组成。

饱和甘汞电极(见图 7-1):它由金属汞、氯化亚汞和饱和氯化钾溶液组成,它的电极反应是

$$Hg_2Cl_2 + 2e^- \Longrightarrow 2Hg + 2Cl^-$$

饱和甘汞电极的电极电势不随溶液的 pH 变化而变化,在一定的温度和浓度下是一定值,但与氯离子浓度有关,在 25 ℃ 时为 0.241 V。

玻璃电极(见图 7-2):玻璃电极的电极电势随溶液的 pH 的变化而改变。它的主要部分是头部的玻璃球泡,由特殊的敏感玻璃膜构成。内置 0.1 mol·L^{-1}盐酸和氯化银电极或甘汞电极。薄玻璃膜对氢离子有敏感作用,当它浸入被测溶液内,被测溶液的氢离子与电极玻璃球泡表面水化层进行离子交换,玻璃球泡内层也同样产生电极电势。由于内层氢离子浓度不变,而外层氢离子浓度在变化。因此,内外层的电势差也在变化,所以该电极电势随待测溶液的 pH 不同而改变。

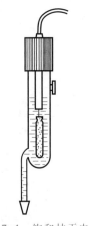

图 7-1　饱和甘汞电极

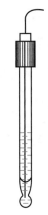

图 7-2　玻璃电极

$$E_{玻} = E_{玻}^{\ominus} + 0.059\ 1\ \text{V}\ \lg[\text{H}^+] = E_{玻}^{\ominus} - 0.059\ 1\ \text{V}\ \text{pH}$$

将玻璃电极和饱和甘汞电极一起浸在被测溶液中组成电池,并连接精密电位计,即可测定电池电动势 E。在 25 ℃时,

$$E = E_{正} - E_{负} = E_{甘汞} - E_{玻} = 0.241\ \text{V} - E_{玻}^{\ominus} + 0.059\ 1\ \text{V}\ \text{pH}$$

整理上式得

$$\text{pH} = \frac{E + E_{玻}^{\ominus} - 0.241\ \text{V}}{0.059\ 1\ \text{V}}$$

$E_{玻}$ 可以用一个已知 pH 的缓冲溶液代替待测溶液而求得。

由上所述可知,酸度计的主体是精密电位计,用来测量电池的电动势,为了省去计算手续,酸度计把测得的电池电动势直接用 pH 刻度值表示出来。因而从酸度计上可以直接读出溶液的 pH。

pHS-2 型酸度计示意图见图 7-3。

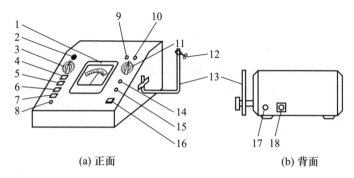

图 7-3　pHS-2 型酸度计

1—指示表;2—指示灯;3—温度补偿器;4—电源按键;5—pH 按键;6—+mV 按键;7—-mV 按键;
8—零点调节器;9—饱和甘汞电极接线柱;10—玻璃电极插口;11—pH 分挡开关;12—电极夹子;
13—电极杆;14—校正调节器;15—定位调节器;16—读数开关;17—保险丝;18—电源插座

2. 使用方法

(1) 仪器的安装　电源为交流电,电压必须符合铭牌上所指明的数值,电压太低或电压不稳会影响使用。电源插头中的黑线表示接地线,不能与其他两根线搞错。

(2) 电极的安装　先把电极夹子 12 夹在电极杆 13 上。然后将玻璃电极夹在夹子上,玻璃电极的插头插在玻璃电极插口 10 内,并将小螺丝旋紧。饱和甘汞电极夹在另一夹子上,饱和甘汞电极引线连接在接线柱 9 上。使用时应把上面的小橡胶塞和下端橡胶塞拔去,以保持液位压差,不用时要把它们套上。

(3) 校正　如要测量 pH,先按下 pH 按键 5,但读数开关 16 保持不按下状态。左上角指示灯 2 应亮,为保持仪表稳定,测量前要预热 0.5 h 以上。

① 用温度计测量被测溶液的温度。

② 调节温度补偿器 3 到被测溶液的温度。

③ 将 pH 分挡开关 11 放在"6"位置,调节零点调节器 8 使指针指在 pH"1.00"上。

④ 将 pH 分挡开关 11 放在"校"位置,调节校正调节器 14 使指针指在满刻度。

⑤ 将 pH 分挡开关 11 放在"6"位置,重复检查 pH"1.00"位置。

⑥ 重复③和④两个步骤。

(4) 定位 仪器附有三种标准缓冲溶液(pH 分别为 4.00、6.86、9.20),可选用一种与被测溶液的 pH 较接近的缓冲溶液对仪器进行定位。

仪器定位操作步骤如下。

① 向烧杯内倒入标准缓冲溶液,按溶液温度查出该温度时溶液的 pH。根据这个数值,将 pH 分挡开关 11 放在合适的位置上。

② 将电极插入缓冲溶液,轻轻摇动,按下读数开关 16。

③ 调节定位调节器 15 使指针指在缓冲溶液的 pH(即 pH 分挡开关上的指示数加表盘上的指示数),并使指针稳定为止。重复调节定位调节器。

④ 松开读数开关 16,将电极上移,移去标准缓冲溶液,用蒸馏水清洗电极头部,并用滤纸将水吸干。这时,仪器已定好位,后面测量时,不得再动定位调节器。

(5) 测量

① 放上盛有待测溶液的烧杯,移下电极,将烧杯轻轻摇动。

② 按下读数开关 16,调节 pH 分挡开关 11,读出溶液的 pH。如果指针打出左面刻度,则应减少 pH 分挡开关的数值。如指针打出右面刻度,应增加 pH 分挡开关的数值。

③ 重复读数,待读数稳定后,放开读数开关 16,移走溶液,用蒸馏水冲洗电极,将电极保存好。

④ 关上电源开关。套上仪器罩。

3. 电极的维护

(1) 复合电极

① 测量前必须用已知 pH 的标准缓冲溶液进行定位校准,所选缓冲溶液的 pH 最好接近被测试样的 pH(配制好的标准缓冲溶液一般可保存 2~3 个月,如发现有混浊、发霉或沉淀等现象时,不能继续使用)。

② 测量前要除去电极的浸液和保护性帽,同时应避免电极的敏感玻璃球泡与硬物接触。

③ 被测溶液的温度应与标准缓冲溶液的温度相同。

④ 测量后用去离子水冲洗电极和参比接界。

⑤ 使用后及时将橡胶套或帽套住充液孔,最好的储存方法是使电极的玻璃球泡始终保持湿润。比较好的选择是用公司提供的储存溶液,要避免将电极储存在去离子水中,以免使电极的反应变慢。

⑥ 当电极使用很长时间或是电解液干了后,摘掉电极保护性橡胶帽使充液孔部暴露出来,加入新的电解液直至液面达到充液面。参考电解液应该是 4 mol·L⁻¹氯化钾溶液,盖上橡胶帽。用去离子水冲洗接界部,然后风干(见图 7-4)。

⑦ 若被测液中含有易污染敏感球泡或堵塞液接界的物质而使电极钝化,则会显示读数不准。这时,则应根据污染物的性质用适当溶液清洗。

a. 盐的沉积物:将电极浸入自来水中 10~15 min,以溶解盐的沉积物,然后用去离子水仔细清洗。

b. 油脂膜:用中性的清洁剂和水洗 pH 电极的玻璃球泡,用去离子水冲洗电极。

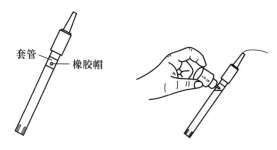

图 7-4 电解液的更新

c. 堵塞了的参比液接界:加热稀的氯化钾(KCl)溶液至 60~80 ℃,将 pH 电极的传感部分加入氯化钾溶液中大约 10 min(见图7-5),在进行这一步时一定要小心,然后再将电极放入未被加热的氯化钾溶液中以便冷却。

（2）玻璃电极

① 玻璃电极的主要部分为下端的玻璃球泡。玻璃球泡的膜极薄,容易破损,切忌与硬物接触。安装时,玻璃电极球泡下端应略高于甘汞电极的下端,以免碰到烧杯底。

② 新的玻璃电极在使用前应在蒸馏水中浸泡 48 h 以上,不用时最好泡在蒸馏水中。

③ 在强碱性溶液中应尽量避免使用玻璃电极。

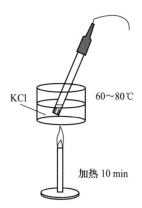

图 7-5 清洗堵塞电极

④ 玻璃电极的玻璃膜不要沾上油污,如不慎沾有油污可先用四氯化碳或乙醚冲洗,再用酒精冲洗,最后用蒸馏水洗净。

⑤ 清洗电极后,不要用滤纸擦拭玻璃膜,而应用滤纸吸干,避免损坏玻璃膜,防止交互污染,影响测量精度。

⑥ 若玻璃电极球泡有裂纹或老化,则应调换,否则反应缓慢,甚至造成较大测量误差。

4. 仪器的维护

（1）仪器的输入端(即玻璃电极插口)必须保持清洁,不用时将接续器插入,以防灰尘落入。在环境温度较高时,应把电极插头用干净的布擦干。

（2）在按下读数开关时,如果发现指针严重甩动,应放开读数开关,检查 pH 分挡开关位置及其他调节器是否适当,电极插头是否浸入溶液。

（3）转动温度调节旋钮时,不要用力太大,防止移动紧固螺丝位置,造成误差。

（4）当被测信号较大,发生指针严重甩动时,应转动分挡开关使指针在刻度以内,并需等待 1 min 左右,使指针稳定为止。

（5）测量完毕时,必须先放开读数开关,再移去溶液。如果不放开读数开关就移去溶液,则指针甩动厉害,影响后面测定的准确性。

二、电导率仪的使用

1. 基本原理

导体导电能力的大小,通常用电阻(R)或电导(G)表示。电导是电阻的倒数,关系式为

$$G = \frac{1}{R} \qquad\qquad (1)$$

电阻的单位是欧姆(Ω),电导的单位是西[门子](S)。

导体的电阻与导体的长度 l 成正比,与面积 A 成反比:

$$R \propto \frac{l}{A}$$

或
$$R = \rho\,\frac{l}{A} \qquad\qquad (2)$$

式中,ρ 为电阻率,表示长度为 1 cm,截面积为 1 cm^2 时的电阻,单位为 $\Omega \cdot cm$。

和金属导体一样,电解质水溶液体系也符合欧姆定律。当温度一定时,两极间溶液的电阻与两极间距离 l 成正比,与电极面积 A 成反比。对于电解质水溶液体系,常用电导和电导率来表示其导电能力。

$$G = \frac{1}{\rho} \cdot \frac{A}{l} \qquad\qquad (3)$$

令
$$\frac{1}{\rho} = \kappa$$

则
$$G = \kappa \cdot \frac{A}{l} \qquad\qquad (4)$$

式中,κ 是电阻率的倒数,称为电导率。它表示在相距 1 cm、面积为 1 cm^2 的两极之间溶液的电导,其单位为 S $\cdot$ cm^{-1}。

在电导池中,电极距离和面积是一定的,所以对某一电极来说,$\frac{l}{A}$ 是常数,常称其为电极常数或电导池常数。

令
$$K = \frac{l}{A}$$

则
$$G = \kappa\,\frac{1}{K} \qquad\qquad (5)$$

即
$$\kappa = K \cdot G \qquad\qquad (6)$$

不同的电极,其电极常数 K 不同,因此测出同一溶液的电导 G 也就不同。通过式(6)换算成电导率 κ,由于 κ 的值与电极本身无关,因此用电导率可以比较溶液电导的大小。而电解质水溶液导电能力的大小正比于溶液中电解质含量。通过对电解质水溶液电导率的测量可以测定水溶液中电解质的含量。

2. 使用方法

目前市面上常用的电导率仪主要有 DDS-11A 型电导率仪和 CON510 台式电导率仪两种。DDS-11A 型电导率仪型号较老,其使用方法可以从右边二维码获得。CON510 台式电导率仪是新型电导率仪,具有微处理器,可以测量电导率、总固体溶解度(TDS)和温度(℃/℉)。它具有强大的记忆功能,能够储存多达 50 组数据,具有用户自定义功能且这些功能都能简单地通过触摸按键实现。

DDS-11A
型电导率仪
使用方法

CON510台式电导率仪(见图7-6)使用说明:

（1）根据仪器说明书,正确连接电极、AC/DC 适配器和电极固定支架,并进行仪器校正。

（2）开机:按"ON/OFF"键,等待 1 min。确保进入的是电导率测量状态,此时屏幕右上角显示"μs",否则按"MODE"键调整。

（3）用去离子水或蒸馏水清洗电极,以便去除任何黏附在电极表面的杂质,并用滤纸吸干。为了避免试样受污染或被稀释,再用少量的试样溶液冲洗电极。

（4）将探头连同黄色电极保护套浸入待测溶液,用电极轻轻地搅动溶液直到溶液均匀。

（5）等待读数稳定,此时屏幕左上角出现"READY"字样。记下试样温度及电导率值。

（6）用去离子水或蒸馏水清洗电极,按"ON/OFF"键关机。

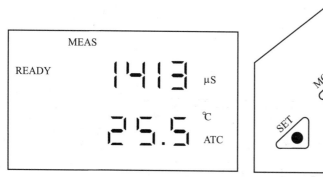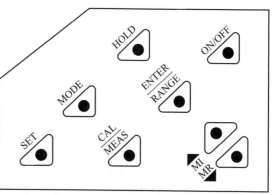

图 7-6　CON510 台式电导率仪的显示屏和按键示意图

3. 注意事项

（1）盛待测溶液的容器必须洁净干燥,无离子沾污。

（2）不要用力拉扯电极的电缆线,否则会接触不良影响测量。

（3）测量过程中装好黄色电极保护套,取下保护套会影响电导率值。

（4）测量过程中保持溶液始终超过探头上面的两个环,但不要超过电极保护套。

（5）每测量一份试样后,要用蒸馏水冲洗电极,并吸干,或用待测液润洗 3 次后再测量。

三、分光光度计的使用

实验室常用的有 72 型、721 型、751 型分光光度计。其原理基本相同,只是结构、测量精度、测量范围有差别。本节只对 721 型分光光度计进行介绍。

1. 仪器的基本结构

721 型分光光度计的光学系统如图 7-7 所示。

由光源灯 1 发出的连续辐射光线,射到聚光透镜 2 上,会聚后再经过平面镜转角90°,反射至入射狭缝,由此射到单色光器内,狭缝 6 正好位于球面准直镜 4 的焦面上,当入射光线经过准直镜 4 反射后就以一束平行光射向色散棱镜 3(该棱镜的背面镀铝),光线进入棱镜后,就在其中色散,入射角在最小偏向角,入射光在铝面上反射后依原路稍偏转一个角度反射回来,这样从棱镜色散后出来的光线再经过物镜反射后,就会聚在出射狭缝上,出射狭缝和入射狭缝是一体的,为了减少谱线通过棱镜后呈弯曲形状对于单色性的影响,把狭缝的两片刀口做成弧形的,以便近似地吻合谱线的弯曲度,保证了仪器有一定幅度的单色性。

仪器的面板如图7-8所示。

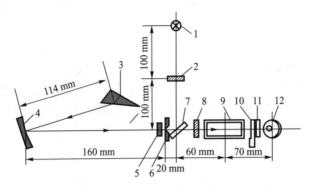

图7-7 721型分光光度计的光学系统

1—光源灯(12 V 25 W);2—聚光透镜;3—色散棱镜;4—准直镜;5—保护玻璃;6—狭缝;7—反射镜;
8—聚光透镜;9—比色皿;10—光门;11—保护玻璃,12—光电管

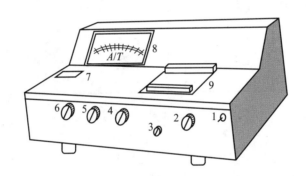

图7-8 721型分光光度计的仪器面板

1—电源开关;2—灵敏度旋钮;3—比色皿拉杆;4—透光率调节旋钮;5—零位旋钮
6—波长选择旋钮;7—波长刻度盘;8—微安表;9—暗箱盖

目前也有的学校在无机化学实验中使用紫外-可见分光光度计,如使用T6型紫外-可见分光光度计。T6型紫外-可见分光光度计采用的是双光束型测量方式,允许测定的波长范围在190~1 100 nm。其构造简单,有着超低的杂散光、出色的稳定性和灵活的可扩展性。测定的灵敏度和精密度较高,操作简便、快速。因此,应用比较广泛。

T6型紫外-可见分光光度计的基本检测原理是从光源灯发出的复合光经过分光器分光后即可获得任一所需波长的平行单色光,该单色光通过试样池经试样溶液吸收后,透过光照到光电管或光电倍增管等检测器上产生相应的光电流,产生的光电流由信号显示器直接读出吸光度 A 或透光率 T。

2. 操作步骤

(1) 使用721型分光光度计前,应了解它的工作原理和各个操作旋钮的功能。

(2) 将仪器的电源开关接通,指示灯即亮。打开比色皿暗箱盖,选择需用的单色波长,调节零电位器使微安表表针指"0",然后将比色皿暗箱盖合上,此时比色皿座处于蒸馏水校正位置,使光电管受光,旋转调"100%"电位器,使表针指到满度附近。仪器需预热 20 min。

（3）仪器预热后,连续几次调"0"和"100%",仪器即可开始测定工作。

（4）将装有待测液的比色皿推入光路,此时微安表表针所指的吸光度数,即为该溶液的吸光度。

3. 注意事项

（1）测定时,比色皿要用被测液荡洗 2~3 次,以避免被测液浓度的改变。

（2）要用吸水纸将附着在比色皿外表面的溶液擦干。擦时应注意保护其透光面,勿使产生划痕。拿比色皿时,手指只能捏住毛玻璃的两面。

（3）比色皿放入比色皿架内时,应注意它们的位置,尽量使它们前后一致,否则容易产生误差。

（4）为了防止光电管疲劳,在不测定时,应经常使暗箱盖处于开启位置。连续使用仪器的时间一般不应超过 2 h,最好是间歇 0.5 h 后,再继续使用。

（5）测定时,应尽量使吸光度在 0.1~0.65,这样可以得到较高的准确度。

（6）仪器不能受潮,使用中应注意放大器和单色器上的两个硅胶干燥筒（在仪器底部）里的防潮硅胶是否变色,如果硅胶的颜色已变红,应立即取出更换。

（7）比色皿用过后,要及时洗净,并用蒸馏水荡洗,倒置晾干后存放在比色皿盒内。

第二部分

基本化学原理

第八章 化学反应热效应和化学反应速率

一、化学反应热效应

化学反应除了有新的物质生成之外,还常伴随有能量的变化。在等压和不做其他功条件下,生成物与反应物的能量差称为反应的焓变($\Delta_r H$)。例如燃烧反应就是最典型的例子:

$$2H_2(g) + O_2(g) \longrightarrow 2H_2O(l)$$

$$\Delta_r H^\ominus = -572 \text{ kJ} \cdot \text{mol}^{-1}$$

该热化学反应方程式表示该体系的能量下降了 572 kJ。在等温、等压和不做其他功条件下,该体系向环境释放出 572 kJ 的热量。

热是能量传递的一种形式。热传递是可以定量测量的。当把一定的热量(Q)传递给某物质(如水)时,该物质就会变热,其温度就会升高。

$$Q = c \cdot m \cdot \Delta T$$

式中,c 是质量热容,单位为 $\text{J} \cdot \text{g}^{-1} \cdot \text{K}^{-1}$;$m$ 是物质的质量,单位为 g;ΔT 是温度差,即 $T_{\text{终态}} - T_{\text{始态}}$,单位为 K。

在等温、等压条件下,化学反应的热效应在数值上等于化学反应的焓变。

$$Q_p = \Delta_r H$$

化学反应的热效应可以用热量计测量。最简单的热量计是保温杯式热量计。这种热量计测量等压反应热效应(Q_p)。弹式热量计则测量恒容反应热效应(Q_V)。根据热力学定律,$Q_V = \Delta U$。

保温杯式热量计主要由保温和测温两部分组成。保温的作用是隔绝体系与环境的热交换。测温必须用精密温度计(最小分刻精度至少达到 0.1 ℃),是热量计的关键部分。

当溶液发生反应时[如 1.000 mol H^+(aq) 和 1.000 mol OH^-(aq) 的中和反应],体系将释放出热量($Q_{\text{中和}}$)传递给热量计,使热量计温度升高:

$$-Q_{\text{中和}} = Q_{\text{热量计}} = C \cdot \Delta T$$

C 是热量计的热容。$Q_{\text{中和}}$ 和 $Q_{\text{热量计}}$ 互为相反数。

由于热量计的温度升高,$\Delta T > 0$,中和反应为放热反应:

$$\Delta_{\text{中和}} H^\ominus = Q_{\text{中和}} = -C \cdot \Delta T$$

在实际测量中,往往采用稀溶液反应,因此直接测量的反应热要经过换算才能得到摩尔反应热效应($\Delta_r H_m^\ominus$)。热量计法测定的摩尔反应热效应实验数据是热化学的重要实验基础。

二、化学反应速率

化学反应速率定义为单位时间内反应物或生成物浓度改变量的正值。例如分解反应:

$$H_2O_2(aq) \longrightarrow H_2O(l) + \frac{1}{2}O_2(g)$$

其反应速率表示式为

$$v = -\frac{dc_{H_2O_2}}{dt} = \frac{dc_{H_2O}}{dt} = 2\frac{dc_{O_2}}{dt}$$

尽管反应物与生成物的化学计量数不尽相同,根据现行国际单位制建议将 dc/dt 值除以反应方程式中的化学计量数,就只有一个反应速率值而与用哪个浓度表示无关。

化学反应速率(v)随时间(t)而改变。反应刚一开始一刹那的速率称为初速率(v_0)。对某些反应,在很短的时间间隔(Δt),假设化学反应速率不随时间改变,就可以用平均速率($\bar{v}$)近似代替瞬时速率(v):

$$\bar{v} \approx v = -\frac{\Delta c_{H_2O_2}}{\Delta t}$$

其中

$$\Delta c_{H_2O_2} = c_{H_2O_2(2)} - c_{H_2O_2(1)}$$
$$\Delta t = t_2 - t_1$$

测定化学反应速率需要及时地测量浓度或与浓度有关的物理化学性质随时间的变化,如压力、电导率、折射率、颜色等随时间的变化,因此有化学分析和物理化学分析两种方法。

化学反应微分速率方程表示了反应物浓度与反应初速率的关系:

$$v = kc_A^a c_B^b$$

式中,k 是反应速率常数,由反应的性质和温度决定而与浓度无关;a,b 分别为反应物 A 和 B 的反应级数,($a+b$)是总反应的级数。

化学反应微分速率方程不能简单地由化学反应方程式写出,而只能通过实验确定。确定反应速率方程就是确定反应级数和反应速率常数 k。对于某些反应,可以通过测定反应刚一开始的 Δt 时间间隔内,化学反应的平均速率($\bar{v}$)与反应物浓度的关系来确定反应级数。一般情况下,则是根据不同反应时间的反应瞬时速率与时间的线性关系确定反应级数。

反应速率常数 k 与反应浓度无关,只与温度有关。因此测定不同温度下的反应速率,可以得到不同温度的反应速率常数。根据 Arrhenius 反应速率经验公式

$$\lg k = -\frac{E_a}{2.30\,R} \times \frac{1}{T} + C$$

根据不同温度的反应速率常数 k 可以进一步得到实验活化能(E_a)。

实验十　过氧化氢分解热的测定
——温度计与秒表的使用

[实验目的]

1. 测定过氧化氢稀溶液的分解热,了解测定反应热效应的一般原理和方法。
2. 学习温度计、秒表的使用和简单的作图方法。

过氧化氢浓溶液在温度高于 150 ℃ 或混入具有催化活性的 Fe^{2+}、Cr^{3+} 等一些多变价的金属离子时,就会发生爆炸性分解:

$$H_2O_2(l) \Longrightarrow H_2O(l) + \frac{1}{2}O_2(g)$$

但在常温和无催化活性杂质存在情况下,过氧化氢相当稳定。对于过氧化氢稀溶液来说,升高温度或加入催化剂,均不会引起爆炸性分解。本实验以二氧化锰为催化剂,用保温杯式简易热量计测定其稀溶液的催化分解反应热效应。

保温杯式简易热量计由热量计装置(普通保温杯,分刻度为 0.1 ℃ 的温度计)及杯内所盛的溶液或溶剂(通常是水溶液或水)组成,如图 8-1 所示。

在一般的测定实验中,溶液的浓度很稀,因此溶液的比热容(C_{aq})近似地等于溶剂的比热容(C_{solv}),并且溶液的质量 m_{aq} 近似地等于溶剂的质量 m_{solv}。热量计的热容 C 可由下式表示:

$$C = C_{aq} \cdot m_{aq} + C_p$$
$$\approx C_{solv} \cdot m_{sdv} + C_p$$

式中,C_p 是热量计装置(包括保温杯,温度计等部件)的热容。

化学反应产生的热量,使热量计的温度升高。要测量热量计吸收的热量必须先测定热量计的热容(C)。在本实验中采用稀的过氧化氢水溶液,因此

$$C = c_{H_2O} \cdot m_{H_2O} + C_p$$

式中,c_{H_2O} 为水的质量热容,等于 4.184 J·g^{-1}·K^{-1};m_{H_2O} 为水的质量;在室温附近,水的密度约等于 1.00 kg·L^{-1},因此 $m_{H_2O} \approx V_{H_2O}$,其中 V_{H_2O} 表示水的体积。而热量计装置的热容(C_p)可用下述方法测得:

往盛有质量为 m 的水(温度为 T_1)的热量计装置中,迅速加入相同质量的热水(温度为 T_2),测得混合后的水温为 T_3,则

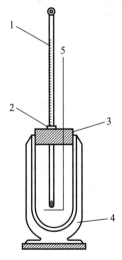

图 8-1　保温杯式简易热量计装置
1—温度计;2—橡胶圈;
3—泡沫塑料塞;4—保温杯
5—环形塑料搅拌棒

热水失热 $= c_{H_2O} \cdot m_{H_2O}(T_2 - T_3)$

冷水得热 $= c_{H_2O} \cdot m_{H_2O}(T_3 - T_1)$

量热计装置得热 $= C_p(T_3 - T_1)$

根据热量平衡得到

$$c_{H_2O} \cdot m_{H_2O}(T_2 - T_3) = c_{H_2O} \cdot m_{H_2O}(T_3 - T_1) + C_p(T_3 - T_1)$$

$$C_p = \frac{c_{H_2O} \cdot m_{H_2O}(T_2 + T_1 - 2T_3)}{T_3 - T_1}$$

　　严格地说,简易热量计并非绝热体系。因此,在测量温度变化时会碰到下述问题,即当冷水温度正在上升时,体系和环境已发生了热量交换,这就使人们不能观测到最大的温度变化。这一误差,可用外推作图法予以消除,即根据实验所测得的数据,以温度对时间作图,在所得各点间作一最佳直线 AB,延长 BA 与纵轴相交于 C,C 点所表示的温度就是体系上升的最高温度,如图 8-2 所示。如果热量计的隔热性能好,在温度升高到最高点时,数分钟内温度并不下降,那么可不用外推作图法。

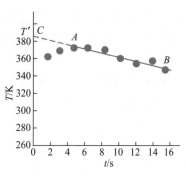

图 8-2　温度-时间曲线

　　应当指出的是,由于过氧化氢分解时,有氧气放出,所以本实验的反应热 ΔH,不仅包括体系内能的变化,还应包括体系对环境所做的膨胀功,但因后者所占的比例很小,在近似测量中,通常可忽略不计。

[实验用品]

　　仪器:温度计两支(0~50 ℃、分刻度 0.1 ℃ 和 100 ℃ 普通温度计)、保温杯、量筒、烧杯、研钵、秒表,环形塑料搅拌棒

　　固体药品:二氧化锰

　　液体药品:H_2O_2 溶液(0.3%)

　　材料:泡沫塑料塞、吸水纸

[基本操作]

1. 温度计的使用,参见第四章三。

2. 秒表的使用,参见第四章三。

3. 作图方法,参见第二章二。

[实验内容]

一、测定热量计装置热容 C_p

按图 8-1 装配好保温杯式简易热量计装置。保温杯盖可用泡沫塑料塞或软木塞。杯盖上的小孔要稍比温度计直径大一些,温度计的水银球离杯底约 2 cm。为了不使温度计接触杯底,在温度计插入瓶塞的上方处套一橡胶圈。

[思考题]

　　在测定过氧化氢分解热效应之前,为何要先测定热量计的热容?

用量筒量取 50 mL 蒸馏水,把它倒入干净的保温杯中,盖好塞子,用环形塑料搅拌棒上下搅动,几分钟后用精密温度计观测温度,若连续 3 min 温度不变,记下温度 T_1。再量取 50 mL 蒸馏水,倒入 100 mL 烧杯中,把此烧杯置于温度高于室温 20 ℃ 的热水浴中,放置 10~15 min 后,用精密温度计准确读出热水温度 T_2(为了节省时间,在其他准备工作之前就把蒸馏水置于热水浴中,用 100 ℃ 温度计测量,热水温度绝不能高于 50 ℃),迅速将此热水倒入保温杯中,盖好塞子,以上述同样的方法进行搅动。在倒热水的同时,按动秒表,每 10 s 记录一次温度。记录三次后,隔 20 s 记录一次,直到体系温度不再变化或等速下降为止。记录混合后的最高温度 T_3,倒尽保温杯中的水,把保温杯洗净并用吸水纸擦干待用。

二、测定过氧化氢稀溶液的分解热

取 100 mL 已知准确浓度的过氧化氢溶液,把它倒入保温杯中,塞好塞子,缓缓搅动,用精密温度计观测温度 3 min,当溶液温度不变时,记下温度 T'_1。迅速加入 0.5 g 研细过的二氧化锰粉末,塞好塞子后,立即搅拌,以使二氧化锰粉末悬浮在过氧化氢溶液中。在加入二氧化锰的同时,按动秒表,每隔 10 s 记录一次温度。当温度升高到最高点时,记下此时的温度 T'_2,以后每隔 20 s 记录一次温度。在相当一段时间(如 3 min)内若温度保持不变,T'_2 即可视为该反应达到的最高温度,否则就需用外推法求出反应的最高温度。

应当指出的是,由于过氧化氢的不稳定性,其溶液浓度的标定,应在本实验前不久进行。此外,无论在热量计热容的测定中,还是在过氧化氢分解热的测定中,搅拌棒搅动的节奏要始终保持一致。

[思考题]

1. 为何要使二氧化锰粉末悬浮在过氧化氢溶液中?
2. 为何需要搅拌棒搅动?搅动效果的好坏对测定结果有何影响?

三、数据记录和处理

1. 热量计装置热容 C_p 的计算

冷水温度 T_1/K	
热水温度 T_2/K	
冷热水混合后温度 T_3/K	
冷(热)水的质量 m/g	
水的质量热容 c_{H_2O}/(J·g^{-1}·K^{-1})	
热量计装置热容 C_p/(J·K^{-1})	

2. 分解热的计算

$$Q = C_p(T'_2 - T'_1) + c_{H_2O_2} \cdot m_{H_2O_2}(T'_2 - T'_1)$$

由于 H_2O_2 稀溶液的密度和比热容近似地与水的相等,因此

$$c_{H_2O_2(aq)} \approx c_{H_2O} = 4.184 \text{ J} \cdot \text{g}^{-1} \cdot \text{K}^{-1}$$

$$m_{H_2O_2(aq)} \approx V_{H_2O_2(aq)}$$

$$Q = C_p \Delta T + 4.184 V_{H_2O_2(aq)} \Delta T$$

$$\Delta H = \frac{-Q}{c_{H_2O_2(aq)} \cdot V_{H_2O_2(aq)} / 1\,000} = \frac{-(C_p + 4.184 V_{H_2O_2(aq)}) \Delta T \times 1\,000}{c_{H_2O_2(aq)} V_{H_2O_2(aq)}}$$

式中, $c_{H_2O_2}(aq)$ 为过氧化氢溶液物质的量浓度($\text{mol} \cdot \text{L}^{-1}$); $V_{H_2O_2}(aq)$ 为过氧化氢溶液的体积。

过氧化氢分解热实验值与理论值的相对百分误差应该在±10%以内。

反应前温度 T'_1/K	
反应后温度 T'_2/K	
ΔT/K	
H_2O_2 溶液体积 V/mL	
热量计吸收的总热量 Q/J	
分解热 ΔH/(kJ·mol^{-1})	
与理论值比较相对误差/%	

[实验习题]

1. 结合本实验理解下列概念:

体系,环境,比热容,热容,反应热,内能和熔

2. 实验中使用二氧化锰的目的是什么? 在计算反应所放出的总热量时,是否要考虑加入的二氧化锰的热效应?

3. 在测定量热计装置热容时,使用一支温度计先后测冷、热水的温度好,还是使用两支温度计分别测定冷、热水的温度好? 它们各有什么利弊?

4. 试分析本实验结果产生误差的原因,你认为影响本实验结果的主要因素是什么?

[附注]

过氧化氢分解热测定注意事项

1. 过氧化氢溶液(约0.3%)使用前应用 KMnO$_4$ 或碘量法准确测定其物质的量浓度(单位:mol·L^{-1})。

2. 二氧化锰要尽量研细,并在110℃烘箱中烘1~2 h后,置于干燥器中待用。

3. 一般市售保温杯的容积为250 mL左右,故过氧化氢的实际用量可取150 mL为宜。为了减少误差,应尽可能使用较大的保温杯(如400 mL或500 mL的保温杯),取用较大量的过氧化氢做实验(注意此时 MnO$_2$ 的用量亦应相应按比例增加)。

4. 重复分解热实验时,一定要使用干净的保温杯。

5. 实验合作者注意相互密切配合。

实验十一 化学反应速率与活化能
——数据的表达与处理

[实验目的]

1. 了解浓度、温度和催化剂对反应速率的影响。

2. 测定过二硫酸铵与碘化钾的反应速率,并计算反应级数、反应速率常数和反应的活化能。

在水溶液中,过二硫酸铵和碘化钾发生如下反应:

$$(NH_4)_2S_2O_8+3KI \Longrightarrow (NH_4)_2SO_4+K_2SO_4+KI_3$$

$$S_2O_8^{2-}+3I^- \Longrightarrow 2SO_4^{2-}+I_3^- \tag{1}$$

其反应的微分速率方程可表示为

$$v=kc_{S_2O_8^{2-}}^m \cdot c_{I^-}^n$$

式中,v 是在此条件下反应的瞬时速率。若 $c_{S_2O_8^{2-}}$、c_{I^-} 是起始浓度,则 v 表示初速率(v_0)。k 是反应速率常数,m 与 n 之和是反应的总级数。

实验能测定的速率是在一段时间间隔(Δt)内反应的平均速率 $\bar{v}$。如果在 Δt 时间内 $S_2O_8^{2-}$ 浓度的改变为 $\Delta c_{S_2O_8^{2-}}$,则平均速率为

$$\bar{v}=\frac{-\Delta c_{S_2O_8^{2-}}}{\Delta t}$$

近似地用平均速率代替初速率:

$$v_0=kc_{S_2O_8^{2-}}^m \cdot c_{I^-}^n=\frac{-\Delta c_{S_2O_8^{2-}}}{\Delta t}$$

为了能够测出反应在 Δt 时间内 $S_2O_8^{2-}$ 浓度的改变值,需要在混合($NH_4)_2S_2O_8$ 和 KI 溶液的同时,加入一定体积已知浓度的 $Na_2S_2O_3$ 溶液和淀粉溶液,这样在反应(1)进行的同时还进行下面的反应:

$$2S_2O_3^{2-}+I_3^- \Longrightarrow S_4O_6^{2-}+3I^- \tag{2}$$

反应(2)进行得非常快,几乎瞬间完成,而反应(1)比反应(2)慢得多。因此,由反应(1)生成的 I_3^- 立即与 $S_2O_3^{2-}$ 反应,生成无色的 $S_4O_6^{2-}$ 和 I^-。所以在反应的开始阶段看不到碘与淀粉反应而显示的特有蓝色。但是当 $Na_2S_2O_3$ 耗尽,反应(1)继续生成的 I_3^- 就与淀粉反应而呈现出特有的蓝色。

由于从反应开始到蓝色出现标志着 $S_2O_3^{2-}$ 全部耗尽,所以从反应开始到出现蓝色这段时间(Δt)里,$S_2O_3^{2-}$ 浓度的改变 $\Delta c_{S_2O_3^{2-}}$ 实际上就是 $Na_2S_2O_3$ 的起始浓度。

再从反应式(1)和(2)可以看出,$S_2O_8^{2-}$ 减少的量为 $S_2O_3^{2-}$ 减少量的一半,所以 $S_2O_8^{2-}$ 在 Δt 时间内减少的量可以从下式求得

$$\Delta c_{S_2O_8^{2-}} = \frac{c_{S_2O_3^{2-}}}{2}$$

实验中,通过改变反应物 $S_2O_8^{2-}$ 和 I^- 的初始浓度,测定消耗等量的 $S_2O_8^{2-}$ 的物质的量浓度 $\Delta c_{S_2O_8^{2-}}$ 所需要的不同的时间间隔(Δt),计算得到反应物不同初始浓度的初速率,进而确定该反应的微分速率方程和反应速率常数。再根据阿伦尼乌斯指数定律,通过作图法就可以计算出活化能 E_a。

[实验用品]

仪器:烧杯、大试管、量筒($20 \ mL×2$,$10 \ mL$)、秒表、温度计

液体药品:$(NH_4)_2S_2O_8$ 溶液($0.20 \ mol \cdot L^{-1}$)、KI 溶液($0.20 \ mol \cdot L^{-1}$)、$Na_2S_2O_3$ 溶液($0.010 \ mol \cdot L^{-1}$)、KNO_3 溶液($0.20 \ mol \cdot L^{-1}$)、$(NH_4)_2SO_4$ 溶液($0.20 \ mol \cdot L^{-1}$)、$Cu(NO_3)_2$ 溶液($0.02 \ mol \cdot L^{-1}$)、淀粉溶液($5 \ g \cdot L^{-1}$)

材料:冰

[基本操作]

1. 量筒的使用,参见第四章二。

2. 秒表的使用,参见第四章三。

3. 作图方法,参见第二章二。

[实验内容]

一、浓度对化学反应速率的影响

在室温条件下进行表 8-1 中编号 I 的实验。用量筒分别量取 20.0 mL 0.20 $mol \cdot L^{-1}$KI 溶液、8.0 mL 0.010 $mol \cdot L^{-1}$Na$_2$S$_2$O$_3$ 溶液和 2.0 mL 淀粉溶液,全部加入烧杯中,混合均匀。然后用另一量筒量取 20.0 mL 0.20 $mol \cdot L^{-1}$(NH_4)$_2$S$_2$O$_8$ 溶液,迅速倒入上述混合液中,同时启动秒表,并不断搅动,仔细观察。当溶液刚出现蓝色时,立即按停秒表,记录反应时间和室温。

用同样方法按照表 8-1 的用量进行编号 II、III、IV、V 的实验。

表 8-1　浓度对反应速率的影响　　　　　　　　　室温_____℃

	实验编号	I	II	III	IV	V
试剂用量 mL	0.20 $mol \cdot L^{-1}$(NH_4)$_2$S$_2$O$_8$ 溶液	20.0	10.0	5.0	20.0	20.0
	0.20 $mol \cdot L^{-1}$ KI 溶液	20.0	20.0	20.0	10.0	5.0
	0.010 $mol \cdot L^{-1}$ Na$_2$S$_2$O$_3$ 溶液	8.0	8.0	8.0	8.0	8.0
	淀粉溶液	2.0	2.0	2.0	2.0	2.0
	0.20 $mol \cdot L^{-1}$ KNO$_3$ 溶液	0	0	0	10.0	15.0
	0.20 $mol \cdot L^{-1}$(NH_4)$_2$SO$_4$ 溶液	0	10.0	15.0	0	0
混合液中反应物的起始浓度 $mol \cdot L^{-1}$	(NH_4)$_2$S$_2$O$_8$					
	KI					
	Na$_2$S$_2$O$_3$					
反应时间 $\Delta t/s$						
$S_2O_8^{2-}$ 的浓度变化 $\Delta c_{S_2O_8^{2-}}/(mol \cdot L^{-1})$						
反应速率 $v/(mol \cdot L^{-1} \cdot s^{-1})$						

[思考题]

1. 下列操作对实验有何影响?
(1) 取用试剂的量筒没有分开专用;
(2) 先加$(NH_4)_2S_2O_8$溶液,最后加 KI 溶液;
(3) $(NH_4)_2S_2O_8$溶液慢慢加入 KI 等混合液中。
2. 为什么在实验 Ⅱ、Ⅲ、Ⅳ、Ⅴ 中,分别加入 KNO_3 溶液或$(NH_4)_2SO_4$溶液?
3. 每次实验的计时操作要注意什么?

二、温度对化学反应速率的影响

按表 8-1 实验 Ⅳ 中的药品用量,将装有碘化钾、硫代硫酸钠、硝酸钾和淀粉混合液的烧杯和装有过二硫酸铵溶液的小烧杯,同时放入冰水浴中冷却,待它们温度冷却到低于室温 10 ℃时,将过二硫酸铵溶液迅速加到碘化钾等混合液中,同时计时并不断搅动,当溶液刚出现蓝色时,记录反应时间。此实验编号记为 Ⅵ。

同样方法在热水浴中进行高于室温 10 ℃ 的实验。此实验编号记为 Ⅶ。

将此两次实验 Ⅵ、Ⅶ 和实验 Ⅳ 的数据记入表 8-2 中进行比较。

表 8-2　温度对化学反应速率的影响

实验编号	Ⅵ	Ⅳ	Ⅶ
反应温度 $t/℃$			
反应时间 $\Delta t/s$			
反应速率 $v/(mol \cdot L^{-1} \cdot s^{-1})$			

三、催化剂对化学反应速率的影响

按表 8-1 实验 Ⅳ 的用量,把碘化钾、硫代硫酸钠、硝酸钾和淀粉溶液加到 150 mL 烧杯中,再加入 2 滴 $0.02 \ mol \cdot L^{-1} Cu(NO_3)_2$ 溶液,搅匀,然后迅速加入过二硫酸铵溶液,搅动、计时。将此实验的反应速率与表 8-1 中实验 Ⅳ 的反应速率定性地进行比较可得到什么结论?

四、数据处理

1. 反应级数和反应速率常数的计算

将反应速率表示式 $v = kc_{S_2O_8^{2-}}^m \cdot c_{I^-}^n$ 两边取对数:

$$\lg v = m \lg c_{S_2O_8^{2-}} + n \lg c_{I^-} + \lg k$$

当 c_{I^-} 不变时(即实验 Ⅰ、Ⅱ、Ⅲ),以 $\lg v$ 对 $\lg c_{S_2O_8^{2-}}$ 作图,可得一直线,斜率即为 m。同理,当 $c_{S_2O_8^{2-}}$ 不变时(即实验 Ⅰ、Ⅳ、Ⅴ),以 $\lg v$ 对 $\lg c_{I^-}$ 作图,可求得 n,此反应的总级数则为 $m+n$。

将求得的 m 和 n 代入 $v = kc_{S_2O_8^{2-}}^m \cdot c_{I^-}^n$ 即可求得反应速率常数 k。将数据填入表 8-3。

表 8-3　反应速率常数的计算

实验编号	I	II	III	IV	V
$\lg v$					
$\lg c_{S_2O_8^{2-}}$					
$\lg c_{I^-}$					
m					
n					
反应速率常数 $k/(\mathrm{mol}^{-1}\cdot\mathrm{L}\cdot\mathrm{s}^{-1})$					

2. 反应活化能的计算

反应速率常数 k 与反应温度 T 一般有以下关系：

$$\lg k = A - \frac{E_a}{2.30RT}$$

式中，E_a 为反应的活化能；R 为摩尔气体常数；T 为热力学温度。测出不同温度时的 k 值，以 $\lg k$ 对 $\frac{1}{T}$ 作图，可得一直线，由直线斜率 $\left(-\dfrac{E_a}{2.30\,R}\right)$ 可求得反应的活化能 E_a。将数据填入表 8-4。

表 8-4　活化能的计算

实验编号	室温的平均反应速率常数 $\bar{k}$ —————————— $\mathrm{mol}^{-1}\cdot\mathrm{L}\cdot\mathrm{s}^{-1}$	$k(\mathrm{VII})$	$k(\mathrm{VI})$
反应速率常数 $k/(\mathrm{mol}^{-1}\cdot\mathrm{L}\cdot\mathrm{s}^{-1})$			
$\lg k$			
$\dfrac{1}{T}/k^{-1}$			
反应活化能 $E_a/(\mathrm{kJ}\cdot\mathrm{mol}^{-1})$			

本实验活化能测定值的误差不超过 10%（文献值：51.8 kJ·mol^{-1}）。

[实验习题]

1. 若不用 $S_2O_8^{2-}$，而用 I^- 或 I_3^- 的浓度变化来表示反应速率，则反应速率常数 k 是否一样？

2. 化学反应的反应级数是怎样确定的？用本实验的结果加以说明。

3. 用阿伦尼乌斯公式计算反应的活化能。并与作图法得到的值进行比较。

4. 已知 A(g)——→B(l) 是二级反应，其数据如下：

p_A/kPa	40	26. 6	19. 1	13. 3
t/s	0	250	500	1 000

试计算反应速率常数 k。

[附注]

1. 本实验对试剂有一定的要求。碘化钾溶液应为无色透明溶液,不宜使用有碘析出的浅黄色溶液。过二硫酸铵溶液要新配制的,因为时间长了过二硫酸铵易分解。如所配制过二硫酸铵溶液的 pH 小于 3,说明该试剂已有分解,不适合本实验使用。所用试剂中如混有少量 Cu^{2+}、Fe^{3+} 等杂质,对反应会有催化作用,必要时需滴入几滴 $0.10 \ mol \cdot L^{-1}$ EDTA 溶液。

2. 在做温度对化学反应速率影响的实验时,如室温低于 10 ℃,可将温度条件改为室温、高于室温 10 ℃、高于室温 20 ℃ 三种情况进行。

第九章　化学平衡

　　化学平衡理论是化学反应的重要理论。一般反应都是可逆进行的。当反应进行到一定程度，正向反应速率和逆向反应速率逐渐相等，反应物和生成物的浓度就不再变化。这种表面上静止的状态叫作平衡状态。处在平衡状态的物质的浓度称为平衡浓度，用方括号表示。反应物和生成物平衡浓度之间的定量关系可以用平衡常数表达式表示：

　　对于一般反应

$$mA+nB \rightleftharpoons pC+qD$$

$$K = \frac{[C]^p[D]^q}{[A]^m[B]^n}$$

平衡常数表示了化学反应的限度，因此首先取决于化学反应的本质，同时亦受温度的影响，而不受浓度、分压等因素的影响。

　　在水溶液体系中，各种不同的反应类型具有不同的反应特点，表现为不同类型的平衡常数，如解离平衡常数、氧化还原平衡常数、沉淀溶解反应平衡常数（溶度积常数）、配合反应平衡常数及多重平衡反应常数。平衡常数的数值与平衡反应方程式的书写方式有关，也与用平衡浓度表示（K_c）或用平衡分压表示（K_p）有关。

　　平衡常数的测定就是要在平衡状态下测定反应物和生成物的平衡浓度。由于每一个氧化还原反应都可以设计为一个原电池反应，氧化还原反应平衡常数可以根据标准状态下可逆电池反应的电动势计算得到。测定方法可以分为物理法和化学法。在实际测定中究竟选用何种方法要具体分析，以最简捷的方法为佳。无论选用何种方法，务必使测定工作在指定的温度下进行。

　　确定了某一温度下的平衡常数也就确定了某反应的化学平衡关系。化学平衡原理的重要意义在于讨论化学平衡的移动。化学平衡移动原理预见了化学移动的方向。设 Q_p 为起始分压商

$$Q_p = \frac{p_C^p p_D^q}{p_A^m p_B^n}$$

在恒定温度下　　　$Q_p < K_p$　　　反应正向自发

　　　　　　　　　$Q_p = K_p$　　　化学平衡

　　　　　　　　　$Q_p > K_p$　　　反应逆向自发

　　不同温度的平衡常数与化学反应的热效应（$\Delta H^\ominus$）有关：

$$\lg K_p = -\frac{\Delta H^\ominus}{2.30\,RT} + \frac{\Delta S^\ominus}{2.30\,R}$$

其中 $\Delta S^\ominus$ 为标准熵变。

　　在化学平衡移动原理的指导下，改变化学反应各物质的分压、浓度或反应温度，可破坏旧的平衡，建立新的平衡，从而控制反应的方向和限度。

实际的化学反应往往是多个简单化学反应多重平衡的复杂体系。根据热化学定律，总反应的平衡常数由各组成简单反应的平衡常数的乘积组成。例如：

$$ZnS(s) + 2H^+(aq) \rightleftharpoons Zn^{2+}(aq) + H_2S(aq)$$

$$K = K_{sp,ZnS} \cdot K_{a_1,H_2S}^{-1} \cdot K_{a_2,H_2S}^{-1}$$

化学平衡移动的控制过程就是灵活运用多重平衡原理调整体系的酸度、沉淀剂、配位剂的浓度，氧化态和还原态浓度的比例等因素控制总反应的方向。

以下设计了一系列实验，引导学生们从测定反应平衡常数开始认识简单的化学平衡，直到综合运用化学平衡原理讨论多重平衡和平衡移动现象。

实验十二　$I_3^- \rightleftharpoons I^- + I_2$ 平衡常数的测定

——滴定操作

[实验目的]

1. 测定 $I_3^- \rightleftharpoons I^- + I_2$ 的平衡常数。
2. 加强对化学平衡、平衡常数的理解并了解平衡移动的原理。
3. 练习滴定操作。

碘溶于碘化钾溶液中形成 I_3^-,并建立下列平衡:

$$I_3^- \rightleftharpoons I^- + I_2 \tag{1}$$

在一定温度条件下其平衡常数为

$$K = \frac{a_{I^-} \cdot a_{I_2}}{a_{I_3^-}} = \frac{\gamma_{I^-} \cdot \gamma_{I_2}}{\gamma_{I_3^-}} \cdot \frac{[I^-][I_2]}{[I_3^-]}$$

式中,a 为活度,γ 为活度系数,$[I^-]$、$[I_2]$、$[I_3^-]$ 为平衡浓度。由于在离子强度不大的溶液中

$$\frac{\gamma_{I^-} \cdot \gamma_{I_2}}{\gamma_{I_3^-}} \approx 1$$

所以

$$K \approx \frac{[I^-][I_2]}{[I_3^-]} \tag{2}$$

为了测定平衡时的 $[I^-]$、$[I_2]$、$[I_3^-]$,可用过量固体碘与已知浓度的碘化钾溶液一起摇荡,达到平衡后,取上层清液,用标准硫代硫酸钠溶液进行滴定:

$$2Na_2S_2O_3 + I_2 \Longrightarrow 2NaI + Na_2S_4O_6$$

由于溶液中存在 $I_3^- \rightleftharpoons I^- + I_2$ 的平衡,所以用硫代硫酸钠溶液滴定,最终测到的是平衡时 I_2 和 I_3^- 的总浓度。设这个总浓度为 c,则

$$c = [I_2] + [I_3^-] \tag{3}$$

$[I_2]$ 可通过在相同温度条件下,测定过量固体碘与水处于平衡时,溶液中碘的浓度来代替。设这个浓度为 c',则

$$[I_2] = c' \tag{4}$$

整理式(3)

$$[I_3^-] = c - [I_2] = c - c' \tag{5}$$

从式(1)可以看出,形成一个 I_3^- 就需要一个 I^-,所以平衡时 $[I^-]$ 为

$$[I^-] = c_0 - [I_3^-] \tag{6}$$

式中,c_0 为碘化钾的起始浓度。

将式(4)、式(5)和式(6)代入式(2)即可求得在此温度条件下的平衡常数 K。

［实验用品］

仪器:量筒(10 mL、100 mL、200 mL)、吸量管(10 mL)、移液管(50 mL)、碱式滴定管、碘量瓶(100 mL 2 只、250 mL 1 只)、锥形瓶(250 mL)、洗耳球

固体药品:碘

液体药品:KI 溶液($0.010\ 0\ mol \cdot L^{-1}$、$0.020\ 0\ mol \cdot L^{-1}$)、$Na_2S_2O_3$ 标准溶液($0.005\ 0\ mol \cdot L^{-1}$)、淀粉溶液(0.2%)

［基本操作］

1. 量筒的使用,参见第四章二。

2. 滴定管的使用,参见第四章二。

3. 移液管、吸量管的使用,参见第四章二。

［实验内容］

(1) 取两只洗净并已干燥的 100 mL 碘量瓶和一只 250 mL 碘量瓶,分别标上 1、2、3 号。用量筒分别量取 80 mL $0.010\ 0\ mol \cdot L^{-1}$KI 溶液注入 1 号瓶,80 mL $0.020\ 0\ mol \cdot L^{-1}$KI 溶液注入 2 号瓶,200 mL 蒸馏水注入 3 号瓶。然后分别向每个瓶内加入 0.5 g 研细的碘,盖好瓶塞。

［思考题］

1. 为什么本实验中量取标准溶液,有的用移液管,有的可用量筒?

2. 在固体碘与 KI 溶液反应时,如果碘的量不够,将有何影响? 碘的量是否一定要准确称量?

(2) 将 3 只碘量瓶在室温下振荡或者在磁力搅拌器上搅拌 30 min,然后静置 10 min,待过量固体碘完全沉于瓶底后,取上层清液进行滴定。

［思考题］

1. 进行滴定分析,仪器要做哪些准备? 由于碘易挥发,所以在取溶液和滴定时操作上要注意什么?

2. 在实验中以固体碘与水的平衡浓度代替碘与 I^-的平衡浓度,会引起怎样的误差? 为什么可以代替?

(3) 用 10 mL 吸量管取 10.00 mL 1 号瓶上层清液两份,分别注入 250 mL 锥形瓶中,再各注入 40 mL 蒸馏水,用 $0.005\ 0\ mol \cdot L^{-1}$标准 $Na_2S_2O_3$ 溶液滴定其中一份至呈淡黄色时(注意不要滴过量),注入 4 mL 0.2%淀粉溶液,此时溶液应呈蓝色,继续滴定至蓝色刚好消失。记下所消耗的 $Na_2S_2O_3$ 溶液的体积。平行做第二份清液。

同样方法滴定 2 号瓶上层的清液。

(4) 用 50 mL 移液管取 50.00 mL 3 号瓶上层清液两份,用 $0.005\ 0\ mol \cdot L^{-1}$标准 $Na_2S_2O_3$ 溶液滴定,方法同上。

将数据记入表 9-1 中。

由于碘容易升华,吸取清液后应尽快滴定,不要放置太久。另外,在滴定时不宜过于剧烈地摇动溶液。

表 9-1　滴定数据及平衡常数　　　　　　　　　　　室温_____℃

瓶　　号		1	2	3
取样体积 V/mL		10.00	10.00	50.00
$\dfrac{\text{Na}_2\text{S}_2\text{O}_3\text{ 溶液的用量}}{\text{mL}}$	I			
	II			
	平均			
$\text{Na}_2\text{S}_2\text{O}_3$ 溶液的浓度 $c/(\text{mol}\cdot\text{L}^{-1})$				
$[\text{I}_2]$ 与 $[\text{I}_3^-]$ 的总浓度 $c'/(\text{mol}\cdot\text{L}^{-1})$				/
水溶液中碘的平衡浓度 $/(\text{mol}\cdot\text{L}^{-1})$		/	/	
$[\text{I}_2]/(\text{mol}\cdot\text{L}^{-1})$				/
$[\text{I}_3^-]/(\text{mol}\cdot\text{L}^{-1})$				/
$c_0/(\text{mol}\cdot\text{L}^{-1})$				/
$[\text{I}^-]/(\text{mol}\cdot\text{L}^{-1})$				/
K				/
$\bar{K}$				/

（5）数据记录和处理　用 $\text{Na}_2\text{S}_2\text{O}_3$ 标准溶液滴定碘时,相应的碘的浓度计算方法如下:

1、2 号瓶

$$c = \frac{c_{\text{Na}_2\text{S}_2\text{O}_3}\cdot V_{\text{Na}_2\text{S}_2\text{O}_3}}{2V_{\text{KI-I}_2}}$$

3 号瓶

$$c' = \frac{c_{\text{Na}_2\text{S}_2\text{O}_3}\cdot V_{\text{Na}_2\text{S}_2\text{O}_3}}{2V_{\text{H}_2\text{O-I}_2}}$$

本实验测定 K 值在 $1.0\times10^{-3}\sim2.0\times10^{-3}$ 范围内合格(文献值 $K=1.5\times10^{-3}$)。

[实验习题]

1. 本实验中,碘的用量是否要准确称取? 为什么?

2. 出现下列情况,将会对本实验产生何种影响?

（1）所取碘的量不够;

（2）三只碘量瓶没有充分振荡;

（3）在吸取清液时,将沉在溶液底部或悬浮在溶液表面的少量固体碘带入吸量管内。

实验十三　醋酸解离度和解离常数的测定
——pH 计的使用

[实验目的]

1. 测定醋酸的解离度和解离常数。

2. 进一步掌握滴定原理,滴定操作及正确判断滴定终点。

3. 学习使用 pH 计。

醋酸(CH_3COOH 或 HAc)是弱电解质,在水溶液中存在以下解离平衡:

$$HAc \rightleftharpoons H^+ + Ac^-$$

其平衡关系式为

$$K_i = \frac{[H^+][Ac^-]}{[HAc]}$$

c 为 HAc 的起始浓度,$[H^+]$、$[Ac^-]$、$[HAc]$ 分别为 H^+、Ac^-、HAc 的平衡浓度,α 为解离度,K_i 为解离平衡常数。

在纯的 HAc 溶液中,$[H^+] = [Ac^-] = c\alpha$,$[HAc] = c(1-\alpha)$,则

$$\alpha = \frac{[H^+]}{c} \times 100\%, \quad K_i = \frac{[H^+][Ac^-]}{[HAc]} = \frac{[H^+]^2}{c-[H^+]}$$

当 $\alpha < 5\%$ 时,$c-[H^+] \approx c$,故

$$K_i = \frac{[H^+]^2}{c}$$

根据以上关系,通过测定已知浓度的 HAc 溶液的 pH,就知道其 $[H^+]$,从而可以计算该 HAc 溶液的解离度和平衡常数。

[思考题]

1. 若所用的醋酸浓度极稀,醋酸的解离度 >5% 时,是否还能用 $K_i = \frac{[H^+]^2}{c}$ 计算解离平衡常数? 为什么?

2. 实验中 $[HAc]$ 和 $[Ac^-]$ 是怎样测定的?

3. 同温下不同浓度的 HAc 溶液的解离度是否相同? 解离平衡常数是否相同?

[实验用品]

仪器:碱式滴定管、吸量管(10 mL)、移液管(25 mL)、锥形瓶(50 mL)、烧杯(50 mL)、容量瓶(50 mL)、pH 计

液体药品:HAc 溶液(0.20 mol·L^{-1})、NaOH 标准溶液(0.2 mol·L^{-1})①、酚酞指示剂

[基本操作]

1. 碱式滴定管的使用,参见第四章二。
2. 移液管、吸量管的使用,参见第四章二。
3. 容量瓶的使用,参见第四章二。
4. pH 计的使用,参见第七章一。

[实验内容]

一、醋酸溶液浓度的测定

以酚酞为指示剂,用已知浓度的 NaOH 标准溶液标定 HAc 溶液的准确浓度,把结果填入下表。

滴定序号		I	II	III
NaOH 溶液的浓度/(mol·L^{-1})				
HAc 溶液的用量/mL				
NaOH 溶液的用量/mL				
$\dfrac{HAc\ 溶液的浓度}{mol·L^{-1}}$	测定值			
	平均值			

[思考题]

本实验应选用哪些仪器? 如何正确地进行滴定操作?

二、配制不同浓度的 HAc 溶液

用移液管和吸量管分别取 25.00 mL、5.00 mL、2.50 mL 已测得准确浓度的 HAc 溶液,把它们分别加入三个 50 mL 容量瓶中,再用蒸馏水稀释至刻度,摇匀,并计算出这三个容量瓶中 HAc 溶液的准确浓度。

三、测定醋酸溶液的 pH,计算醋酸的解离度和解离平衡常数

把以上四种不同浓度的 HAc 溶液分别加入四只洁净干燥的 50 mL 烧杯中,按由稀到浓的次序使用 pH 计分别测定它们的 pH,并记录数据和室温。计算解离度和解离平衡常数,并将有关数据填入表 9-2 中。

表 9-2 实验数据及解离平衡常数　　　　　　　　温度＿＿＿＿℃

溶液编号	$\dfrac{c}{mol·L^{-1}}$	pH	$\dfrac{[H^+]}{mol·L^{-1}}$	α	解离平衡常数 K_i	
					测定值	平均值
1						
2						
3						
4						

---

① 0.2 mol·L^{-1} NaOH 标准溶液由实验准备室准备并标定。

本实验测定的 K_i 在 $1.0 \times 10^{-5} \sim 2.0 \times 10^{-5}$ 范围内合格（25 ℃的文献值为 1.76×10^{-5}）。

[思考题]

1. 烧杯是否必须烘干？还可以怎样处理？
2. 测定 pH 时，为什么要按从稀到浓的次序进行？

[实验习题]

1. 改变所测醋酸溶液的浓度或温度，则解离度和解离常数有无变化？若有变化，会有怎样的变化？

2. 做好本实验的操作关键是什么？

3. 下列情况能否用 $K_i = \dfrac{[\text{H}^+]^2}{c}$ 求解离常数？

（1）在 HAc 溶液中加入一定量的固体 NaAc（假设溶液的体积不变）；

（2）在 HAc 溶液中加入一定量的固体 NaCl（假设溶液的体积不变）。

4. 以 NaOH 标准溶液装入碱式滴定管中滴定待测 HAc 溶液，以下情况对滴定结果有何影响？

（1）滴定过程中滴定管下端产生了气泡；

（2）滴定近终点时，没有用蒸馏水冲洗锥形瓶的内壁；

（3）滴定完后，有液滴悬挂在滴定管的尖端处。

5. 取 25.00 mL 未知浓度的 HAc 溶液，用已知浓度的标准 NaOH 溶液滴定至终点，再加入 25.00 mL 未知浓度的该 HAc 溶液，测其 pH，试根据上述已知条件推导出计算 HAc 解离平衡常数的公式。

实验十四　碘化铅溶度积的测定

[实验目的]

1. 本实验利用离子交换法测定难溶物碘化铅的溶度积,从而了解离子交换法的一般原理和使用离子交换树脂的基本方法。

2. 掌握用离子交换法测定溶度积的原理,并练习滴定操作。

离子交换树脂是含有能与其他物质进行离子交换的活性基团的高分子化合物。含有酸性基团而能与其他物质交换阳离子的称为阳离子交换树脂。含有碱性基团能与其他物质交换阴离子的称为阴离子交换树脂。本实验采用阳离子交换树脂与碘化铅饱和溶液中的铅离子进行交换。其交换反应可以用下式来示意:

$$2R^-H^+ + Pb^{2+} \rightleftharpoons R_2^-Pb^{2+} + 2H^+$$

将一定体积的碘化铅饱和溶液通过阳离子交换树脂,树脂上的氢离子即与铅离子进行交换。交换后,氢离子随出液流出。然后用标准氢氧化钠溶液滴定,可求出氢离子的含量。根据流出液中氢离子的物质的量,可计算出通过离子交换树脂的碘化铅饱和溶液中的铅离子浓度,从而得到碘化铅饱和溶液的浓度,然后求出碘化铅的溶度积。

[实验用品]

仪器:离子交换柱(见图 9-1 可用一支直径约为2 cm,下口较细的玻璃管代替。下端细口处填少许玻璃棉,并连接一段乳胶管,夹上螺旋夹。也可用酸式滴定管代替)、碱式滴定管(50 mL)、滴定管架、锥形瓶(100 mL、250 mL)、温度计(50 ℃)、烧杯、移液管(25 mL)

固体药品:碘化铅、强酸型离子交换树脂

液体药品:NaOH 标准溶液(0.005 mol · L^{-1})、HNO$_3$ 溶液(1 mol · L^{-1})

材料:玻璃棉、pH 试纸、溴百里酚蓝指示剂

[基本操作]

1. 滴定操作,参见第四章二。

2. 离子交换分离操作,参见第六章三。

[实验内容]

一、碘化铅饱和溶液的配制

将过量的碘化铅固体溶于经煮沸除去二氧化碳的蒸馏水中,充分搅动并放置过夜,使其溶解,达到沉淀溶解平衡。

若无试剂碘化铅,可用硝酸铅溶液与过量的碘化钾溶液反应而制得。制成的碘化铅沉淀需用蒸馏水反复洗涤,

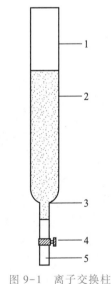

图 9-1　离子交换柱

1—交换柱;2—阳离子交换树脂;
3—玻璃棉;4—螺旋夹;5—乳胶管

以防过量的铅离子存在。过滤,得到碘化铅固体,再配成饱和溶液。

二、装柱

首先将阳离子交换树脂用蒸馏水浸泡 24~48 h。

装柱前,在交换柱下端填入少许玻璃棉,以防止离子交换树脂随流出液流出。然后将浸泡过的阳离子交换树脂约 40 g 随同蒸馏水一并注入交换柱中。为防止离子交换树脂中有气泡,可用长玻璃棒插入交换柱的树脂中搅动,以赶走树脂中的气泡。在装柱和以后树脂的转型和交换的整个过程中,要注意液面始终要高出树脂,避免空气进入树脂层影响交换结果。

三、转型

在进行离子交换前,须将钠型树脂完全转变成氢型。可用 100 mL 1 mol·L^{-1} HNO$_3$ 溶液以每分钟 30~40 滴的流速流过树脂。然后用蒸馏水淋洗树脂至淋洗液呈中性(可用 pH 试纸检验)。

[思考题]

在离子交换树脂的转型中,如果加入硝酸的量不够,树脂没完全转变成氢型,会对实验结果造成什么影响?

四、交换和洗涤

将碘化铅饱和溶液过滤到一个干净的干燥锥形瓶中(注意,过滤时用的漏斗、玻璃棒等必须是干净、干燥的。滤纸可用碘化铅饱和溶液润湿)。测量并记录饱和溶液的温度,然后用移液管准确量取 25.00 mL 该饱和溶液,放入一小烧杯中,分几次将其转移至离子交换柱内。用一个 250 mL 洁净的锥形瓶承接流出液。待碘化铅饱和溶液流出后,再用蒸馏水淋洗树脂至流出液呈中性。将洗涤液一并放入锥形瓶中。注意在交换和洗涤过程中,流出液不要损失。

[思考题]

在交换和洗涤过程中,如果流出液有一小部分损失掉,会对实验结果造成什么影响?

五、滴定

将锥形瓶中的流出液用 0.005 mol·L^{-1} NaOH 标准溶液滴定,用溴百里酚蓝作指示剂,在 pH=6.5~7 时,溶液由黄色转变为鲜艳的蓝色,即到达滴定终点,记录数据。

六、离子交换树脂的后处理

回收用过的离子交换树脂,经蒸馏水洗涤后,再用约 100 mL 1 mol·L^{-1} HNO$_3$ 溶液淋洗,然后用蒸馏水洗涤至流出液为中性,即可使用。

七、数据处理

碘化铅饱和溶液的温度/℃ _____

通过交换柱的碘化铅饱和溶液的体积/mL _____

NaOH 标准溶液的浓度/(mol·L^{-1}) _____

消耗 NaOH 标准溶液的体积/mL _____

流出液中 H^+ 的物质的量/mol _____

饱和溶液中 $[Pb^{2+}]/(mol \cdot L^{-1})$ _____

碘化铅的 K_{sp} _____

本实验测定 K_{sp} 值数量级为 $10^{-9} \sim 10^{-8}$ 合格。

[实验习题]

已知碘化铅在 0 ℃、25 ℃、50 ℃ 时的溶解度分别为 0.044 g/100 g H_2O、0.076g/100 g H_2O、0.17 g/100 g H_2O。试用作图法求出碘化铅溶解过程的 ΔH 和 ΔS。

实验十五　氧化还原反应和氧化还原平衡

[实验目的]

1. 掌握电极的本性、电对的氧化型或还原型物质的浓度、介质的酸度等因素对电极电势、氧化还原反应的方向、产物、速率的影响。

2. 通过实验了解化学电池电动势。

[实验用品]

仪器：试管（离心、10 mL）、烧杯（50 mL）、伏特计（或酸度计）、表面皿、U 形玻璃管

固体药品：琼脂、氟化铵

液体药品：HAc 溶液（6 mol·L^{-1}）、H$_2$SO$_4$ 溶液（1 mol·L^{-1}）、Na$_2$SO$_4$ 溶液（1 mol·L^{-1}）、NaOH 溶液（6 mol·L^{-1}）、NH$_3$·H$_2$O（浓）、ZnSO$_4$ 溶液（1 mol·L^{-1}）、CuSO$_4$ 溶液（0.01 mol·L^{-1}、1 mol·L^{-1}）、Na$_2$SO$_3$ 溶液（0.1 mol·L^{-1}）、KI 溶液（0.1 mol·L^{-1}）、KBr 溶液（0.1 mol·L^{-1}）、FeCl$_3$ 溶液（0.1 mol·L^{-1}）、Fe$_2$(SO$_4$)$_3$ 溶液（0.1 mol·L^{-1}）、FeSO$_4$ 溶液（0.1 mol·L^{-1}、1 mol·L^{-1}）、H$_2$O$_2$ 溶液（3%）、KIO$_3$ 溶液（0.1 mol·L^{-1}）、KMnO$_4$ 溶液（0.01 mol·L^{-1}）、溴水、碘水（0.1 mol·L^{-1}）、氯水（饱和）、KCl 溶液（饱和）、CCl$_4$、酚酞指示剂、淀粉溶液（0.4%）

材料：电极（锌片，铜片）、回形针，红色石蕊试纸（或酚酞试纸）、导线、砂纸、滤纸

[基本操作]

试管操作，参见第三章五。

[实验内容]

一、氧化还原反应和电极电势

（1）在试管中加入 0.5 mL 0.1 mol·L^{-1}KI 溶液和 2 滴 0.1 mol·L^{-1}FeCl$_3$ 溶液，摇匀后加入 0.5 mL CCl$_4$，充分振荡，观察 CCl$_4$ 层颜色有无变化。

（2）用 0.1 mol·L^{-1}KBr 溶液代替 KI 溶液进行同样实验，观察现象。

（3）往两支试管中分别加入 3 滴碘水、溴水，然后加入约 0.5 mL 0.1 mol·L^{-1}FeSO$_4$ 溶液，摇匀后，注入 0.5 mL CCl$_4$，充分振荡，观察 CCl$_4$ 层有无变化。

根据以上实验结果，定性地比较 Br$_2$/Br$^-$、I$_2$/I$^-$ 和 Fe^{3+}/Fe^{2+} 三个电对的电极电势。

[思考题]

1. 上述电对中哪个物质是最强的氧化剂？哪个是最强的还原剂？

2. 若用适量氯水分别与溴化钾、碘化钾溶液反应并加入 CCl$_4$，估计 CCl$_4$ 层的颜色。

二、浓度对电极电势的影响

（1）往一只小烧杯中加入约 30 mL 1 mol·L^{-1}ZnSO$_4$ 溶液,在其中插入锌片;往另一只小烧杯中加入约 30 mL 1 mol·L^{-1}CuSO$_4$ 溶液,在其中插入铜片。用盐桥将两烧杯相连,组成一个原电池。用导线将锌片和铜片分别与伏特计(或酸度计)的负极和正极相接,测量两极之间的电压(见图 9-2)。

在 CuSO$_4$ 溶液中注入浓氨水至生成的沉淀溶解为止,形成深蓝色的溶液:

$$Cu^{2+}+4NH_3 \rightleftharpoons [Cu(NH_3)_4]^{2+}$$

测量电压,观察有何变化。

再于 ZnSO$_4$ 溶液中加入浓氨水至生成的沉淀完全溶解为止:

$$Zn^{2+}+4NH_3 \rightleftharpoons [Zn(NH_3)_4]^{2+}$$

测量电压,观察又有什么变化。利用 Nernst 方程式来解释实验现象。

（2）自行设计并测定下列浓差电池电动势,将实验值与计算值比较。

$$Cu|CuSO_4(0.01 \ mol·L^{-1}) \parallel CuSO_4(1 \ mol·L^{-1})|Cu$$

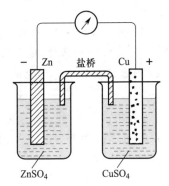

图 9-2　Cu-Zn 原电池

在浓差电池的两极各连一个回形针,然后在表面皿上放一小块滤纸,滴加 1 mol·L^{-1}Na$_2$SO$_4$ 溶液,使滤纸完全湿润,再加入 2 滴酚酞。将两极的回形针压在纸上,使其相距约 1 mm,稍等片刻,观察所压处,哪一端出现红色。

[思考题]

1. 利用浓差电池作电源电解 Na$_2$SO$_4$ 水溶液实质是什么物质被电解?使酚酞出现红色的一极是什么极?为什么?

2. 酸度对 Cl$_2$/Cl$^-$、Br$_2$/Br$^-$、I$_2$/I$^-$、Fe^{3+}/Fe^{2+}、Cu^{2+}/Cu、Zn^{2+}/Zn 电对的电极电势有无影响?为什么?

三、酸度和浓度对氧化还原反应的影响

1. 酸度的影响

（1）在 3 支均盛有 0.5 mL 0.1 mol·L^{-1}Na$_2$SO$_3$ 溶液的试管中,分别加入 0.5 mL 1 mol·L^{-1}H$_2$SO$_4$ 溶液及 0.5 mL 蒸馏水和 0.5 mL 6 mol·L^{-1}NaOH 溶液,混合均匀后,再各滴入 2 滴 0.01 mol·L^{-1}KMnO$_4$ 溶液,观察颜色的变化有何不同,写出反应式。

（2）在试管中加入 0.5 mL 0.1 mol·L^{-1}KI 溶液和 2 滴 0.1 mol·L^{-1}KIO$_3$ 溶液,再加几滴淀粉溶液,混合后观察溶液颜色有无变化。然后加 2~3 滴 1 mol·L^{-1}H$_2$SO$_4$ 溶液酸化混合液,观察有什么变化,最后滴加 2~3 滴 6 mol·L^{-1}NaOH 溶液使混合液显碱性,又有什么变化。写出有关反应式。

2. 浓度的影响

（1）往盛有 H$_2$O、CCl$_4$ 和 0.1 mol·L^{-1}Fe$_2$(SO$_4$)$_3$ 溶液各 0.5 mL 的试管中加入 0.5 mL

$0.1\ mol \cdot L^{-1}KI$ 溶液,振荡后观察 CCl_4 层的颜色。

（2）往盛有 CCl_4、$1\ mol \cdot L^{-1}FeSO_4$ 溶液和 $0.1\ mol \cdot L^{-1}\ Fe_2(SO_4)_3$ 溶液各 $0.5\ mL$ 的试管中,加入 $0.5\ mL\ 0.1\ mol \cdot L^{-1}KI$ 溶液,振荡后观察 CCl_4 层的颜色。与上一实验中 CCl_4 层颜色有何区别?

（3）在实验（1）的试管中,加入少许 NH_4F 固体,振荡,观察 CCl_4 层颜色的变化。

说明浓度对氧化还原反应的影响。

四、酸度对氧化还原反应速率的影响

在两支各盛 $0.5\ mL\ 0.1\ mol \cdot L^{-1}KBr$ 溶液的试管中,分别加入 $0.5\ mL\ 1\ mol \cdot L^{-1}\ H_2SO_4$ 溶液和 $6\ mol \cdot L^{-1}HAc$ 溶液,然后各加入 2 滴 $0.01\ mol \cdot L^{-1}\ KMnO_4$ 溶液,观察两支试管中紫红色褪去的速度。分别写出有关反应方程式。

[思考题]

这个实验是否说明 $KMnO_4$ 溶液在酸度较高时,氧化性较强,为什么?

五、氧化数居中的物质的氧化还原性

（1）在试管中加入 $0.5\ mL\ 0.1\ mol \cdot L^{-1}KI$ 溶液和 $2 \sim 3$ 滴 $1\ mol \cdot L^{-1}H_2SO_4$ 溶液,再加入 $1 \sim 2$ 滴 $3\%\ H_2O_2$ 溶液,观察试管中溶液颜色的变化。

（2）在试管中加入 2 滴 $0.01\ mol \cdot L^{-1}\ KMnO_4$ 溶液,再加入 3 滴 $1\ mol \cdot L^{-1}H_2SO_4$ 溶液,摇匀后滴加 2 滴 $3\%\ H_2O_2$ 溶液,观察溶液颜色的变化。

[思考题]

为什么 H_2O_2 既具有氧化性,又具有还原性?试从电极电势予以说明。

[实验习题]

1. 从实验结果讨论氧化还原反应和哪些因素有关。
2. 电解硫酸钠溶液为什么得不到金属钠?
3. 什么叫浓差电池?写出实验二（2）电池符号、电池反应式,并计算电池电动势。
4. 介质对 $KMnO_4$ 的氧化性有何影响?用本实验事实及电极电势予以说明。

[附注]

1. 盐桥的制法

称取 1 g 琼脂,放在 100 mL KCl 饱和溶液中浸泡一会儿,在不断搅拌下,加热煮成糊状,趁热倒入 U 形玻璃管中（管内不能留有气泡,否则会增加电阻）,冷却即成。

更为简便的方法可用 KCl 饱和溶液装满 U 形玻璃管,两管口以小棉花球塞住（管内不留有气泡）,作为盐桥使用。实验中还可用素烧瓷筒用作盐桥。

2. 电极的处理

电极的锌片、铜片要用砂纸擦干净,以免增大电阻。

实验十六　磺基水杨酸合铁(Ⅲ)配合物的组成及其稳定常数的测定

[实验目的]

1. 了解光度法测定配合物的组成及其稳定常数的原理和方法。
2. 测定 pH<2.5 时磺基水杨酸铁的组成及其稳定常数。
3. 学习分光光度计的使用。

磺基水杨酸 $\left(HO-\overset{\text{COOH}}{\underset{}{\bigcirc}}-SO_3H,\text{简式为 } H_3R \right)$ 与 Fe^{3+} 可以形成稳定的配合物,因溶液 pH 的不同,形成配合物的组成也不同。本实验将测定 pH<2.5 时所形成红褐色的磺基水杨酸合铁(Ⅲ)配离子的组成及其稳定常数。

测定配合物的组成常用光度法,其基本原理如下。

当一束波长一定的单色光通过有色溶液时,一部分光被溶液吸收,一部分光透过溶液。

对光的被溶液吸收和透过程度,通常有两种表示方法:

一种是用透光率 T 表示,即透过光的强度 I_t 与入射光的强度 I_0 之比:

$$T = \frac{I_t}{I_0}$$

另一种是用吸光度 A(又称消光度,光密度)来表示,它是取透光率的负对数:

$$A = -\lg T = \lg \frac{I_0}{I_t}$$

A 值大表示光被有色溶液吸收的程度大,反之 A 值小,光被溶液吸收的程度小。

实验结果证明:有色溶液对光的吸收程度与溶液的浓度 c 和光穿过的液层厚度 d 的乘积成正比。这一规律称朗伯-比尔定律:

$$A = \varepsilon c d$$

式中,ε 是摩尔吸光系数(或摩尔消光系数)。当波长一定时,它是有色物质的一个特征常数。

由于所测溶液中,磺基水杨酸是无色的,Fe^{3+} 溶液的浓度很稀,也可认为是无色的,只有磺基水杨酸铁配离子(MR_n)是有色的。因此,溶液的吸光度只与配离子的浓度成正比。通过对溶液吸光度的测定,可以求出该配离子的组成。

下面介绍一种常用的测定方法。

等摩尔系列法:即用一定波长的单色光,测定一系列组分变化的溶液的吸光度(中心离子 M 和配体 R 的总物质的量保持不变,而 M 和 R 的摩尔分数连续变化)。显然,在这一系列溶液中,有一些溶液的金属离子是过量的,而另一些溶液配体也是过量的;在这两部分溶液中,配离子的浓度都不可能达到最大值;只有当溶液中金属离子与配体的摩尔比与配离子的组成一致时,配离子的浓度才能最大。由于中心离子和配体对光几乎不吸收,所以配离子的浓度越大,溶液的吸光度也越大,总的说来就是在特定波长下,测定一系列的 $[R]/([M]+[R])$ 组成溶液的吸光度 A,作 $A-[R]/([M]+[R])$ 的曲线图,则曲线必然存在着极大值,而极大值所对应的溶液组成就是配合物的组成,如图 9-3 所示。

但是当金属离子 M 和/或配体 R 实际对光存在着一定程度的吸收时,所观察到的吸光度 A 就并不完全由配合物 MR_n 的吸收所引起,此时需要加以校正,其校正的方法如下。

分别测定单纯金属离子和单纯配离子溶液的吸光度 M 和 N。在 $A'-[R]/([M]+[R])$ 的曲线图上,过 $[R]/([M]+[R])$ 等于 0 和 1.0 的两点作直线 MN,则直线上所表示的不同组成的吸光度数值,可以认为是由于 $[M]$ 及 $[R]$ 的吸收所引起的。因此,校正后的吸光度 A' 应等于曲线上的吸光度数值减去相应组成

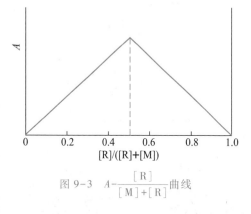

图 9-3 $A-\dfrac{[R]}{[M]+[R]}$ 曲线

下直线上的吸光度数值,即 $A'=A-A_0$,如图 9-4 所示。最后作 $A'-[R]/([M]+[R])$ 的曲线,该曲线极大值所对应的组成才是配合物的实际组成,如图 9-5 所示。

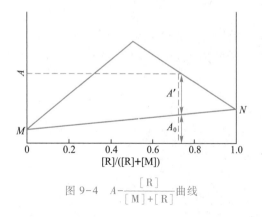

图 9-4 $A-\dfrac{[R]}{[M]+[R]}$ 曲线

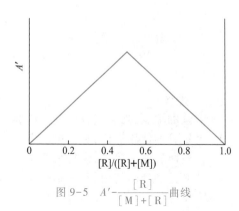

图 9-5 $A'-\dfrac{[R]}{[M]+[R]}$ 曲线

设 $x_{(R)}$ 为曲线极大值所对应的配体的摩尔分数:

$$x_{(R)}=\frac{[R]}{[M]+[R]}$$

则配合物的配位数为

$$n=\frac{[R]}{[M]}=\frac{x_{(R)}}{1-x_{(R)}}$$

由图 9-6 可看出,最大吸光度 A 点可认为是 M 和 R 全部形成配合物时的吸光度,其值为 A_1。由于配离子有一部分解离,其浓度要稍小一些,所以实验测得的最大吸光度在 B 点,其值为 A_2,因此配离子的解离度 α 可表示为

$$\alpha = \frac{A_1 - A_2}{A_1}$$

对于 1∶1 组成配合物,根据下面关系式即可导出稳定常数 K。

$$M + R \Longrightarrow MR$$

平衡浓度 $\quad c\alpha \quad c\alpha \qquad c - c\alpha$

$$K = \frac{[MR]}{[M][R]} = \frac{1-\alpha}{c\alpha^2}$$

式中,c 是相应于 A 点的金属离子浓度。

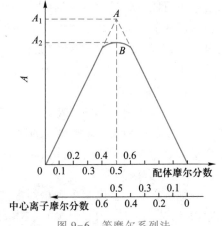

图 9-6 等摩尔系列法

[思考题]

1. 用等摩尔系列法测定配合物组成时,为什么说溶液中金属离子与配体的摩尔比正好与配离子组成相同时,配离子的浓度最大?

2. 用吸光度对配体的体积分数作图是否可求得配合物的组成?

[实验用品]

仪器:721 型分光光度计、烧杯、容量瓶(100 mL)、吸量管(10 mL)、锥形瓶(150 mL)

液体药品:$HClO_4$ 溶液(0.01 mol·L^{-1})、磺基水杨酸溶液(0.010 0 mol·L^{-1})、Fe^{3+} 溶液(0.010 0 mol·L^{-1})

[基本操作]

1. 溶液的配制,参见实验三有关内容。

2. 吸量管的使用操作,参见第四章二。

3. 容量瓶的使用操作,参见第四章二。

4. 分光光度计的使用,参见第七章三。

[实验内容]

一、配制系列溶液

(1) 配制 0.001 0 mol·L^{-1} Fe^{3+} 溶液。准确吸取 10.0 mL 0.010 0 mol·L^{-1} Fe^{3+} 溶液,加入 100 mL 容量瓶中,用 0.01 mol·L^{-1} $HClO_4$ 溶液稀释至刻度,摇匀备用。

同法配制 0.001 0 mol·L^{-1} 磺基水杨酸溶液。

(2) 用三支 10 mL 吸量管按下表列出的体积,分别吸取 0.01 mol·L^{-1} $HClO_4$ 溶液、0.001 0 mol·L^{-1} Fe^{3+} 溶液和 0.001 0 mol·L^{-1} 磺基水杨酸溶液,一一注入 11 只 50 mL 锥形瓶中,摇匀。

[思考题]

1. 在测定中为什么要加高氯酸,且高氯酸浓度比 Fe^{3+} 浓度大 10 倍?

2. 若 Fe^{3+} 浓度和磺基水杨酸的浓度不恰好都是 0.010 0 mol·L^{-1},如何计算 H_3R 的摩尔分数?

二、测定系列溶液的吸光度

用分光光度计(波长为 500 nm 的光源)测系列溶液的吸光度。将测得的数据记入下表。

序号	$HClO_4$ 溶液的体积 mL	Fe^{3+} 溶液的体积 mL	H_3R 溶液的体积 mL	H_3R 摩尔分数 %	吸光度
1	10.0	10.0	0.0		
2	10.0	9.0	1.0		
3	10.0	8.0	2.0		
4	10.0	7.0	3.0		
5	10.0	6.0	4.0		
6	10.0	5.0	5.0		
7	10.0	4.0	6.0		
8	10.0	3.0	7.0		
9	10.0	2.0	8.0		
10	10.0	1.0	9.0		
11	10.0	0.0	10.0		

以吸光度对磺基水杨酸的分数作图,从图中找出最大吸收峰,求出配合物的组成和稳定常数。

[实验习题]

1. 在测定吸光度时,如果温度变化较大,对测得的稳定常数有何影响?

2. 实验中,每个溶液的 pH 是否一样? 如不一样对结果有何影响?

3. 使用分光光度计要注意哪些操作?

[附注]

1. 药品的配制

高氯酸溶液($0.01 \ mol \cdot L^{-1}$):将 4.4 mL 70% $HClO_4$ 加入 50 mL 水中,再稀释到 5 000 mL。

Fe^{3+} 溶液($0.010 \ 0 \ mol \cdot L^{-1}$):将 4.82 g 分析纯硫酸铁铵$(NH_4)Fe(SO_4)_2 \cdot 12H_2O$ 晶体溶于 1 L 0.01 mol·L^{-1}高氯酸溶液配制而成。

磺基水杨酸溶液($0.010 \ 0 \ mol \cdot L^{-1}$):将 2.54 g 分析纯磺基水杨酸溶于 1 L 0.01 mol·L^{-1}高氯酸溶液配制而成。

2. 本实验测得的是表观稳定常数,如欲得到热力学稳定常数,还需要控制测定时的温度、溶液的离子强度以及配体在实验条件下的存在状态等因素。

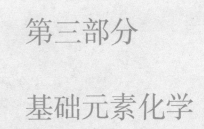

第三部分

基础元素化学

第十章　p区非金属元素

p区非金属元素的价电子构型为 $ns^2np^{1\sim6}$,包括硼族、碳族、氮族、氧族、卤素及稀有气体6族中的共22种元素。

p区非金属元素的价电子在原子最外层的 $nsnp$ 轨道上。这些元素在元素周期表中,同一周期的元素随着价电子数的增多,其得电子能力增强,故从左到右随着原子序数的增加,非金属性逐渐增强;同族元素,从上至下,得电子能力依次减弱,非金属性逐渐减弱。

一、卤素

卤素的价电子构型为 ns^2np^5,是典型的非金属元素。除负一价的卤离子 X^- 外,卤素的其他任何价态均有较强的氧化性。卤素单质在常温下都以双原子分子存在,它们都是强氧化剂,能发生氧化还原、歧化等反应。卤素单质的氧化性顺序是 $F_2 \gg Cl_2 > Br_2 > I_2$,卤离子的还原能力顺序为 $I^- > Br^- > Cl^- > F^-$。

卤素单质 X_2 在碱液中发生歧化,既可生成 X^- 和 XO^-,也可生成 X^- 和 XO_3^-。卤素单质歧化反应的产物主要由卤素的本性、碱的浓度和反应的温度所决定,以氯为例:

$$Cl_2 + 2OH^- (稀) \xrightarrow{\text{冷水}} Cl^- + ClO^- + H_2O$$

$$3Cl_2 + 6OH^- (浓) \xrightarrow[\triangle]{348\ K} 5Cl^- + ClO_3^- + 3H_2O$$

除氟以外,卤素(Cl、Br、I)能形成四种不同氧化态的含氧酸(次酸、亚酸、正酸、高酸)。这些含氧酸及其盐的性质呈现明显的规律性。再以氯的含氧酸的水溶液为例,总结如下:

二、氧和硫

氧族元素位于元素周期表中ⅥA族,其价电子构型为 ns^2np^4。其中氧和硫为典型的非金属元素,硒和碲为准金属元素,钋(Po)和鉝(Lv)为放射元素。

氧元素能以 0、-1 和 -2 氧化数存在。H_2O_2 是氧化数为 -1 的典型化合物,是一种淡蓝色的黏稠液体,通常所用的 H_2O_2 溶液为含 H_2O_2 3% 或 30% 的水溶液。

H_2O_2 不稳定,易分解放出 O_2。光照、受热、增大溶液碱度或存在痕量重金属物质(如 Cu^{2+}、MnO_2 等)都会加速 H_2O_2 的分解:

$$2H_2O_2 \rlap{=\!=} 2H_2O+O_2$$

H_2O_2 中氧的氧化态居中,所以 H_2O_2 既有氧化性又有还原性。

在酸性溶液中,H_2O_2 能与 $Cr_2O_7^{2-}$ 发生过氧根转移反应,生成深蓝色的 $CrO(O_2)_2$。$CrO(O_2)_2$ 不稳定,在水溶液中与 H_2O_2 进一步反应生成 Cr^{3+},蓝色消失:

$$4H_2O_2+Cr_2O_7^{2-}+2H^+ \rlap{=\!=} 2CrO(O_2)_2+5H_2O$$

$$2CrO(O_2)_2+7H_2O_2+6H^+ \rlap{=\!=} 2Cr^{3+}+7O_2\uparrow+10H_2O$$

由于 $CrO(O_2)_2$ 能与某些有机溶剂如乙醚、戊醇等形成较稳定的蓝色配合物,故此反应常用来鉴定 H_2O_2。

硫元素能形成 -2、0、$+1$、$+2$、$+3$、$+4$、$+5$、$+6$ 氧化数的化合物,其中最低价态化合物(H_2S、S^{2-})具有强还原性,而最高价态化合物(浓 H_2SO_4、$H_2S_2O_8$ 及其盐)具有强氧化性。例如:

$$2H_2S+O_2 \rlap{=\!=} 2S\downarrow+2H_2O$$

$$5S_2O_8^{2-}+2Mn^{2+}+8H_2O \xrightarrow{Ag^+} 2MnO_4^-+10SO_4^{2-}+16H^+$$

氧化数为 $+6 \sim -2$ 之间的含硫化合物既有氧化性又有还原性,但以还原性为主。对于硫代硫酸根,其氧化产物随氧化剂的变化而不同。例如:

$$2S_2O_3^{2-}+I_2 \rlap{=\!=} S_4O_6^{2-}+2I^-$$

$$S_2O_3^{2-}+4Cl_2+5H_2O \rlap{=\!=} 2SO_4^{2-}+8Cl^-+10H^+$$

在水溶液中不存在 $H_2S_2O_3$ 和 H_2SO_3,而只存在 $S_2O_3^{2-}$ 和 SO_3^{2-} 的盐溶液。这些盐溶液遇酸则分解:

$$S_2O_3^{2-}+2H^+ \rlap{=\!=} SO_2\uparrow+S\downarrow+H_2O$$

与大多数反应一样,$S_2O_3^{2-}$ 与 Ag^+ 反应的产物和现象与两者的物质的量的比例有关。当 Ag^+ 过量时,Ag^+ 与 $S_2O_3^{2-}$ 生成白色沉淀 $Ag_2S_2O_3$。白色沉淀逐渐分解产生黑色的 Ag_2S,观察到沉淀颜色从白→黄→棕→黑的变化,可用来鉴定 $S_2O_3^{2-}$。当 $S_2O_3^{2-}$ 过量时,会生成无色的 $Ag(S_2O_3)_2^{3-}$ 配离子:

$$S_2O_3^{2-}+2Ag^+ \rlap{=\!=} Ag_2S_2O_3\downarrow(白)$$

$$Ag_2S_2O_3+H_2O \rlap{=\!=} H_2SO_4+Ag_2S\downarrow(黑)$$

$$Ag_2S_2O_3+3S_2O_3^{2-} \rlap{=\!=} 2Ag(S_2O_3)_2^{3-}$$

大多数金属硫化物溶解度小,且具有特征的颜色。因此可利用金属硫化物的沉淀条件和溶解度的不同分离和鉴定不同的金属离子。

三、氮和磷

氮、磷位于元素周期表中VA族,其价电子构型为 ns^2np^3,其中氮元素可以形成氧化数为 $-3 \sim +5$ 的化合物。本章主要学习 -3、$+3$、$+5$ 氧化数的化合物。

铵盐是 -3 氧化数氮元素的常见存在形式,其水溶液具有弱酸性。铵盐加热易分解,其分解产物与温度和阴离子的碱性、氧化性及其对应酸的挥发性有关。

亚硝酸及其盐是 $+3$ 氧化数氮元素的常见存在形式,其既具有氧化性又具有还原性。亚硝酸是一种弱酸,且极不稳定,常温下发生歧化分解:

$$2HNO_2 \rlap{=\!=} NO_2\uparrow+NO\uparrow+H_2O$$

硝酸具有氧化性,其主要还原产物与其浓度以及还原剂的还原性有关。硝酸盐稳定,其水溶液氧化性弱,高温时受热分解,分解产物与金属活泼性顺序有关。

磷酸为非氧化性的三元中强酸,分子间易脱水缩合而成环状或链状的多磷酸,如偏磷酸、焦磷酸等,这些酸根对金属离子有很强的配位能力,故可用于金属离子的掩蔽剂、软水剂、去垢剂等。与磷酸的分级解离相对应,有多种磷酸盐,且易溶的磷酸盐发生分级水解。在难溶的磷酸盐中,正盐的溶解度最小。

四、硅和硼

硅酸的种类很多,具有一定稳定性并能独立存在的有原硅酸、硅酸等。H_2SiO_3 是一种几乎不溶于水的二元弱酸,由于硅酸易发生缩合作用,所以硅酸从水溶液中析出时一般呈凝胶状,烘干、脱水后得到干燥剂——硅胶。可溶硅酸盐的水溶液呈碱性,易与金属盐产生颜色不同的硅酸盐沉淀。

硼是ⅢA族非金属元素,价电子构型为 $2s^2 2p^1$,其价电子数少于其价层轨道数,故硼的化学性质主要表现在缺电子性质上。

硼酸是一元弱酸,它在水溶液中不释放 H^+,而是接受来自 H_2O 的 OH^- 上的孤对电子,促使 H_2O 的解离释放 H^+,是一个典型的路易斯酸:

$$H_3BO_3 + H_2O \rightleftharpoons H^+ + [B(OH)_4]^-$$

向硼酸溶液中加入多羟基化合物(如甘油),由于生成了比 $[B(OH)_4]^-$ 更稳定的配离子,上述平衡右移,从而增强硼酸的酸性。

在浓 H_2SO_4 存在下,硼酸能与醇(如甲醇、乙醇)发生酯化反应生成硼酸酯,该硼酸酯燃烧呈特有的绿色火焰。此性质用于鉴别硼酸根。

硼酸可缩合为链状或环状的多硼酸。常见的多硼酸是四硼酸,其盐为硼砂。硼砂、B_2O_3、H_3BO_3 在熔融状态均能溶解一些金属氧化物,并依金属的不同而显示特征的颜色。例如:

$$3Na_2B_4O_7 + Cr_2O_3 \Longrightarrow 6NaBO_2 \cdot 2Cr(BO_2)_3 (绿色)$$
$$CoO + B_2O_3 \Longrightarrow Co(BO_2)_2 (蓝色)$$

实验十七　p区非金属元素(一)(卤素、氧、硫)

[实验目的]

1. 学习氯气、次氯酸盐、氯酸盐的制备方法。
2. 掌握卤素含氧酸氧化性的强弱及其负离子的还原性。
3. 掌握 H_2O_2 的重要性质。
4. 掌握不同氧化态硫的化合物的主要性质。
5. 学习掌握金属硫化物的难溶性及溶解性差异。

[实验用品]

仪器:铁架台、石棉网、蒸馏烧瓶、分液漏斗(或等压滴液漏斗)、烧杯、大试管、滴管、试管、表面皿、离心机、酒精灯、锥形瓶、温度计、离心试管

固体药品:烘干过的二氧化锰(或高锰酸钾)、过二硫酸钾

液体药品:HCl 溶液(浓、6 mol·L^{-1}、2 mol·L^{-1})、H_2SO_4 溶液(浓、3 mol·L^{-1}、1 mol·L^{-1})、HNO_3 溶液(浓)、NaOH 溶液(2 mol·L^{-1})、KOH 溶液(30%)、NaCl 溶液(饱和)、KI 溶液(0.2 mol·L^{-1})、KBr 溶液(0.2 mol·L^{-1})、$KMnO_4$ 溶液(0.2 mol·L^{-1})、$K_2Cr_2O_7$ 溶液(0.5 mol·L^{-1})、Na_2S 溶液(0.2 mol·L^{-1})、$Na_2S_2O_3$ 溶液(0.2 mol·L^{-1})、Na_2SO_3 溶液(0.5 mol·L^{-1})、$CuSO_4$ 溶液(0.2 mol·L^{-1})、$MnSO_4$ 溶液(0.2 mol·L^{-1}、0.002 mol·L^{-1})、$Pb(NO_3)_2$ 溶液(0.2 mol·L^{-1})、$AgNO_3$ 溶液(0.2 mol·L^{-1})、H_2O_2 溶液(3%)、氯水、溴水、碘水、CCl_4、乙醚、品红溶液、硫代乙酰胺溶液(0.1 mol·L^{-1})

材料:玻璃管、橡胶管、棉花、冰、pH 试纸、滤纸、淀粉-KI 试纸

[基本操作]

1. 气体的发生和收集,参见第五章一、二。
2. 离心分离,参见第六章一。

[实验内容]

卤素的实验可按下述常量实验或微型实验(见附注)之一的步骤进行。

一、氯酸钾和次氯酸钠的制备

实验装置见图 10-1(本实验必须在通风橱中进行)。蒸馏烧瓶中放入 15 g 二氧化锰,分液漏斗中加入 30 mL 浓盐酸;A 管中加入 15 mL 饱和 NaCl 溶液,B 管中加入 30% KOH 溶液,B 管置于70~80 ℃的热水浴中;C 管中装有 15 mL 2 mol·L^{-1}NaOH 溶液,C 管置于冰水浴中;锥形瓶 D 中装有 2 mol·L^{-1}NaOH 溶液以吸收多余的氯气。锥形瓶口覆盖浸过硫代硫酸钠溶液的棉花。(起什么作用?)

检查装置的气密性,在确保系统严密后,旋开分液漏斗旋塞,点燃氯气发生器的酒精灯,让浓

盐酸缓慢而均匀地滴入蒸馏烧瓶中,反应生成的氯气均匀地通过 A、B、C 管。当 B 管中碱液呈黄色,进而出现大量小气泡,溶液由黄色转变为无色时,停止加热氯气发生器。待反应停止后,向蒸馏烧瓶中注入大量水,然后拆除装置。冷却 B 管中的溶液,析出氯酸钾晶体。过滤,用少量冷水洗涤晶体一次,用倾析法倾去溶液,将晶体移至表面皿上,用滤纸吸干。所得氯酸钾、C 管中的次氯酸钠溶液和 A 管中的氯水留作下面的实验用。

记录现象,写出蒸馏烧瓶、B 管、C 管中所发生的反应方程式。

制备实验必须要在通风橱中进行。

[思考题]

在本实验中如果没有二氧化锰,可改用哪些药品代替二氧化锰?

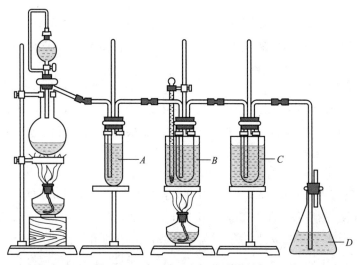

图 10-1 氯酸钾、次氯酸钠的制备

二、Cl₂、Br₂、I₂ 的氧化性及 Cl⁻、Br⁻、I⁻ 的还原性

用所给试剂设计实验,验证卤素单质的氧化性强弱顺序和卤离子的还原性强弱顺序。

根据实验现象写出反应方程式,查出有关的标准电极电势,说明卤素单质的氧化性强弱顺序和卤离子的还原性强弱顺序。

[思考题]

用淀粉-KI 试纸检验氯气时,试纸先呈蓝色,当在氯气中放置时间较长时,蓝色褪去。为什么?

三、卤素含氧酸盐的性质

1. 次氯酸钠的氧化性

取四支离心试管分别注入 4~5 滴前面制得的次氯酸钠溶液。

第一支离心试管中加入 2~3 滴 0.2 mol·L^{-1} KI 溶液，2 滴 1 mol·L^{-1} H$_2$SO$_4$ 溶液。

第二支离心试管中加入 2~3 滴 0.2 mol·L^{-1} MnSO$_4$ 溶液。

第三支离心试管中加入 2~3 滴浓盐酸。

第四支离心试管中加入 2 滴品红溶液。

观察以上实验现象，写出有关的反应方程式。

2. 氯酸钾的氧化性

取少量前面制得的氯酸钾晶体加水溶解配成 KClO$_3$ 溶液。向 4~5 滴 0.2 mol·L^{-1} KI 溶液中滴入几滴自制的 KClO$_3$ 溶液，观察有何现象。再用 3 mol·L^{-1} H$_2$SO$_4$ 溶液酸化，观察溶液颜色的变化，继续往该溶液中滴加 KClO$_3$ 溶液，又有何变化，解释实验现象，写出相应的反应方程式。

根据实验，总结氯元素含氧酸盐的性质。

四、H$_2$O$_2$ 的性质

1. 设计实验

用 3% H$_2$O$_2$ 溶液、0.2 mol·L^{-1} Pb（NO$_3$）$_2$ 溶液、0.2 mol·L^{-1} KMnO$_4$ 溶液、0.1 mol·L^{-1} 硫代乙酰胺溶液、3 mol·L^{-1} H$_2$SO$_4$ 溶液、0.2 mol·L^{-1} KI 溶液、MnO$_2$(s)设计一组实验，验证 H$_2$O$_2$ 的分解和氧化还原性。

2. H$_2$O$_2$ 的鉴定反应

在离心试管中加入 2~3 滴 3% H$_2$O$_2$ 溶液、1 mL 乙醚、10 滴 1 mol·L^{-1} H$_2$SO$_4$ 溶液和 1~2 滴 0.5 mol·L^{-1} K$_2$Cr$_2$O$_7$ 溶液，振荡试管，观察溶液和乙醚层的颜色有何变化。

五、硫的化合物的性质

1. 硫化物的溶解性

取 3 支离心试管分别加入 0.2 mol·L^{-1} MnSO$_4$ 溶液、0.2 mol·L^{-1} Pb(NO$_3$)$_2$ 溶液、0.2 mol·L^{-1} CuSO$_4$ 溶液各 2~3 滴，然后各滴加 0.2 mol·L^{-1} Na$_2$S 溶液，观察现象。离心分离，弃去溶液，洗涤沉淀。试验这些沉淀在 2 mol·L^{-1} 盐酸、浓盐酸和浓硝酸中的溶解情况。

根据实验结果，对金属硫化物的溶解情况做出结论，写出有关的反应方程式。

2. 亚硫酸盐的性质

往离心试管中加入 0.5 mL 0.5 mol·L^{-1} Na$_2$SO$_3$ 溶液，用 3 mol·L^{-1} H$_2$SO$_4$ 溶液酸化，观察有无气体产生。用润湿的 pH 试纸移近管口，有何现象？然后将溶液分为两份，一份滴加 0.1 mol·L^{-1} 硫代乙酰胺溶液，另一份滴加 0.5 mol·L^{-1} K$_2$Cr$_2$O$_7$ 溶液，观察现象，说明亚硫酸盐具有什么性质，写出有关的反应方程式。

[思考题]

长久放置的硫化氢、硫化钠、亚硫酸钠水溶液会发生什么变化？如何判断变化情况？

3. 硫代硫酸盐的性质

用氯水、碘水、0.2 mol·L^{-1} Na$_2$S$_2$O$_3$ 溶液、3 mol·L^{-1} H$_2$SO$_4$ 溶液、0.2 mol·L^{-1} AgNO$_3$ 溶液设计实验验证：

① Na$_2$S$_2$O$_3$ 在酸中的不稳定性；

② $Na_2S_2O_3$ 的还原性和氧化剂强弱对 $Na_2S_2O_3$ 还原产物的影响;

③ $Na_2S_2O_3$ 的配位性质;

④ $Na_2S_2O_3$ 的鉴定反应。

由以上实验总结硫代硫酸盐的性质,写出反应方程式。

4. 过二硫酸盐的氧化性

在试管中加入 3 mL 1 mol·L^{-1} H_2SO_4 溶液、3 mL 蒸馏水、3 滴 0.002 mol·L^{-1} $MnSO_4$ 溶液,混合均匀后分为两份。

在第一份中加入少量过二硫酸钾固体。第二份中加入 1 滴 0.2 mol·L^{-1} $AgNO_3$ 溶液和少量过二硫酸钾固体。将两支试管同时放入同一热水浴中加热,溶液的颜色有何变化?写出反应方程式。

比较以上实验结果并解释之。

[实验习题]

1. 氯能从含碘离子的溶液中取代碘,碘又能从氯酸钾溶液中取代氯,这两个反应有无矛盾?为什么?

2. 根据实验结果比较:

① $S_2O_8^{2-}$ 与 MnO_4^- 氧化性的强弱;

② $S_2O_3^{2-}$ 与 I^- 还原性的强弱。

3. 硫代硫酸钠溶液与硝酸银溶液反应时,为何有时生成硫化银沉淀,有时又生成 $Ag(S_2O_3)_2^{3-}$ 配离子?

4. 如何区别:

① 次氯酸钠和氯酸钠;

② 三种酸性气体:氯化氢、二氧化硫、硫化氢;

③ 硫酸钠、亚硫酸钠、硫代硫酸钠、硫化钠。

5. 设计一张硫的各种氧化态转化关系图。

[附注一]

微型实验

[仪器用品]

多用滴管(4 mL)4 支、微型支管试管(4 mL)2 支、增容 U 形反应管(10 mL)2 支、双 U 形反应管(4 mL)1 支

[实验内容]

1. 氯气,氯酸钾,次氯酸钠的制取及氯气的性质

(1) 微型实验装置如图 10-2 所示摆放在仪器架中,用乳胶管相连。

(2) 检查装置的气密性 按照图 10-2 的标示装入试剂,再将仪器连接好。用酒精灯微热微型支管试管 2,如装置不漏气,微型支管试管内的气体受热膨胀,可看到微型支管试管 3 导气管中的液面下降,双 U 形反应管 6 和 7 的液面波动。

(3) 操作 按捏多用滴管 1,滴加浓盐酸,控制氯气产生的速率,保持微型支管试管 3 中气泡产生速率为每秒 1~2 个。

(4) 注意观察双 U 形反应管中溶液的颜色发生了几次变化,说明原因,写出反应方程式。

(5) 看到双 U 形反应管的最后一个 U 形反应管中的溶液变色了,即停止滴加浓盐酸,停止反应,断开 3 和 4 间的乳胶管,用自由夹夹紧 3、4 连接的乳胶管。将装置 1、2 和 3 移到通风橱中。并将 3 的乳胶管插入装有 KOH 溶液的烧杯中。将装有浓 KOH 溶液的增容 U 形反应管放入冷水中。观察析出晶体氯酸钾。

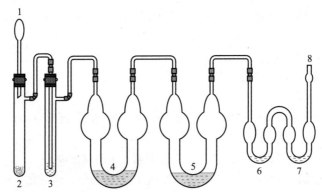

图 10-2　制取氯气、氯酸钾、次氯酸钠和检验氯气性质的微型实验装置

1—多用滴管中装有 5 mL 浓盐酸;2—微型支管试管中装有 0.8 g MnO_2(或 1.5 g $KMnO_4$);3—微型支管试管中装 2~
3 mL 饱和 NaCl 溶液;4—增容 U 形反应管中装有少量 30% KOH 溶液并置于 70~80 ℃ 的热水浴中;5—增容 U 形反应
管中装有少量 2 mol·L^{-1}NaOH 溶液并置于冰水浴中;6~7—双 U 形反应管中分别装有 0.1 mol·L^{-1}淀粉-KI 和 KBr
溶液;8—反应系统尾气出口用浸有 $Na_2S_2O_3$ 溶液(0.5 mol·L^{-1})的棉花轻轻覆盖住

(6)将氯酸钾固体和次氯酸钠溶液转移至小烧杯中,待后续性质实验使用。

[思考题]

　　如果实验室没有高锰酸钾,可改用哪些试剂代替? 举出三例。

2. 次氯酸钠和氯酸钾的氧化性及碘酸钾的氧化性

(1)次氯酸钠的性质　在 4 支离心试管中,按表 10-1 要求分别滴加 2 滴反应物。再用 1 支多用滴管分别
向各离心试管滴加 2 滴自制的 NaClO 溶液。观察现象,写出反应方程式。

表 10-1　次氯酸钠的性质

离心试管	与 NaClO 作用的反应物	现　　象	反应式
1	浓盐酸(扇闻气味,并以淀粉-KI 试纸检验)		
2	0.1 mol·L^{-1} $MnSO_4$ 溶液		
3	1 滴靛蓝溶液,2 滴 1 mol·L^{-1} H_2SO_4 溶液		
4	2 滴 0.1 mol·L^{-1} KI 溶液,2 滴 2 mol·L^{-1} H_2SO_4 溶液		

(2)氯酸钾的氧化性　在 3 支离心试管中,按表 10-2 要求分别滴加 2 滴反应物。再用 2 支多用滴管分别
向各离心试管滴加 2 滴自制的 $KClO_3$ 溶液。观察现象,写出反应方程式。

表 10-2　氯酸钾的性质

离心试管	与 $KClO_3$ 作用的反应物	现　　象	反应式
1	浓盐酸(扇闻气味,并以淀粉-KI 试纸检验)		
2	2 滴 0.1 mol·L^{-1} KI 溶液		
3	2 滴 0.1 mol·L^{-1} KI 溶液,2 滴 2 mol·L^{-1} H_2SO_4 溶液		

（3）碘酸钾的氧化性　在 2 支离心试管中，按表 10-3 要求分别滴加反应物。再用 1 支多用滴管分别向各离心试管滴加 2 滴饱和的 KIO_3 溶液。观察现象，写出反应方程式。

表 10-3　碘酸钾的氧化性

离心试管	与 KIO_3 作用的反应物	现　象	反 应 式
1	2 滴 2 mol·L^{-1} H_2SO_4 溶液和淀粉溶液，再滴入 2 滴 0.2 mol·L^{-1} $NaHSO_3$ 溶液		
2	2 滴 2 mol·L^{-1} H_2SO_4 溶液和淀粉溶液，再滴入 2 滴 0.2 mol·L^{-1} KI 溶液		

[附注二]

一、本实验及以后实验所用 H_2S 水溶液，可以用硫代乙酰胺代替。硫代乙酰胺是白色鳞片状结晶。它的水溶液相当稳定，常温时水解很慢。加热时，水解加快。在酸性或碱性溶液中，加热水解更易进行。水解方程式为

酸性溶液　$CH_3—C(S)—NH_2+H^++2H_2O \Longrightarrow CH_3—C(O)—OH+H_2S+NH_4^+$

碱性溶液　$CH_3—C(S)—NH_2+3OH^- \Longrightarrow CH_3—C(O)—O^-+S^{2-}+NH_3+H_2O$

可见，硫代乙酰胺在酸性溶液中可代替 H_2S，在碱性溶液中可代替 S^{2-}。硫代乙酰胺的水溶液只具有微弱的气味。在实验室里代替 H_2S 水溶液，可免去使用气体发生器产生的 H_2S 气体对师生身体健康带来的危害。这是使用硫代乙酰胺最优越的地方。

二、安全知识

氯气是剧毒、有刺激性气味的黄绿色气体，少量吸入人体会刺激鼻、喉部，引起咳嗽和喘息，大量吸入甚至会导致死亡。硫化氢是无色有腐蛋臭味的有毒气体，它主要是引起人体中枢神经系统中毒，产生头晕、头痛呕吐，严重时可引起昏迷、意识丧失，窒息而致死亡。二氧化硫是剧毒刺激性气体。在制备和使用这些有毒气体时，必须注意气密性好，收集尾气或者在通风橱内进行，并注意室内通风换气和废气的处理。

溴蒸气对气管、肺部、眼、鼻、喉都有强烈的刺激作用，凡涉及溴的实验都应在通风橱内进行。不慎吸入溴蒸气时，可吸入少量氨气和新鲜空气解毒。液溴具有强烈的腐蚀性，能灼伤皮肤。移取液溴时，需戴乳胶手套。溴水的腐蚀性较液溴弱，在取用时不允许直接倒而要使用滴管。如果不慎把溴水溅在皮肤上，应立即用水冲洗，再用碳酸氢钠溶液或稀硫代硫酸钠溶液冲洗。

氯酸钾是强氧化剂，与可燃物质接触、加热、摩擦或撞击容易引起燃烧和爆炸，因此绝不允许将它们混合保存。氯酸钾易分解，不宜大力研磨、烘干或烤干。实验时，应将撒落的氯酸钾及时清除干净，不要倒入废液缸中。

实验十八 p区非金属元素(二)(氮族、硅、硼)

[实验目的]

1. 试验并掌握不同氧化态氮的化合物的主要性质。
2. 试验磷酸盐的酸碱性和溶解性。
3. 掌握硅酸盐,硼酸及硼砂的主要性质。
4. 练习硼砂珠的有关实验操作。

[实验用品]

仪器:试管(10 mL)、烧杯(100 mL)、酒精灯、蒸发皿、离心试管

固体药品:氯化铵、硫酸铵、重铬酸铵、硝酸钠、硝酸铜、硝酸银、氯化钙、硝酸钴、硫酸铜、硫酸镍、硫酸锰、硫酸锌、硫酸亚铁、三氯化铁、三氯化铬、硼酸、硼砂、硫粉、锌片(粒)

液体药品:H_2SO_4 溶液(浓、3 mol·L^{-1}、1 mol·L^{-1})、HNO_3 溶液(浓、2 mol·L^{-1}、0.2 mol·L^{-1})、HCl 溶液(浓、6 mol·L^{-1}、2 mol·L^{-1})、NaOH 溶液(40%)、$NaNO_2$ 溶液(饱和、0.5 mol·L^{-1})、$KMnO_4$ 溶液(0.1 mol·L^{-1})、KI 溶液(0.1 mol·L^{-1})、H_3PO_4 溶液(0.1 mol·L^{-1})、$Na_4P_2O_7$ 溶液(0.1 mol·L^{-1})、Na_3PO_4 溶液(0.1 mol·L^{-1})、Na_2HPO_4 溶液(0.1 mol·L^{-1})、NaH_2PO_4 溶液(0.1 mol·L^{-1})、$AgNO_3$ 溶液(0.1 mol·L^{-1})、$CaCl_2$ 溶液(0.5 mol·L^{-1})、$NH_3·H_2O$ 溶液(2 mol·L^{-1})、Na_2SiO_3 溶液(20%)、硼砂溶液(饱和)、无水乙醇、甘油、NH_4Cl 溶液(饱和)、蛋白水溶液、HAc 溶液(2 mol·L^{-1})、$CuSO_4$ 溶液(0.2 mol·L^{-1})

材料:pH 试纸、冰、木条、铂丝(或镍铬丝)、石蕊试纸

[基本操作]

1. 试管操作,参见第三章三。
2. 硼砂珠试验,参见本文有关内容。

[实验内容]

一、铵盐的热分解

在一支干燥的硬质试管中放入约 1 g 氯化铵,用试管夹固定试管,使管口略向下、加热固体,并用润湿的 pH 试纸横放在管口,观察试纸颜色的变化。在试管壁上部有何现象发生?继续加热,试纸颜色有何变化?解释现象,写出反应方程式。

分别用硫酸铵和重铬酸铵代替氯化铵重复以上实验,观察并比较它们的热分解产物,写出反应方程式。

根据实验结果总结铵盐热分解产物与阴离子的关系。

二、亚硝酸和亚硝酸盐

1. 亚硝酸的生成和分解

将冰水中冷却了的 10 滴 3 mol·L^{-1} H_2SO_4 溶液注入在冰水中冷却的 10 滴饱和 $NaNO_2$ 溶液

中,观察反应情况和产物的颜色。将试管从冰水中取出,放置片刻,观察有何现象发生,写出相应的反应方程式。

2. 亚硝酸及其盐的氧化性和还原性

在离心试管中加入 1 滴 $0.1 \, mol \cdot L^{-1}$ KI 溶液和 1 滴饱和 $NaNO_2$ 溶液,有何现象?再滴加 $1 \, mol \cdot L^{-1} \, H_2SO_4$ 溶液,有何变化?如何检验产物?写出反应方程式。

用 $0.1 \, mol \cdot L^{-1} \, KMnO_4$ 溶液代替 KI 溶液重复上述实验,观察溶液的颜色有何变化,写出反应方程式。

总结亚硝酸及其盐的性质。

三、硝酸和硝酸盐

1. 硝酸的氧化性

(1)分别往 3 支各盛一粒锌粒的离心试管中加入 1 滴浓 HNO_3 溶液、3 滴 $2 \, mol \cdot L^{-1} \, HNO_3$ 溶液和 10 滴 $0.2 \, mol \cdot L^{-1} \, HNO_3$ 溶液,观察其反应速率和反应产物有何不同。如何检验产物?将 5 滴锌与 $0.2 \, mol \cdot L^{-1}$ 硝酸反应的溶液滴到一只表面皿上,再将润湿的红色石蕊试纸贴于另一只表面皿凹处。向装有溶液的表面皿中加 1 滴 40% 浓碱,迅速将贴有试纸的表面皿倒扣其上并且放在热水浴上加热。观察红色石蕊试纸是否变为蓝色。此法称为气室法检验 NH_4^+。

(2)在试管中放入少许硫粉,加入 0.5 mL 浓 HNO_3 溶液,水浴加热。观察有何气体产生。冷却,检验反应产物。

写出以上几个反应的方程式。

2. 硝酸盐的热分解

分别试验固体硝酸钠、硝酸铜、硝酸银的热分解,观察反应的情况和产物的颜色,检验反应生成的气体,写出反应方程式。

总结硝酸盐的热分解与阳离子的关系。

[思考题]

为什么一般情况下不用硝酸作为酸性反应介质?硝酸与金属反应和稀硫酸或稀盐酸与金属反应有何不同?

四、磷酸盐的性质

1. 酸碱性

(1)用 pH 试纸测定 $0.1 \, mol \cdot L^{-1} \, Na_3PO_4$ 溶液、Na_2HPO_4 溶液和 NaH_2PO_4 溶液的 pH。

(2)分别往三支离心试管中注入 2 滴 $0.1 \, mol \cdot L^{-1} \, Na_3PO_4$ 溶液、Na_2HPO_4 溶液和 NaH_2PO_4 溶液,再各滴加入 2 滴 $0.1 \, mol \cdot L^{-1} \, AgNO_3$ 溶液,是否有沉淀产生?试验溶液的酸碱性有无变化?解释之。写出有关的反应方程式。

[思考题]

NaH_2PO_4 显酸性,是否酸式盐溶液都呈酸性?为什么?举例说明?

2. 溶解性

分别取 0.1 mol·L^{-1} Na$_3$PO$_4$ 溶液、Na$_2$HPO$_4$ 溶液和 NaH$_2$PO$_4$ 溶液各 5 滴,加入等量的 0.5 mol·L^{-1} CaCl$_2$ 溶液,观察有何现象,用 pH 试纸测定它们的 pH。滴加 2 mol·L^{-1} 氨水,各有何变化? 再滴加 2 mol·L^{-1} 盐酸,又有何变化?

比较磷酸钙、磷酸氢钙、磷酸二氢钙的溶解性,说明它们之间相互转化的条件,写出反应方程式。

3. 配位性质

取 2 滴 0.2 mol·L^{-1} CuSO$_4$ 溶液,逐滴加入 0.1 mol·L^{-1} 焦磷酸钠溶液,观察沉淀的生成。继续滴加焦磷酸钠溶液,沉淀是否溶解? 写出相应的反应方程式。

五、硅酸与硅酸盐

1. 硅酸水凝胶的生成

往 1 mL 20%硅酸钠溶液中滴加 6 mol·L^{-1} 盐酸,观察产物的颜色、状态。

2. 微溶性硅酸盐的生成

在 100 mL 小烧杯中加入约 50 mL 20%硅酸钠溶液,然后把氯化钙、硝酸钴、硫酸铜、硫酸镍、硫酸锌、硫酸锰、硫酸亚铁、三氯化铁固体各一小粒投入杯内(注意各固体之间保持一定间隔),放置一段时间后观察有何现象发生。

六、硼酸及硼酸的焰色鉴定反应

1. 硼酸的性质

取 1 mL 饱和硼酸溶液,用 pH 试纸测其 pH。在硼酸溶液中滴入 3~4 滴甘油,再测溶液的 pH。该实验说明硼酸具有什么性质?

[思考题]

为什么说硼酸是一元酸? 在硼酸溶液中加入多羟基化合物后,溶液的酸度会怎样变化? 为什么?

2. 硼酸的鉴定反应

在蒸发皿中放入少量硼酸晶体,1 mL 乙醇和几滴浓硫酸。混合后点燃,观察火焰的颜色有何特征。

七、硼砂珠试验

1. 硼砂珠的制备

用 6 mol·L^{-1} 盐酸清洗铂丝,然后将其置于氧化焰中灼烧片刻,取出再浸入酸中,如此重复数次直至铂丝在氧化焰中灼烧不产生离子特征的颜色,表示铂丝已经洗干净了。将这样处理过的铂丝蘸上一些硼砂固体,在氧化焰中灼烧并熔融成圆珠,观察硼砂珠的颜色、状态。

2. 用硼砂珠鉴定钴盐和铬盐

用烧热的硼砂珠分别沾上少量硝酸钴和三氯化铬固体,熔融之。冷却后观察硼砂珠的颜色,写出相应的反应方程式。

[实验习题]

1. 设计三种区别硝酸钠和亚硝酸钠的方案。

2. 用酸溶解磷酸银沉淀,在盐酸、硫酸、硝酸中选用哪一种最适宜?为什么?

3. 通过实验可以用几种方法将无标签的试剂磷酸钠、磷酸氢钠、磷酸二氢钠一一鉴别出来?

4. 为什么装有水玻璃的试剂瓶长期敞开瓶口后水玻璃会变混浊?反应 $Na_2CO_3 + SiO_2 \stackrel{}{=\!=\!=} Na_2SiO_3 + CO_2 \uparrow$ 能否正向进行?说明理由。

5. 现有一瓶白色粉末状固体,它可能是碳酸钠、硝酸钠、硫酸钠、氯化钠、溴化钠、磷酸钠中的任意一种。试设计鉴别方案。

[附注]

一、安全知识

所有氮的氧化物均有毒,其中 NO_2 对人类危害最大。NO_2 对人体黏膜造成损害时会引起肿胀充血和呼吸系统损害等多种炎症;损害神经系统会引起眩晕、无力、痉挛,面部发绀;损害造血系统会破坏血红素等。目前 NO_2 中毒尚无特效药物治疗。一般只能输氧气以帮助呼吸与血液循环,因此凡涉及氮氧化物生成的反应均应在通风橱内进行。

白磷是一种极毒的无色蜡状固体,燃点低(313 K),在空气中易氧化,常保存于水中。如不慎把白磷引燃,可用沙子扑灭,若把皮肤灼伤,可用 10% $CuSO_4$ 或 $KMnO_4$ 溶液清洗。

二、几种金属的硼砂珠颜色

试样元素	氧 化 焰		还 原 焰	
	热时	冷时	热时	冷时
铬	黄色	黄绿色	绿色	绿色
钼	淡黄色	无色~白色	褐色	褐色
锰	紫色	紫红色	无色~灰色	无色~灰色
铁	黄色~淡褐色	黄色~褐色	绿色	淡绿色
钴	青色	青色	青色	青色
镍	紫色	黄褐色	无色~灰色	无色~灰色
铜	绿色	青绿色~淡青色	灰色~绿色	红色

实验十九　常见非金属阴离子的分离与鉴定

[实验目的]

学习和掌握常见阴离子的分离和鉴定方法,以及离子检出的基本操作。

ⅢA族到ⅧA族的22种非金属元素在形成化合物时常常生成阴离子。形成阴离子的元素虽然不多,但是同一元素常常不止形成一种阴离子。阴离子多数是由两种或两种以上元素构成的酸根或配离子,因此同一种元素的中心原子能形成多种阴离子,如由S可以形成S^{2-}、SO_3^{2-}、SO_4^{2-}、$S_2O_3^{2-}$、$S_2O_8^{2-}$等常见的阴离子;由N可以形成NO_3^-、NO_2^-等。

在非金属阴离子中,有的与酸作用生成挥发性的物质,有的与试剂作用生成沉淀,也有的呈现氧化还原性质。利用这些特点,根据溶液中离子共存情况,应先通过初步试验或进行分组试验,以排除不可能存在的离子,然后鉴定可能存在的离子。

初步性质检验一般包括试液的酸碱性试验,与酸反应产生气体的试验,各种阴离子的沉淀性质、氧化还原性质。预先做初步检验,可以排除某些离子存在的可能性,从而简化分析步骤。初步检验包括以下内容:

一、试液的酸碱性试验

若试液呈强酸性,则易被酸分解的离子,如CO_3^{2-}、NO_2^-、$S_2O_3^{2-}$等不存在。

二、是否产生气体的试验

若在试液中加入稀H_2SO_4或稀HCl溶液,有气体产生,表示可能存在CO_3^{2-}、SO_3^{2-}、$S_2O_3^{2-}$、S^{2-}、NO_2^-等离子。根据生成气体的颜色和气味以及生成气体具有某些特征反应,确证其含有的阴离子,如由NO_2^-被酸分解生成红棕色NO_2气体,能将润湿的淀粉-KI试纸变蓝;由S^{2-}被酸分解产生H_2S气体可使醋酸铅试纸变黑,可判断NO_2^-和S^{2-}分别存在于各自溶液中。

三、氧化性阴离子的试验

在酸化的试液中加入KI溶液和CCl_4,振荡后CCl_4层呈紫色,则有氧化性阴离子存在,如NO_2^-。

四、还原性阴离子的试验

在酸化的试液中,加入$KMnO_4$稀溶液,若紫色褪去,则可能存在S^{2-}、SO_3^{2-}、$S_2O_3^{2-}$、Br^-、I^-、NO_2^-等离子;若紫色不褪,则上述离子都不存在。试液经酸化后,加入I_2-淀粉溶液,蓝色褪去,则表示存在SO_3^{2-}、$S_2O_3^{2-}$、S^{2-}等离子。

五、难溶盐阴离子试验

1. 钡组阴离子

在中性或弱碱性试液中,用$BaCl_2$能沉淀SO_4^{2-}、SO_3^{2-}、$S_2O_3^{2-}$、CO_3^{2-}、PO_4^{3-}等阴离子。

2. 银组阴离子

用 $AgNO_3$ 能沉淀 Cl^-、Br^-、I^-、S^{2-}、$S_2O_3^{2-}$ 等阴离子,然后用稀硝酸酸化,沉淀不溶解。

可以根据 Ba^{2+} 和 Ag^+ 相应盐类的溶解性,区分为易溶盐和难溶盐。加入一种阳离子(如 Ag^+)可以试验整组阴离子是否存在,这种试剂就是相应的组试剂。

经过初步试验后,可以对试液中可能存在的阴离子做出判断,见表 10-4,然后根据阴离子特性反应做出鉴定。

表 10-4　阴离子的初步试验

阴离子	气体放出试验(稀硫酸)	还原性阴离子试验		氧化性阴离子试验 KI(稀硫酸,CCl_4)	$BaCl_2$(中性或弱碱性)	$AgNO_3$(稀硝酸)
		$KMnO_4$(稀硫酸)	I_2-淀粉(稀硫酸)			
CO_3^{2-}	+				+	
NO_3^-				(+)		
NO_2^-	+	+		+		
SO_4^{2-}					+	
SO_3^{2-}	(+)	+	+		+	
$S_2O_3^{2-}$	(+)	+	+		(+)	+
PO_4^{3-}					+	
S^{2-}	+	+	+			+
Cl^-						+
Br^-		+				+
I^-		+				+

注:(+) 表示试验现象不明显,只有在适当条件下(如浓度大时)才发生反应。

[实验用品]

仪器:离心试管、点滴板、离心机

固体药品:硫酸亚铁,Zn(粉)或 Mg(粉),$CdCO_3$

液体药品:Na_2S 溶液($0.1\ mol \cdot L^{-1}$)、Na_2SO_3 溶液($0.1\ mol \cdot L^{-1}$)、Na_2SO_4 溶液($1\ mol \cdot L^{-1}$)、$Na_2S_2O_3$ 溶液($0.1\ mol \cdot L^{-1}$)、Na_3PO_4 溶液($0.1\ mol \cdot L^{-1}$)、$NaCl$ 溶液($0.1\ mol \cdot L^{-1}$)、$SrCl_2$ 溶液($0.1\ mol \cdot L^{-1}$)、$NaBr$ 溶液($0.1\ mol \cdot L^{-1}$)、NaI 溶液($0.1\ mol \cdot L^{-1}$)、$NaNO_3$ 溶液($2\ mol \cdot L^{-1}$)、Na_2CO_3 溶液($1\ mol \cdot L^{-1}$)、$NaNO_2$ 溶液($0.1\ mol \cdot L^{-1}$)、$(NH_4)_2MoO_4$ 溶液($0.1\ mol \cdot L^{-1}$)、$BaCl_2$ 溶液($0.1\ mol \cdot L^{-1}$)、$KMnO_4$ 溶液($0.01\ mol \cdot L^{-1}$)、$ZnSO_4$ 溶液(饱和)、$K_4[Fe(CN)_6]$ 溶液($0.5\ mol \cdot L^{-1}$)、$AgNO_3$ 溶液($0.1\ mol \cdot L^{-1}$)、$Pb(NO_3)_2$ 溶液($0.1\ mol \cdot L^{-1}$)H_2SO_4 溶液(浓、$1\ mol \cdot L^{-1}$、$2\ mol \cdot L^{-1}$)、HNO_3 溶液($6\ mol \cdot L^{-1}$)、HCl 溶液($6\ mol \cdot L^{-1}$)、HAc 溶液($6\ mol \cdot L^{-1}$)、$NaOH$ 溶液($2\ mol \cdot L^{-1}$)、$Ba(OH)_2$ 溶液(饱和)或新配制的石灰水、氨水($6\ mol \cdot L^{-1}$)、H_2O_2 溶液(3%)、氯水、CCl_4、对氨基苯磺酸(1%)、α-萘胺(0.4%)、亚硝酰铁氰化钠(9%)

材料:玻璃棒、pH 试纸

[基本操作]

离心分离操作,参见第六章一。

[实验内容]

一、常见阴离子的鉴定

1. CO_3^{2-} 的鉴定

取 10 滴 1 mol·L^{-1} CO_3^{2-} 试液于离心试管中,用 pH 试纸测定其 pH,然后加 10 滴 6 mol·L^{-1} HCl 溶液,并立即将事先沾有一滴新配制的石灰水或 Ba(OH)$_2$ 溶液的玻璃棒置于试管口上,仔细观察,如玻璃棒上溶液立刻变为混浊(白色),结合溶液的 pH,可以判断有 CO_3^{2-} 存在。

2. NO_3^- 的鉴定

取 2 滴 2 mol·L^{-1} NO_3^- 试液于点滴板上,在溶液的中央放一小粒 $FeSO_4$ 晶体,然后在晶体上加 1 滴浓硫酸。如结晶周围有棕色出现,示有 NO_3^- 存在。

3. NO_2^- 的鉴定

取 2 滴 0.000 1 mol·L^{-1} NO_2^- 试液于点滴板上(自己用 0.1 mol·L^{-1} $NaNO_2$ 溶液稀释配制),加 2 滴 6 mol·L^{-1}HAc 溶液酸化,再加 1 滴对氨基苯磺酸和 1 滴 α-萘胺。如溶液呈粉红色,示有 NO_2^- 存在。

4. SO_4^{2-} 的鉴定

取 5 滴 1 mol·L^{-1} SO_4^{2-} 试液于离心试管中,加 2 滴 6 mol·L^{-1} HCl 溶液和 1 滴 0.1 mol·L^{-1} Ba^{2+}溶液,如有白色沉淀,示有 SO_4^{2-} 存在。

5. SO_3^{2-} 的鉴定

在盛有 5 滴 0.1 mol·L^{-1} SO_3^{2-} 试液的离心试管中,加入 2 滴 1 mol·L^{-1} 硫酸,迅速加入 1 滴 0.01 mol·L^{-1} KMnO$_4$ 溶液,如紫色褪去,示有 SO_3^{2-} 存在。

6. $S_2O_3^{2-}$ 的鉴定

取 0.1 mol·L^{-1} $S_2O_3^{2-}$ 试液 3 滴于离心试管中,加入 10 滴 0.1 mol·L^{-1} $AgNO_3$ 溶液,摇动,如有白色沉淀迅速变棕变黑,示有 $S_2O_3^{2-}$ 存在。

7. PO_4^{3-} 的鉴定

取 3 滴 0.1 mol·L^{-1} PO_4^{3-} 试液于离心试管中,加 5 滴 6 mol·L^{-1} HNO$_3$ 溶液,再加 8~10 滴 0.1 mol·L^{-1}(NH$_4$)$_2$MoO$_4$ 溶液,温热之,如有黄色沉淀生成,示有 PO_4^{3-} 存在。

8. S^{2-} 的鉴定

取 3~5 滴 0.1 mol·L^{-1} S^{2-}试液于离心试管中,加 2 滴 2 mol·L^{-1} NaOH 溶液碱化,再加 1 滴 0.1 mol·L^{-1}Pb(NO$_3$)$_2$ 溶液,如有黑色沉淀,示有 S^{2-}存在。

9. Cl^- 的鉴定

取 3 滴 0.1 mol·L^{-1} Cl^- 试液于离心试管中,加入 1 滴 6 mol·L^{-1} HNO$_3$ 溶液酸化,再滴加 0.1 mol·L^{-1} AgNO$_3$溶液。如有白色沉淀产生,初步说明可能试液中有 Cl^- 存在。将离心试管置于水浴上微热,离心分离,弃去清液,于沉淀上加入 3~5 滴 6 mol·L^{-1} 氨水,用细玻璃棒搅拌,沉淀立即溶解,再加入 5 滴 6 mol·L^{-1} HNO$_3$ 溶液酸化,如重新生成白色沉淀,示有 Cl^- 存在。

10. I⁻的鉴定

取 5 滴 0.1 mol·L⁻¹ I⁻试液于离心试管中,加入 2 滴 2 mol·L⁻¹ H_2SO_4 溶液及 3 滴 CCl_4,然后逐滴加入氯水,并不断振荡试管,如 CCl_4 层呈现紫红色(I_2),然后褪至无色(IO_3^-),示有 I⁻存在。

11. Br⁻的鉴定

取 5 滴 0.1 mol·L⁻¹ Br⁻试液于离心试管中,加入 3 滴 2 mol·L⁻¹ H_2SO_4 溶液及 2 滴 CCl_4,然后逐滴加入 5 滴氯水并振荡试管,如 CCl_4 层出现黄色或橙红色,示有 Br⁻存在。

二、混合离子的分离

1. Cl⁻、Br⁻、I⁻混合物的分离和鉴定

常用方法是将卤素离子转化为卤化银 AgX,然后用氨水或(NH_4)$_2CO_3$ 将 AgCl 溶解而与 AgBr、AgI 分离。在余下的 AgBr、AgI 混合物中加入稀 H_2SO_4 溶液酸化,再加入少许锌粉或镁粉,并加热将 Br⁻、I⁻转入溶液。酸化后,根据 Br⁻、I⁻的还原能力不同,用氯水分离和鉴定。

试按下列分析方案对含有 Cl⁻、Br⁻、I⁻的混合溶液进行分离和鉴定。

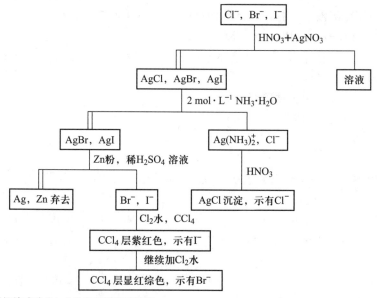

"‖"表示固相(沉淀或残渣),"｜"表示液相(溶液)。

2. S^{2-}、SO_3^{2-}、$S_2O_3^{2-}$ 混合物的分离和鉴定

通常的方法是取少量混合试液,加入 2 mol·L⁻¹ NaOH 溶液碱化,再加 0.1 mol·L⁻¹ Pb(NO_3)$_2$ 溶液,若有黑色沉淀产生,示有 S^{2-} 存在。可用 $CdCO_3$ 固体除去 S^{2-},再进行其他离子分离鉴定。

除去 S^{2-} 的混合溶液中含有 SO_3^{2-}、$S_2O_3^{2-}$ 和 CO_3^{2-}。向少量该溶液中加入 0.1 mol·L⁻¹ $SrCl_2$ 溶液。产生的沉淀组成为 $SrSO_3$ 和 $SrCO_3$,溶液中含有 $S_2O_3^{2-}$。在沉淀中加入 I_2-淀粉溶液,蓝色褪去,示有 SO_3^{2-}。向溶液中加入过量的 $AgNO_3$,若有沉淀由白→棕→黑色变化,示有 $S_2O_3^{2-}$ 存在。

实验方案如下图所示:

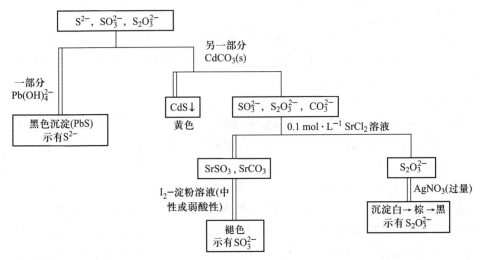

[实验习题]

1. 取下列盐之中的两种混合,加水溶解时有沉淀产生。将沉淀分成两份,一份溶于 HCl 溶液,另一份溶于 HNO_3 溶液。试指出下列哪两种盐混合时可能有此现象?

$BaCl_2$、$AgNO_3$、Na_2SO_4、$(NH_4)_2CO_3$、KCl

2. 一个能溶于水的混合物,已检出含 Ag^+ 和 Ba^{2+}。下列阴离子中哪几个可不必鉴定?

SO_3^{2-}、Cl^-、NO_3^-、SO_4^{2-}、CO_3^{2-}、I^-

3. 某阴离子未知液经初步试验结果如下:

(1)试液呈酸性时无气体产生;

(2)酸性溶液中加 $BaCl_2$ 溶液无沉淀产生;

(3)加入稀硝酸溶液和 $AgNO_3$ 溶液产生黄色沉淀;

(4)酸性溶液中加入 $KMnO_4$,紫色褪去,加 I_2-淀粉溶液,蓝色不褪去;

(5)与 KI 无反应。

由以上初步试验结果,推测哪些阴离子可能存在。说明理由,拟出进一步验证的步骤简表。

4. 加稀 H_2SO_4 溶液或稀 HCl 溶液于固体试样中,如观察到有气泡产生,则该固体试样中可能存在哪些阴离子?

5. 有一阴离子未知液,用稀 HNO_3 溶液调节其至酸性后,加入 $AgNO_3$ 试剂,发现并无沉淀生成,则可以确定哪几种阴离子不存在?

6. 在酸性溶液中能使 I_2-淀粉溶液褪色的阴离子是哪些?

[附注]

1. CO_3^{2-} 的鉴定中,用 $Ba(OH)_2$ 溶液检验时,SO_3^{2-}、$S_2O_3^{2-}$ 会有干扰,因为酸化时产生的 SO_2 也会使 $Ba(OH)_2$ 溶液混浊:$SO_2+Ba(OH)_2 \Longrightarrow BaSO_3\downarrow+H_2O$,故初步试验时捡出有 SO_3^{2-}、$S_2O_3^{2-}$,则要酸化前加入 3% H_2O_2 溶液,把这些干扰离子氧化除去:

$$SO_3^{2-}+H_2O_2 \Longrightarrow SO_4^{2-}+H_2O$$
$$S_2O_3^{2-}+4H_2O_2+H_2O \Longrightarrow 2SO_4^{2-}+2H^++4H_2O$$

2. I_2 能与过量氯水反应生成无色溶液,其反应式为

$$I_2+5Cl_2+6H_2O \Longrightarrow 2HIO_3+10HCl$$

第十一章　主族金属和 ds 区金属

主族金属包括元素周期表的ⅠA族、ⅡA族和p区金属元素。ⅠA族和ⅡA族元素又称碱金属与碱土金属元素。p区金属元素是指位于元素周期表中硼到砹元素梯形连线左下方的主族金属元素。ds区金属包括元素周期表的ⅠB和ⅡB族元素。

金属元素的价电子较少,在反应中较易失去电子。这些元素的标准电极电势有较负的数值,氧化物的水合物显碱性或两性偏碱性。

一、碱金属和碱土金属

碱金属和碱土金属是位于元素周期表最左边的两个族,其价电子构型为 ns^{1-2}。金属单质容易失去最外层电子,活泼性强,表现出强还原性。同一族,从上到下金属活泼性逐渐增强;同一周期从左至右金属活泼性逐渐依次减弱。例如,碱金属中钠、钾与水作用活泼性依次增强;同周期钠、镁与水作用的活泼性减弱。钠、钾在空气中稍微加热即可燃烧生成过氧化物和超氧化物(如 Na_2O_2 和 KO_2),而碱土金属活泼性略差,室温下这些金属表面会缓慢生成氧化膜。

碱金属盐类的最大特点是绝大多数易溶于水,而且在水中完全解离,只有少数盐类微溶于水,如六羟基锑酸钠 $NaSb(OH)_6$、酒石酸氢钾 $KHC_4H_4O_6$、六硝基合钴酸钠钾 $K_2NaCo(NO_2)_6$ 等。这些微溶盐常用于鉴定钠、钾离子。

碱土金属盐类的重要特征是其难溶性,除氯化物、硝酸盐、硫酸镁、铬酸镁、铬酸钙易溶于水外,大多数的盐类如碳酸盐、硫酸盐、草酸盐、铬酸盐皆难溶。另外,这些难溶盐部分可以溶解于酸性溶液。

碱金属和钙、钡的挥发性盐在氧化焰中灼烧时,能使火焰呈现出一定颜色,称为焰色反应。可以根据火焰的颜色定性地鉴别这些元素。

二、p区金属

p区金属主要位于周期表ⅢA、ⅣA和ⅤA族。这些元素的金属性来源于同一族元素从上到下原子半径的增大和失电子趋势的增强。但总的看来p区金属的金属性较弱,部分金属的单质、氧化物及其水合物均表现出两性。

铝的价电子构型为 $3s^23p^1$,单质很活泼,容易失去3个电子以+3价稳定存在,是典型的两性元素,也是一个亲氧元素。铝的标准电极电势的数值虽较负,但能够形成致密的氧化膜而具有良好的抗腐蚀性,不与水反应且稳定存在。

锡、铅的价电子构型为 ns^2np^2,是中等活泼金属,氧化数有+2和+4。$Sn(Ⅱ)$、$Sn(Ⅳ)$和$Pb(Ⅱ)$的氢氧化物都为白色沉淀,具有两性。与铅相比较,相同氧化数的锡的氢氧化物的碱性弱,酸性强。$Sn(Ⅳ)$较稳定,而 $Sn(Ⅱ)$ 具有较强的还原性。例如,在碱性溶液中,

$$3Sn(OH)_4^{2-}+2Bi^{3+}+6OH^-\!\!=\!\!=\!\!=3Sn(OH)_6^{2-}+2Bi\downarrow(黑色)$$

Pb(Ⅱ)较稳定,而 Pb(Ⅳ)具有较强的氧化性。例如,在酸性介质中,

$$5PbO_2+2Mn^{2+}+4H^+\!\!=\!\!=\!\!=2MnO_4^-+5Pb^{2+}+2H_2O$$

PbCl$_2$ 是白色沉淀,微溶于冷水,易溶于热水,也溶于浓盐酸中形成配合物 H$_2$[PbCl$_4$]。PbI$_2$ 为橙黄色丝状有亮光的沉淀,易溶于沸水,溶于过量 KI 溶液,形成可溶性配合物 K$_2$[PbI$_4$]。PbCrO$_4$ 为难溶的黄色沉淀,溶于硝酸和较浓的碱。PbSO$_4$ 为白色沉淀,能溶解于饱和的 NH$_4$Ac 溶液中。Pb(Ac)$_2$ 是可溶性铅化合物,是弱电解质。

锑、铋的价电子构型为 ns^2np^3,以+3 和+5 氧化数存在。根据元素周期律,锑(Ⅲ)的氢氧化物为两性,既溶于酸又溶于碱,而 Bi(Ⅲ)的氢氧化物为碱性,只溶于酸。由于 6s^2 惰性电子对效应,Bi(Ⅲ)稳定存在,而 Bi(Ⅴ)具有强氧化性:

$$2Mn^{2+}+5NaBiO_3+14H^+\!\!=\!\!=\!\!=2MnO_4^-+5Bi^{3+}+5Na^++7H_2O$$

Sn^{2+}、Sn^{4+}、Pb^{2+}、Sb^{3+}、Bi^{3+} 都能与硫化氢溶液反应得到相应的具有不同颜色硫化物沉淀:SnS 呈棕色,SnS$_2$ 呈黄色,PbS 呈黑色,Sb$_2$S$_3$ 呈橘黄色,Bi$_2$S$_3$ 呈黑色。

SnS、PbS、Bi$_2$S$_3$ 是碱性硫化物。SnS 可溶于中等强度的 HCl 中,PbS、Bi$_2$S$_3$ 能溶于强酸。

SnS$_2$、Sb$_2$S$_3$ 是两性硫化物,能溶于较浓的 HCl、NaOH 和 Na$_2$S 溶液中:

$$Sb_2S_3+6H^++12Cl^-\!\!=\!\!=\!\!=2SbCl_6^{3-}+3H_2S\uparrow$$

$$Sb_2S_3+3S^{2-}\!\!=\!\!=\!\!=2SbS_3^{3-}(硫代锑酸根离子)$$

$$Sb_2S_3+6OH^-\!\!=\!\!=\!\!=SbO_3^{3-}+SbS_3^{3-}+3H_2O$$

SnS、Sb$_2$S$_3$ 由于具有还原性,易溶于多硫化钠溶液:

$$SnS+S_2^{2-}\!\!=\!\!=\!\!=SnS_3^{2-}(硫代硒酸根离子)$$

三、ds 区元素

ds 区元素包括元素周期表ⅠB 族的 Cu、Ag、Au 和ⅡB 族的 Zn、Cd、Hg 六种元素,价电子构型为 $(n-1)d^{10}ns^{1\sim2}$。它们的许多性质与 d 区元素相似,而与相应的主族ⅠA 和ⅡA 族比较,除了形式上均可形成氧化数为+1 和+2 的化合物外,更多地呈现较大的差异性。ⅠB、ⅡB 族元素除能形成一些重要化合物外,其离子具有 18 电子构型和较强的极化力和变形性,易于形成配合物。

Cu(OH)$_2$ 两性偏碱,能溶于酸和过量的浓碱溶液,不稳定,高于 80 ℃或久置会脱水生成黑色的 CuO。AgOH 为白色沉淀,不稳定,易分解生成棕色 Ag$_2$O。Ag$_2$O 易溶于 NH$_3\cdot$H$_2$O 生成 Ag(NH$_3$)$_2^+$。

Zn(OH)$_2$ 呈两性,Cd(OH)$_2$ 以碱性为主,汞(Ⅱ)的氢氧化物极易脱水而转变为黄色 HgO。HgO 不溶于过量碱中。

铜、银、锌、镉、汞的硫化物是具有不同颜色的难溶物。例如,CuS、Ag$_2$S 和 HgS 为黑;ZnS 为白色;CdS 为黄色;它们在酸中的溶解度与它们在水中的溶度积(K_{sp})有关。ZnS 溶于稀盐酸;CdS 溶于浓盐酸;CuS 溶于浓硝酸;HgS 只能溶于王水。

$$ZnS+2HCl\!\!=\!\!=\!\!=ZnCl_2+H_2S\uparrow$$

$$CuS+8HNO_3(浓)\!\!=\!\!=\!\!=Cu(NO_3)_2+SO_2\uparrow+6NO_2\uparrow+4H_2O$$

$$3HgS+12HCl+2HNO_3\!\!=\!\!=\!\!=3H_2[HgCl_4]+3S\downarrow+2NO\uparrow+4H_2O$$

Cu^{2+}、Ag^+、Zn^{2+}、Cd^{2+}都能与过量氨水生成具有不同颜色的氨配离子；其中 $Cu(NH_3)_4^{2+}$ 为深蓝色，其他为无色。Hg^{2+}不能与氨水生成氨配离子，生成氨基化合物。例如：

$$Hg^{2+}+2NH_3+NO_3^- \Longrightarrow HgNH_2NO_3\downarrow(白色)+NH_4^+$$

Hg^{2+}可与 I^- 和 SCN^- 先生成 HgI_2（红色）和 $Hg(SCN)_2$（白色）沉淀，沉淀溶于过量的 I^- 或 SCN^- 生成无色的配离子 HgI_4^{2-} 和 $Hg(SCN)_4^{2-}$。

Cu^+ 在水溶液中不稳定，能够自发歧化，生成 Cu^{2+} 和 Cu：

$$2Cu^+ \Longrightarrow Cu^{2+}+Cu\downarrow \qquad K=1.4\times10^6$$

Cu（Ⅰ）只能以配合物和难溶盐的形式存在，如 $CuCl_2^-$、$Cu(NH_3)_2^+$、CuCl 和 CuI、Cu_2O 等。所以可以在配体和沉淀剂存在的条件下还原 Cu^{2+} 制备稳定的 Cu（Ⅰ）物种。

$$2Cu(OH)_4^{2-}+CH_2OH(CHOH)_4CHO \Longrightarrow Cu_2O\downarrow+4OH^-+CH_2OH(CHOH)_4COOH+2H_2O$$

$$Cu^{2+}+Cu+4Cl^- \Longrightarrow 2CuCl_2^-$$

$$CuCl_2^- \Longrightarrow CuCl\downarrow(白色)+Cl^-$$

$$Cu^{2+}+4I^- \Longrightarrow 2CuI\downarrow(白色)+I_2$$

Hg_2^{2+} 能够稳定存在于水溶液中，可以把 Hg^{2+} 溶液与 Hg 一起振荡，得到 Hg_2^{2+} 溶液。例如：

$$Hg(l)+Hg^{2+} \Longrightarrow Hg_2^{2+} \qquad K=87.7$$

上述平衡趋势并不大，若加入一种试剂降低 Hg^{2+} 的浓度，平衡左移，Hg_2^{2+} 就会发生歧化。因此加入碱、碘化物、硫化物等 Hg（Ⅱ）的沉淀剂或者氰离子等 Hg（Ⅱ）的强配合剂都会促使 Hg_2^{2+} 歧化，最终产物为 Hg(s) 和相应的 Hg（Ⅱ）的稳定难溶盐或配合物，如 HgS、HgO、$HgNH_2Cl$ 沉淀和 $Hg(CN)_4^{2-}$ 等。

$$Hg_2Cl_2+2NH_3\cdot H_2O \Longrightarrow HgNH_2Cl+Hg+NH_4Cl+2H_2O$$

实验二十　主族金属(碱金属、碱土金属、铝、锡、铅、锑、铋)

[实验目的]

1. 比较碱金属、碱土金属的活泼性。

2. 试验并比较碱土金属、铝、锡、铅、锑、铋的氢氧化物和盐类的溶解性。

3. 练习焰色反应并熟悉使用金属钠、钾的安全措施。

[实验用品]

仪器:烧杯(250 mL、500 mL)、试管(10 mL)、离心试管、小刀、镊子、坩埚、坩埚钳、漏斗

固体药品:钠、钾、镁条、铝片、醋酸钠、醋酸铅、铋酸钠、二氧化铅

液体药品:NaCl 溶液(1 mol·L^{-1})、KCl 溶液(1 mol·L^{-1})、MgCl$_2$ 溶液(0.5 mol·L^{-1}、0.1 mol·L^{-1})、LiCl 溶液(1 mol·L^{-1})、BaCl$_2$ 溶液(0.5 mol·L^{-1}、0.1 mol·L^{-1})、SrCl$_2$ 溶液(0.5 mol·L^{-1})、CaCl$_2$ 溶液(0.5 mol·L^{-1}、0.1 mol·L^{-1})、NaOH 溶液(新配 2 mol·L^{-1}、6 mol·L^{-1})、氨水(0.5 mol·L^{-1}、6 mol·L^{-1})、AlCl$_3$ 溶液(0.5 mol·L^{-1})、SnCl$_2$ 溶液(0.5 mol·L^{-1})、Pb(NO$_3$)$_2$ 溶液(0.5 mol·L^{-1})、HgCl$_2$ 溶液(0.2 mol·L^{-1})、SbCl$_3$ 溶液(0.5 mol·L^{-1})、Bi(NO$_3$)$_3$ 溶液(0.5 mol·L^{-1})、MnSO$_4$ 溶液(0.002 mol·L^{-1})、NH$_4$Cl 溶液(饱和)、SnCl$_4$ 溶液(0.5 mol·L^{-1})、NaClO 溶液(饱和)、HCl 溶液(1 mol·L^{-1}、2 mol·L^{-1}、6 mol·L^{-1})、Na$_2$CO$_3$ 溶液(1 mol·L^{-1})、H$_2$SO$_4$ 溶液(2 mol·L^{-1})、HNO$_3$ 溶液(2 mol·L^{-1}、6 mol·L^{-1},浓)、HAc 溶液(6 mol·L^{-1})、(NH$_4$)$_2$S$_x$ 溶液、(NH$_4$)$_2$S 溶液(新配 1 mol·L^{-1})、(NH$_4$)$_2$C$_2$O$_4$ 溶液(饱和)、K$_2$CrO$_4$ 溶液(0.5 mol·L^{-1})、KI 溶液(1 mol·L^{-1})、Na$_2$SO$_4$ 溶液(0.1 mol·L^{-1})、KMnO$_4$ 溶液(0.01 mol·L^{-1})、H$_2$S 水溶液(饱和)、酚酞(aq)

材料:pH 试纸、滤纸、砂纸、铂丝、玻璃棒、钴玻璃

[基本操作]

焰色反应,参见本文有关内容。

[实验内容]

一、钠、钾、镁、铝的性质

1. 钠与空气中氧气的作用

用镊子取一小块(绿豆大小)金属钠,用滤纸吸干其表面的煤油,立即放在坩埚中加热。当金属钠开始燃烧时,停止加热。观察反应情况和产物的颜色、状态。冷却后,往坩埚中加入 2 mL 蒸馏水使产物溶解,然后把溶液转移到一支试管中,用 pH 试纸测定溶液的酸碱性。再用 2 mol·L^{-1} H$_2$SO$_4$ 酸化,滴加 1~2 滴 0.01 mol·L^{-1} KMnO$_4$ 溶液。观察紫色是否褪去。由此说明水溶液中是否有 H$_2$O$_2$,从而推知钠在空气中燃烧是否有 Na$_2$O$_2$ 生成。写出以上有关反应式。

2. 金属钠、钾、镁、铝与水的作用

分别取一小块(绿豆大小)金属钠和钾,用滤纸吸干其表面煤油,把它们分别投入盛有 $\frac{1}{3}$ 杯水的 500 mL 烧杯中,观察反应情况。为了安全起见,当金属块投入水中时,立即用倒置漏斗覆盖在烧杯口上。反应完后,滴入 1~2 滴酚酞试剂,检验溶液的酸碱性。根据反应进行的剧烈程度,说明钠、钾的金属活泼性。写出反应式。

分别取一小段镁条和一小块铝片,用砂纸擦去其表面的氧化物,分别放入试管中,加入少量冷水,观察反应现象。然后加热煮沸,观察又有何现象发生,用酚酞指示剂检验产物酸碱性。写出反应式。

另取一小片铝片,用砂纸擦去其表面氧化物,然后在其上滴加 2 滴 0.2 mol·L^{-1} HgCl$_2$ 溶液,观察产物的颜色和状态。用棉花或纸将液体擦干后,将此金属置于空气中,观察铝片上长出的白色铝毛。再将铝片置于盛水的试管中,观察氢气的放出,如反应缓慢可将试管加热观察反应现象。写出有关反应式。

二、碱土金属的难溶盐

在 3 支离心试管中滴加 2~3 滴 0.1 mol·L^{-1} MgCl$_2$ 溶液、CaCl$_2$ 溶液、BaCl$_2$ 溶液,再滴加几滴 1 mol·L^{-1} Na$_2$CO$_3$ 溶液。振荡,观察沉淀的生成情况。离心洗涤后,实验沉淀在 6 mol·L^{-1} HCl 溶液和 6 mol·L^{-1} HAc 溶液中的溶解性。写出反应方程式。

分别用饱和的 (NH$_4$)$_2$C$_2$O$_4$ 溶液、0.5 mol·L^{-1} K$_2$CrO$_4$ 溶液和 0.1 mol·L^{-1} Na$_2$SO$_4$ 溶液代替 Na$_2$CO$_3$ 溶液进行实验。观察现象,并写出反应方程式。

三、镁、钙、钡、铝、锡、铅、锑、铋的氢氧化物的溶解性

(1)在 8 支试管中,分别加入浓度均为 0.5 mol·L^{-1} 的 MgCl$_2$ 溶液、CaCl$_2$ 溶液、BaCl$_2$ 溶液、AlCl$_3$ 溶液、SnCl$_2$ 溶液、Pb(NO$_3$)$_2$ 溶液、SbCl$_3$ 溶液、Bi(NO$_3$)$_3$ 溶液各 0.5 mL,均分别加入等体积新配制的 2 mol·L^{-1} NaOH 溶液,观察沉淀的生成并写出反应方程式。

把以上沉淀分成两份,分别加入 6 mol·L^{-1} NaOH 溶液和 6 mol·L^{-1} HCl 溶液,观察沉淀是否溶解,写出反应方程式。

(2)在 2 支试管中,分别盛有 0.5 mL 0.5 mol·L^{-1} MgCl$_2$ 溶液、AlCl$_3$ 溶液,加入等体积 0.5 mol·L^{-1} 氨水,观察反应生成物的颜色和状态。往有沉淀的试管中加入饱和 NH$_4$Cl 溶液,又有何现象?为什么?写出有关反应方程式。

四、I A、II A 族元素的焰色反应

取镶有铂丝(也可用镍铬丝代替)的玻璃棒一根(铂丝的尖端弯成小环状),先按下法清洁:浸铂丝于纯 6 mol·L^{-1} HCl 溶液中(放在小试管内),然后取出在氧化焰中灼烧片刻,再浸入酸中,再灼烧,如此重复 2~3 次,至火焰不再呈现任何离子的特征颜色才算此铂丝洁净。

用洁净的铂丝分别蘸取 1 mol·L^{-1} LiCl 溶液、NaCl 溶液、KCl 溶液、CaCl$_2$ 溶液、SrCl$_2$ 溶液、BaCl$_2$ 溶液在氧化焰中灼烧。观察火焰的颜色。在观察钾盐的焰色时用一块钴玻璃片滤光后观察。

五、锡、铅、锑和铋的难溶盐

1. 硫化物

(1)硫化亚锡、硫化锡的生成和性质 在 2 支离心试管中分别注入 2~3 滴 0.5 mol·L^{-1}

$SnCl_2$ 溶液和 $SnCl_4$ 溶液,再分别注入少许饱和硫化氢水溶液,观察沉淀的颜色有何不同。洗涤、离心沉淀后,分别实验沉淀物与 $1\ mol \cdot L^{-1}\ HCl$ 溶液、$1\ mol \cdot L^{-1}(NH_4)_2S$ 溶液和 $(NH_4)_2S_x$ 溶液的反应。

通过硫化亚锡、硫化锡的实验得出什么结论?写出有关反应方程式。

(2) 铅、锑、铋硫化物 在 3 支离心试管中分别加入 2~3 滴 $0.5\ mol \cdot L^{-1}\ Pb(NO_3)_2$ 溶液、$SbCl_3$ 溶液、$Bi(NO_3)_3$ 溶液,然后各加入少许 $0.1\ mol \cdot L^{-1}$ 饱和硫化氢水溶液,观察沉淀的颜色有何不同。

洗涤、离心沉淀后,分别实验沉淀物与浓盐酸、$2\ mol \cdot L^{-1}\ NaOH$ 溶液、$0.5\ mol \cdot L^{-1}(NH_4)_2S$ 溶液、$(NH_4)_2S_x$ 溶液、浓硝酸的反应。

2. 铅的难溶盐

(1) 氯化铅 在 0.5 mL 蒸馏水中滴入 2~3 滴 $0.5\ mol \cdot L^{-1}\ Pb(NO_3)_2$ 溶液,再滴入 2~3 滴稀盐酸,即有白色氯化铅沉淀生成。

将所得白色沉淀连同溶液一起加热,沉淀是否溶解?再把溶液冷却,又有什么变化?说明氯化铅的溶解度与温度的关系。

取以上白色沉淀少许,加入浓盐酸,观察沉淀溶解情况。

(2) 碘化铅 取 2 滴 $0.5\ mol \cdot L^{-1}\ Pb(NO_3)_2$ 溶液用水稀释至 1 mL 后,加 1 滴 $1\ mol \cdot L^{-1}$ KI 溶液,即生成橙黄色碘化铅沉淀,实验它在热水和冷水中的溶解情况。

(3) 铬酸铅 取 2 滴 $0.5\ mol \cdot L^{-1}\ Pb(NO_3)_2$ 溶液,再滴加几滴 $0.5\ mol \cdot L^{-1}\ K_2CrO_4$ 溶液。观察 $PbCrO_4$ 沉淀的生成。实验它在 $6\ mol \cdot L^{-1}\ HNO_3$ 溶液和 NaOH 溶液中的溶解情况。写出有关反应方程式。

(4) 硫酸铅 在 1 mL 蒸馏水中滴入 5 滴 $0.5\ mol \cdot L^{-1}\ Pb(NO_3)_2$ 溶液,再滴入几滴 $0.1\ mol \cdot L^{-1}\ Na_2SO_4$ 溶液,即得白色 $PbSO_4$ 沉淀。加入少许固体 NaAc,微热,并不断搅拌,沉淀是否溶解?解释上述现象。写出有关反应方程式。

根据实验现象并查阅手册,填写下表。

性质	颜色	溶 解 性 (水或其他试剂)		溶度积(K_{sp})
$PbCl_2$				
PbI_2				
$PbCrO_4$				
$PbSO_4$				
PbS				
SnS				
SnS_2				

六、锡、铋、铅盐的氧化还原性

(1) 在自制的亚锡酸钠溶液中滴加硝酸铋溶液,观察现象,写出反应方程式。

（2）在坩埚中加入少量硝酸铋溶液，再加入 6 mol·L⁻¹NaOH 和氯水，加热并观察现象。倾去溶液，洗涤沉淀。再加入浓盐酸，有何现象发生？试鉴定气体产物。

（3）将米粒大小的醋酸铅固体(约 0.1 g)溶于 1 mL 水中，微热至 50 ℃，加入约 1 mL 次氯酸钠溶液，加热沸腾。不断搅拌，黄色沉淀逐渐变黑。静置，弃去上层清液，用水洗涤沉淀一次，再用稀硝酸洗两次，再加浓盐酸于沉淀物中，有何现象发生？试鉴定气体产物。写出反应方程式。

（4）在 5 滴 0.002 mol·L⁻¹MnSO₄ 溶液中，加入 3 mL 2 mol·L⁻¹稀硝酸。分成两份，再分别加入少量铋酸钠和二氧化铅固体。微热，加入少量水稀释，观察溶液的变化，写出反应方程式。

[实验习题]

1. 实验中如何配制氯化亚锡溶液？

2. 预测二氧化铅和浓盐酸反应的产物是什么？写出其反应方程式。

3. 今有未贴标签无色透明的氯化亚锡、四氯化锡溶液各一瓶，试设法鉴别。

4. 若实验室中发生镁燃烧的事故，可否用水或二氧化碳灭火器扑灭？应用何种方法灭火？

[附注]

1. 硫化钠溶液易变质，本实验用硫化铵溶液代替硫化钠。

硫化铵的制法：取一定量氨水，将其均分为两份，往其中一份通硫化氢至饱和，而后与另一份氨水混合。

2. SnCl₂ 溶液(0.1 mol·L⁻¹)的配制：称取 22.6 g 氯化亚锡(含二结晶水)固体，用 160 mL 浓盐酸溶解，然后加入蒸馏水稀释至 1 L，再加入数粒纯锡以防氧化。

3. 金属钠、钾平时应保存在煤油或石蜡油中。取用时，可在煤油中用小刀切割，用镊子夹取，并用滤纸把煤油吸干。切勿与皮肤接触，未用完的金属碎屑不能乱丢，可放回原瓶中或者放在少量酒精中，使其缓慢反应消耗掉。

实验二十一 ds 区金属（铜、银、锌、镉、汞）

[实验目的]

1. 了解铜、银、锌、镉、汞氧化物或氢氧化物的酸碱性，硫化物的溶解性。
2. 掌握 Cu(Ⅰ)、Cu(Ⅱ)重要化合物的性质及相互转化条件。
3. 试验并熟悉铜、银、锌、镉、汞的配位能力，以及 Hg_2^{2+} 和 Hg^{2+} 的转化。

[实验用品]

仪器：试管(10 mL)、烧杯(250 mL)、离心机、离心试管

固体药品：碘化钾、碎铜屑

液体药品：HCl 溶液($2 \ mol \cdot L^{-1}$、浓)、H_2SO_4 溶液($2 \ mol \cdot L^{-1}$)、HNO_3 溶液($2 \ mol \cdot L^{-1}$、浓)、NaOH 溶液($2 \ mol \cdot L^{-1}$、$6 \ mol \cdot L^{-1}$、40%)、氨水($2 \ mol \cdot L^{-1}$、浓)、$CuSO_4$ 溶液($0.2 \ mol \cdot L^{-1}$)、$ZnSO_4$ 溶液($0.2 \ mol \cdot L^{-1}$)、$CdSO_4$ 溶液($0.2 \ mol \cdot L^{-1}$)、$CuCl_2$ 溶液($0.5 \ mol \cdot L^{-1}$)、$Hg(NO_3)_2$ 溶液($0.2 \ mol \cdot L^{-1}$)、$SnCl_2$ 溶液($0.2 \ mol \cdot L^{-1}$)、$AgNO_3$ 溶液($0.1 \ mol \cdot L^{-1}$)、Na_2S 溶液(新配 $1 \ mol \cdot L^{-1}$)、KI 溶液($0.2 \ mol \cdot L^{-1}$)、KSCN 溶液($0.1 \ mol \cdot L^{-1}$)、$Na_2S_2O_3$ 溶液($0.5 \ mol \cdot L^{-1}$)、NaCl 溶液($0.2 \ mol \cdot L^{-1}$)、金属汞、葡萄糖溶液(10%)

材料：pH 试纸、玻璃棒

[实验内容]

一、铜、银、锌、镉、汞氢氧化物或氧化物的生成和性质

1. 铜、锌、镉氢氧化物的生成和性质

向三支分别盛有 5 滴 $0.2 \ mol \cdot L^{-1}$ $CuSO_4$ 溶液、$ZnSO_4$ 溶液、$CdSO_4$ 溶液的试管中滴加新配的 $2 \ mol \cdot L^{-1}$ NaOH 溶液，观察溶液颜色及沉淀的状态。

将各试管中沉淀分成两份，洗涤、离心分离后：一份加 $2 \ mol \cdot L^{-1}$ H_2SO_4 溶液，另一份继续滴加 $6 \ mol \cdot L^{-1}$ NaOH 溶液。观察现象，写出反应方程式。

2. 银、汞氧化物的生成和性质

(1) 氧化银的生成和性质 取 2～3 滴 $0.1 \ mol \cdot L^{-1}$ $AgNO_3$ 溶液，滴加新配制的 $2 \ mol \cdot L^{-1}$ NaOH 溶液，观察 Ag_2O(为什么不是 AgOH)的颜色和状态。洗涤并离心分离沉淀，将沉淀分成两份：一份加入 $2 \ mol \cdot L^{-1}$ HNO_3 溶液，另一份加入 $2 \ mol \cdot L^{-1}$ 氨水。观察现象，写出反应方程式。

(2) 氧化汞的生成和性质 取 2～3 滴 $0.2 \ mol \cdot L^{-1}$ $Hg(NO_3)_2$ 溶液，滴加新配制的 $2 \ mol \cdot L^{-1}$ NaOH 溶液，观察溶液颜色和沉淀的状态。洗涤并离心分离沉淀，将沉淀分成两份：一份加入 $2 \ mol \cdot L^{-1}$ HNO_3 溶液，另一份加入 40%NaOH 溶液。观察现象，写出有关反应方程式。

二、锌、镉、汞硫化物的生成和性质

往三支分别盛有 5 滴 $0.2 \ mol \cdot L^{-1}$ $ZnSO_4$ 溶液、$CdSO_4$ 溶液、$Hg(NO_3)_2$ 溶液的离心试管中

滴加新配的1 mol·L⁻¹Na₂S溶液。观察沉淀的生成和颜色。

将沉淀离心分离、洗涤,然后将每种沉淀分成三份:第一份加入 2 mol·L⁻¹盐酸,第二份中加入浓盐酸,第三份加入王水(自配),分别用水浴加热。观察沉淀溶解情况。

根据实验现象并查阅有关数据,填充下表,并对铜、银、锌、镉、汞硫化物的溶解情况做出结论,并写出有关反应方程式。

| 性质 | 颜色 | 溶解性 | | | | K_{sp} |
		2 mol·L⁻¹盐酸	浓盐酸	浓硝酸	王水	
CuS						
Ag₂S						
ZnS						
CdS						
HgS						

三、铜、银、锌、汞的配合物

1. 氨合物的生成

往四支分别盛有 2~3 滴 0.2 mol·L⁻¹ CuSO₄ 溶液、ZnSO₄ 溶液、Hg(NO₃)₂ 溶液和 2~3 滴 0.1 mol·L⁻¹ AgNO₃ 溶液的试管中滴加 2 mol·L⁻¹ 氨水。观察沉淀的生成,继续加入过量的 6 mol·L⁻¹ 氨水,又有何现象发生?写出反应方程式。

比较 Cu^{2+}、Ag^+、Zn^{2+}、Hg^{2+} 与氨水反应有什么不同。

2. 汞配合物的生成和应用

(1)往盛有 2~3 滴 0.2 mol·L⁻¹ Hg(NO₃)₂ 溶液中,滴加 0.2 mol·L⁻¹ KI 溶液,观察沉淀的生成和颜色。再往该沉淀中加入少量碘化钾固体(直至沉淀刚好溶解为止,不要过量),溶液显何色?写出反应方程式。

在所得的溶液中,滴入几滴 40% NaOH 溶液,再与氨水反应,观察沉淀的颜色。

(2)往 2 滴 0.2 mol·L⁻¹ Hg(NO₃)₂ 溶液中,逐滴加入 0.1 mol·L⁻¹ KSCN 溶液,最初生成白色 Hg(SCN)₂ 沉淀,继续滴加 KSCN 溶液,沉淀溶解生成无色 Hg(SCN)₄²⁻ 配离子。再在该溶液中加几滴 0.2 mol·L⁻¹ ZnSO₄ 溶液,观察白色的 Zn[Hg(SCN)₄] 沉淀的生成(该反应可定性检验 Zn^{2+}),必要时用玻璃棒摩擦试管壁。

四、铜、银、汞的氧化还原性

1. 氧化亚铜的生成和性质

取 0.5 mL 0.2 mol·L⁻¹ CuSO₄ 溶液,滴加过量的 6 mol·L⁻¹ NaOH 溶液,使起初生成的蓝色沉淀溶解成深蓝色溶液。然后在溶液中加入 1 mL 10% 葡萄糖溶液,混匀后微热,有黄色沉淀产生进而变成红色沉淀。写出有关反应方程式。

将沉淀离心分离、洗涤,然后沉淀分成两份:一份沉淀与 0.5 mL 2 mol·L⁻¹ H₂SO₄ 溶液作用,静置一会,注意沉淀的变化。然后加热至沸,观察有何现象。另一份沉淀中加入 1 mL 浓氨水,振荡后,静置一段时间,观察溶液颜色的变化。放置一段时间后,溶液为什么会变成深蓝色?

2. 氯化亚铜的生成和性质

取 5 mL 0.5 mol·L^{-1} CuCl$_2$ 溶液,加入 2 mL 浓盐酸和少量碎铜屑,水浴加热至其中液体呈深棕色(绿色完全消失),继续加热,直至溶液近无色。取几滴上述溶液加入 10 mL 蒸馏水中,如有白色沉淀产生,则迅速把全部溶液倾入 30 mL 蒸馏水中,观察沉淀颜色的变化。静置,弃去上层清液,用水洗涤一次。

取少许沉淀分成两份:一份与 0.5 mL 浓氨水作用,观察有何变化。另一份与 0.5 mL 浓盐酸作用,观察又有何变化。写出有关反应方程式。

[思考题]

1. 在白色氯化亚铜沉淀中加入浓氨水或浓盐酸后形成什么颜色溶液? 放置一段时间后会变成蓝色溶液,为什么?

2. 上述实验中深棕色溶液是什么物质? 将近无色溶液倾入蒸馏水中发生了什么反应?

3. 碘化亚铜的生成和性质

在盛有 0.5 mL 0.2 mol·L^{-1} CuSO$_4$ 溶液的试管中,边滴加 0.2 mol·L^{-1} KI 溶液边振荡,溶液变为棕黄色(CuI 为白色沉淀、I$_2$ 溶于 KI 呈黄色)。再滴加适量 0.5 mol·L^{-1} Na$_2$S$_2$O$_3$ 溶液,以除去反应中生成的碘。观察产物的颜色和状态,写出反应方程式。

[思考题]

加入硫代硫酸钠是为了与溶液中产生的碘反应,而便于观察碘化亚铜白色沉淀的颜色;但若硫代硫酸钠过量,则看不到白色沉淀,为什么?

4. 汞(Ⅱ)与汞(Ⅰ)的相互转化

(1) Hg^{2+} 的氧化性 在 5 滴 0.2 mol·L^{-1} Hg(NO$_3$)$_2$ 溶液中,逐滴加入 0.2 mol·L^{-1} SnCl$_2$ 溶液(由适量→过量)。观察现象,写出反应方程式。

(2) Hg^{2+} 转化为 Hg$_2^{2+}$ 和 Hg$_2^{2+}$ 的歧化分解 在 0.5 mL 0.2 mol·L^{-1} Hg(NO$_3$)$_2$ 溶液中,滴入 1 滴金属汞,充分振荡。用滴管把清液转入两支试管中(余下的汞要回收),在一支试管中加入 0.2 mol·L^{-1} NaCl 溶液,另一支试管中滴入 2 mol·L^{-1} 氨水,观察现象,写出反应式。

[思考题]

1. 使用汞时应注意什么? 为什么汞要用水封存?
2. 用平衡原理预测在硝酸亚汞溶液中通入硫化氢气体后,生成的沉淀物为何物,并加以解释。

[实验习题]
1. 在制备氯化亚铜时,能否用氯化铜和碎铜屑在用盐酸酸化呈微弱的酸性条件下反应? 为什么? 若用浓氯化钠溶液代替盐酸,此反应能否进行? 为什么?

2. 根据钠、钾、钙、镁、铝、锡、铅、铜、银、锌、镉、汞的标准电极电势,推测这些金属的活泼顺序。

3. 当二氧化硫通入硫酸铜饱和溶液和氯化钠饱和溶液的混合液时,将发生什么反应? 能看到什么现象? 试说明之。写出相应的反应方程式。

4. 选用什么试剂来溶解下列沉淀?

氢氧化铜,硫化铜,溴化铜,碘化银

5. 现有三瓶已失标签的硝酸汞溶液、硝酸亚汞溶液和硝酸银溶液。至少用两种方法鉴别之。

6. 试用实验证明:黄铜的组成是铜和锌(其他组成可不考虑)。

实验二十二 常见阳离子的分离与鉴定(一)

[实验目的]

1. 巩固和进一步掌握一些金属元素及其化合物的性质。
2. 了解常见阳离子混合液的分离和检出方法以及巩固检出离子的操作。

离子的分离和鉴定是以各离子对试剂的不同反应为依据的。这种反应常伴随着特殊的现象,如沉淀的生成或溶解、特征颜色的出现、气体的产生等。各离子对试剂作用的相似性和差异性都是构成离子分离与检出方法的基础。也就是说,离子的基本性质是进行分离检出的基础。因而要想掌握分离检出的方法就要熟悉离子的基本性质。

离子的分离和检出只有在一定条件下才能进行。所谓一定的条件主要指溶液的酸度、反应物的浓度、反应温度、促进或妨碍此反应的物质是否存在等。为使反应向期望的方向进行,就必须选择适当的反应条件。因此,除了要熟悉离子的有关性质外,还要学会运用化学平衡(酸碱、沉淀、氧化还原、配位等平衡)的规律控制反应条件。这对于进一步了解离子分离条件和检出条件的选择将有很大帮助。

用于常见阳离子分离的性质是指常见阳离子与常用试剂的反应及其差异,重点在于应用这种差异性将离子分离。

一、与稀 HCl 溶液反应

$$\left.\begin{array}{l} Ag^+ \\ Hg_2^{2+} \\ Pb^{2+} \end{array}\right\} \xrightarrow{HCl} \left\{\begin{array}{l} AgCl\downarrow 白色,溶于氨水 \\ Hg_2Cl_2\downarrow 白色,溶于热、浓\ HNO_3\ 溶液及\ H_2SO_4\ 溶液 \\ PbCl_2\downarrow 白色,溶于热水,溶于\ NH_4Ac\ 溶液、NaOH\ 溶液 \end{array}\right.$$

二、与稀 H₂SO₄ 的反应

$$\left.\begin{array}{l} Ba^{2+} \\ Sr^{2+} \\ Ca^{2+} \\ Pb^{2+} \\ Ag^+ \end{array}\right\} \xrightarrow{H_2SO_4} \left\{\begin{array}{l} BaSO_4\downarrow 白色,难溶 \\ SrSO_4\downarrow 白色,溶于煮沸的酸 \\ CaSO_4\downarrow 白色,溶解度较大,当\ Ca^{2+}浓度很大时,才析出沉淀 \\ PbSO_4\downarrow 白色,溶于\ NaOH\ 溶液、NH_4Ac\ 溶液(饱和)、热\ HCl\ 溶液、浓\ H_2SO_4 \\ \quad 溶液,不溶于稀\ H_2SO_4\ 溶液 \\ Ag_2SO_4\downarrow 白色,在浓溶液中产生沉淀,溶于热水 \end{array}\right.$$

三、与 NaOH 反应

$$\left.\begin{array}{l} Al^{3+} \\ Zn^{2+} \\ Pb^{2+} \\ Sb^{3+} \\ Sn^{2+} \end{array}\right\} \xrightarrow{过量\ NaOH} \left\{\begin{array}{l} AlO_2^-\ 或\ Al(OH)_4^- \\ ZnO_2^{2-}\ 或\ Zn(OH)_4^{2-} \\ PbO_2^{2-}\ 或\ Pb(OH)_4^{2-} \\ SbO_3^{3-} \\ SnO_2^{2-}\ 或\ Sn(OH)_4^{2-} \end{array}\right.$$

$$Cu^{2+} \xrightarrow[\triangle]{\text{浓 NaOH}} Cu(OH)_4^{2-}$$

四、与 NH₃ 反应

$$
\left.\begin{array}{l}
Ag^+ \\
Cu^{2+} \\
Cd^{2+} \\
Zn^{2+}
\end{array}\right\}
\xrightarrow{\text{过量 } NH_3}
\left\{\begin{array}{l}
Ag(NH_3)_2^+ \\
Cu(NH_3)_4^{2+} \text{ 深蓝色} \\
Cd(NH_3)_4^{2+} \\
Zn(NH_3)_4^{2+}
\end{array}\right.
$$

五、与 (NH₄)₂CO₃ 反应

$$
\left.\begin{array}{l}
Cu^{2+} \\
Ag^+ \\
Zn^{2+} \\
Cd^{2+} \\
Hg^{2+} \\
Hg_2^{2+} \\
Mg^{2+} \\
Pb^{2+} \\
Bi^{3+} \\
Ca^{2+} \\
Sr^{2+} \\
Ba^{2+} \\
Al^{3+} \\
Sn^{2+} \\
Sn^{4+} \\
Sb^{3+}
\end{array}\right\}
\xrightarrow[\text{(适量)}]{(NH_4)_2CO_3}
\left\{\begin{array}{l}
Cu_2(OH)_2CO_3 \downarrow \text{浅蓝色} \\
Ag_2CO_3 \downarrow \text{白色} \\
Zn_2(OH)_2CO_3 \downarrow \text{白色} \\
Cd_2(OH)_2CO_3 \downarrow \text{白色} \\
Hg_2(OH)_2CO_3 \downarrow \text{白色} \\
Hg_2CO_3 \downarrow \text{白色} \longrightarrow HgO \downarrow \text{黄色} + Hg \downarrow \text{黑色} + CO_2 \uparrow \\
Mg_2(OH)_2CO_3 \downarrow \text{白色} \\
Pb_2(OH)_2CO_3 \downarrow \text{白色} \\
(BiO)_2CO_3 \downarrow \text{白色} \\
CaCO_3 \downarrow \text{白色} \\
SrCO_3 \downarrow \text{白色} \\
BaCO_3 \downarrow \text{白色} \\
Al(OH)_3 \downarrow \text{白色} \\
Sn(OH)_2 \downarrow \text{白色} \\
Sn(OH)_4 \downarrow \text{白色} \\
Sb(OH)_3 \downarrow \text{白色}
\end{array}\right.
$$

其中前四行（$Cu_2(OH)_2CO_3$、Ag_2CO_3、$Zn_2(OH)_2CO_3$、$Cd_2(OH)_2CO_3$）

$$
\xrightarrow[\text{(过量)}]{(NH_4)_2CO_3}
\left\{\begin{array}{l}
Cu(NH_3)_4^{2+} \text{ 深蓝色} \\
Ag(NH_3)_2^+ \text{ 无色} \\
Zn(NH_3)_4^{2+} \text{ 无色} \\
Cd(NH_3)_4^{2+} \text{ 无色}
\end{array}\right.
$$

六、与 H₂S 或 (NH₄)₂S 反应

应当掌握各种阳离子生成硫化物沉淀的条件及其硫化物溶解度的差别,并用于阳离子分离。除黑色硫化物以外,可利用颜色进行离子鉴别。

1. 在 $0.3\ mol \cdot L^{-1}$ HCl 溶液中通入 H_2S 气体生成沉淀的离子:

$$
\left.
\begin{array}{l}
Ag^+ \\
Pb^{2+} \\
Cu^{2+} \\
Cd^{2+} \\
Bi^{3+} \\
Hg_2^{2+} \\
Hg^{2+} \\
Sb(V) \\
Sb(III) \\
Sn(IV) \\
Sn(II)
\end{array}
\right\}
\xrightarrow[H_2S]{0.3\ mol\cdot L^{-1}\,HCl}
$$

- $Ag_2S\downarrow$ 黑色
- $PbS\downarrow$ 黑色
- $CuS\downarrow$ 黑色
- $CdS\downarrow$ 黄色
- $Bi_2S_3\downarrow$ 褐色
- $HgS\downarrow + Hg\downarrow$ 黑色 ⎫ 溶于王水,HgS 溶于 Na_2S 溶液
- $HgS\downarrow$ 黑色 ⎭
- $Sb_2S_5\downarrow$ 橙色 ⎫ 溶于浓 HCl 溶液,NaOH 溶液,Na_2S 溶液
- $Sb_2S_3\downarrow$ 橙色 ⎬
- $SnS_2\downarrow$ 黄色 ⎭
- $SnS\downarrow$ 褐色 溶于浓 HCl 溶液,$(NH_4)_2S_x$,不溶于 NaOH 溶液

2. 在 0.3 mol·L^{-1} HCl 溶液中通入 H_2S 气体不发生沉淀,但在氨性介质中通入 H_2S 气体产生沉淀的离子:

$$
\left.
\begin{array}{l}
Zn^{2+} \\
Al^{3+}
\end{array}
\right\}
\xrightarrow[\substack{NH_3\cdot H_2O \\ H_2S}]{NH_4Cl}
$$

- $ZnS\downarrow$ 白色,溶于稀 HCl 溶液,不溶于 HAc 溶液
- $Al(OH)_3\downarrow$ 白色,溶于强碱及稀 HCl 溶液

[实验用品]

仪器:试管(10 mL)、烧杯(250 mL)、离心机、离心试管

固体药品:亚硝酸钠

液体药品:HCl 溶液(2 mol·L^{-1}、6 mol·L^{-1}、浓)、H_2SO_4 溶液(6 mol·L^{-1}、2 mol·L^{-1})、HNO_3 溶液(6 mol·L^{-1})、HAc 溶液(2 mol·L^{-1}、6 mol·L^{-1})、NaOH 溶液(2 mol·L^{-1}、6 mol·L^{-1})、氨水(6 mol·L^{-1})、KOH 溶液(2 mol·L^{-1})、NaCl 溶液(1 mol·L^{-1})、KCl 溶液(1 mol·L^{-1})、$MgCl_2$ 溶液(0.5 mol·L^{-1})、$CaCl_2$ 溶液(0.5 mol·L^{-1})、$BaCl_2$ 溶液(0.5 mol·L^{-1})、$AlCl_3$ 溶液(0.5 mol·L^{-1})、$SnCl_2$ 溶液(0.5 mol·L^{-1})、$Pb(NO_3)_2$ 溶液(0.5 mol·L^{-1})、$SbCl_3$ 溶液(0.1 mol·L^{-1})、$HgCl_2$ 溶液(0.2 mol·L^{-1})、$Bi(NO_3)_3$ 溶液(0.1 mol·L^{-1})、$CuCl_2$ 溶液(0.5 mol·L^{-1})、$AgNO_3$ 溶液(0.1 mol·L^{-1})、$ZnSO_4$ 溶液(0.2 mol·L^{-1})、$Cd(NO_3)_2$ 溶液(0.2 mol·L^{-1})、$Al(NO_3)_3$ 溶液(0.5 mol·L^{-1})、$NaNO_3$ 溶液(0.5 mol·L^{-1})、$Ba(NO_3)_2$ 溶液(0.5 mol·L^{-1})、Na_2S 溶液(0.5 mol·L^{-1})、$KSb(OH)_6$ 溶液(饱和)、$NaHC_4H_4O_6$ 溶液(饱和)、$(NH_4)_2C_2O_4$ 溶液(饱和)、NaAc 溶液(2 mol·L^{-1})、K_2CrO_4 溶液(1 mol·L^{-1})、Na_2CO_3 溶液(饱和)、NH_4Ac 溶液(2 mol·L^{-1})、$K_4[Fe(CN)_6]$ 溶液(0.5 mol·L^{-1})、镁试剂、0.1%铝试剂、罗丹明B、苯、2.5%硫脲、$(NH_4)_2[Hg(SCN)_4]$ 试剂

材料:玻璃棒、pH 试纸、镍丝

[实验内容]

一、碱金属、碱土金属离子的鉴定

1. Na^+ 的鉴定

在盛有 0.5 mL 1 mol·L^{-1} NaCl 溶液的试管中,加入 0.5 mL 饱和六羟基锑(V)酸钾 KSb(OH)$_6$ 溶液,观察白色结晶状沉淀的产生。如无沉淀产生,可以用玻璃棒摩擦试管内壁,放置片

刻,再观察。写出反应方程式。

2. K⁺的鉴定

在盛有 0.5 mL 1 mol·L⁻¹ KCl 溶液的试管中,加入 0.5 mL 饱和酒石酸氢钠 $NaHC_4H_4O_6$ 溶液,如有白色结晶状沉淀产生,示有 K⁺存在。如无沉淀产生,可用玻璃棒摩擦试管壁,再观察。写出反应方程式。

3. Mg^{2+}的鉴定

在试管中加 2 滴 0.5 mol·L⁻¹ $MgCl_2$ 溶液,再滴加 6 mol·L⁻¹ NaOH 溶液,直到生成絮状的 $Mg(OH)_2$ 沉淀为止;然后加入 1 滴镁试剂,搅拌之,生成蓝色沉淀,示有 Mg^{2+}存在。

4. Ca^{2+}的鉴定

取 0.5 mL 0.5 mol·L⁻¹ $CaCl_2$ 溶液于离心试管中,再加 10 滴饱和草酸铵溶液,有白色沉淀产生。离心分离,弃去清液。若白色沉淀不溶于 6 mol·L⁻¹ HAc 溶液而溶于 2 mol·L⁻¹ 盐酸,示有 Ca^{2+}存在。写出反应方程式。

5. Ba^{2+}的鉴定

取 2 滴 0.5 mol·L⁻¹ $BaCl_2$ 溶液于离心试管中,加入 2 mol·L⁻¹ HAc 溶液和 2 mol·L⁻¹ NaAc 溶液各 2 滴,然后滴加 2 滴 1 mol·L⁻¹ K_2CrO_4 溶液,有黄色沉淀生成,示有 Ba^{2+}存在。写出反应方程式。

二、p 区和 ds 区部分金属离子的鉴定

1. Al^{3+}的鉴定

取 2 滴 0.5 mol·L⁻¹ $AlCl_3$ 溶液于离心试管中,加 2~3 滴水、2 滴 2 mol·L⁻¹ HAc 溶液及 2 滴 0.1%铝试剂,搅拌后,置水浴上加热片刻,再加入 1~2 滴 6 mol·L⁻¹ 氨水,有红色絮状沉淀产生,示有 Al^{3+}存在。

2. Sn^{2+}的鉴定

取 5 滴 0.5 mol·L⁻¹ $SnCl_2$ 试液于离心试管中,滴加少量 0.2 mol·L⁻¹ $HgCl_2$ 溶液,边加边振荡,若产生的沉淀由白色变为灰色,然后变为黑色,示有 Sn^{2+}存在。

3. Pb^{2+}的鉴定

取 5 滴 0.5 mol·L⁻¹ $Pb(NO_3)_2$ 试液于离心试管中,加 2 滴 1 mol·L⁻¹ K_2CrO_4 溶液,如有黄色沉淀生成,在沉淀上滴加数滴 2 mol·L⁻¹ NaOH 溶液,沉淀溶解,示有 Pb^{2+}存在。

4. Sb^{3+}的鉴定

取 5 滴 0.1 mol·L⁻¹ $SbCl_3$ 试液于离心试管中,加 3 滴浓盐酸及数粒亚硝酸钠,将Sb(Ⅲ)氧化为 Sb(Ⅴ),当无气体放出时,加数滴苯及 2 滴罗丹明 B 溶液,苯层显紫色,示有 Sb^{3+}存在。

5. Bi^{3+}的鉴定

取 1 滴 0.1 mol·L⁻¹ $Bi(NO_3)_3$ 试液于离心试管中,加 1 滴 2.5%硫脲,生成鲜黄色配合物,示有 Bi^{3+}存在。

6. Cu^{2+}的鉴定

取 1 滴 0.5 mol·L⁻¹ $CuCl_2$ 试液于离心试管中,加 1 滴 6 mol·L⁻¹ HAc 溶液酸化,再加 1 滴 0.5 mol·L⁻¹ 亚铁氰化钾 $K_4[Fe(CN)_6]$ 溶液,生成红棕色 $Cu_2[Fe(CN)_6]$ 沉淀,示有 Cu^{2+}存在。

7. Ag⁺的鉴定

取 5 滴 0.1 mol·L⁻¹ AgNO₃ 试液于离心试管中,加 5 滴 2 mol·L⁻¹ 盐酸,产生白色沉淀。在沉淀中加入 6 mol·L⁻¹ 氨水至沉淀完全溶解。此溶液再用 6 mol·L⁻¹ HNO₃ 溶液酸化,生成白色沉淀,示有 Ag^+ 存在。

8. Zn^{2+} 的鉴定

取 3 滴 0.2 mol·L⁻¹ ZnSO₄ 试液于离心试管中,加 2 滴 2 mol·L⁻¹ HAc 溶液酸化,再加入等体积硫氰酸汞铵 $(NH_4)_2[Hg(SCN)_4]$ 溶液,摩擦试管壁,生成白色沉淀,示有 Zn^{2+} 存在。

9. Cd^{2+} 的鉴定

取 3 滴 0.2 mol·L⁻¹ Cd(NO₃)₂ 试液于离心试管中,加入 2 滴 0.5 mol·L⁻¹ Na₂S 溶液,生成亮黄色沉淀,示有 Cd^{2+} 存在。

10. Hg^{2+} 的鉴定

取 2 滴 0.2 mol·L⁻¹ HgCl₂ 试液于离心试管中,逐滴加入 0.5 mol·L⁻¹ SnCl₂ 溶液,边加边振荡,观察沉淀颜色变化过程,最后变为灰色,示有 Hg^{2+} 存在(该反应可作为 Hg^{2+} 或 Sn^{2+} 的定性鉴定)。

三、部分混合离子①的分离和鉴定

取 Ag^+ 试液 2 滴和 Cd^{2+}、Al^{3+}、Ba^{2+}、Na^+ 试液各 5 滴,加到离心试管中,混合均匀后,按下图和操作步骤进行分离和鉴定。

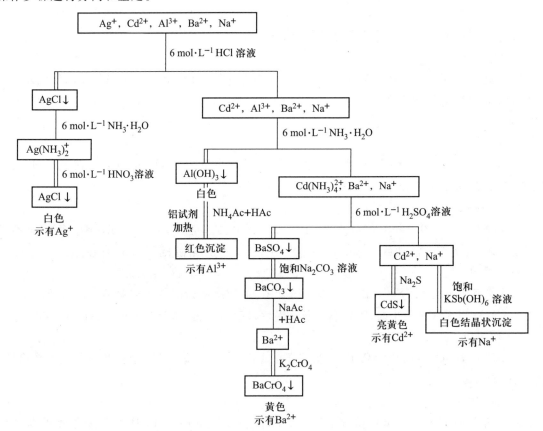

---

① 混合离子由相应的硝酸盐溶液配制。

1. Ag⁺的分离和鉴定

在混合试液中加 1 滴 6 mol·L⁻¹盐酸,剧烈搅拌,在沉淀生成后再滴加 1 滴 6 mol·L⁻¹盐酸至沉淀完全,搅拌片刻,离心分离,把清液转移到另一支离心试管中,按(三、2)处理。沉淀用 1 滴 6 mol·L⁻¹盐酸和 10 滴蒸馏水洗涤,离心分离,洗涤液并入上面的清液中。在沉淀上加入 2~3 滴 6 mol·L⁻¹氨水,搅拌,使它溶解,在所得清液中加入 1~2 滴 6 mol·L⁻¹HNO₃溶液酸化,有白色沉淀析出,示有 Ag⁺存在。

2. Al³⁺的分离和鉴定

往(三、1)的清液中滴加 6 mol·L⁻¹氨水至显碱性,搅拌片刻,离心分离,把清液转移到另一支离心试管中,按(三、3)处理。沉淀中加入 2 mol·L⁻¹ HAc 溶液和 2 mol·L⁻¹ NaAc 溶液各 2 滴,再加入 2 滴铝试剂,搅拌后微热之,产生红色沉淀,示有 Al³⁺存在。

3. Ba²⁺的分离和鉴定

在(三、2)的清液中滴加 6 mol·L⁻¹ H₂SO₄ 溶液至产生白色沉淀,再过量 2 滴,搅拌片刻,离心分离,把清液转移到另一支试管中,按(三、4)处理。沉淀用热蒸馏水 10 滴洗涤,离心分离,清液并入上面的清液中。在沉淀中加入饱和 Na₂CO₃ 溶液 3~4 滴,搅拌片刻,再加入 2 mol·L⁻¹ HAc 溶液和 2 mol·L⁻¹NaAc 溶液各 3 滴,搅拌片刻,然后加入 1~2 滴 1 mol·L⁻¹ K₂CrO₄ 溶液,产生黄色沉淀,示有 Ba²⁺存在。

4. Cd²⁺、Na⁺的分离和鉴定

取少量(三、3)的清液于一支试管中,加入 2~3 滴 0.5 mol·L⁻¹Na₂S 溶液,产生亮黄色沉淀,示有 Cd²⁺存在。

另取少量(三、3)的清液于另一支试管中,加入几滴饱和六羟基锑酸钾溶液,产生白色结晶状沉淀,示有 Na⁺存在。

[思考题]

1. 溶解 CaCO₃、BaCO₃ 沉淀时,为什么用 HAc 溶液而不用 HCl 溶液?

2. 用 K₄[Fe(CN)₆]检出 Cu²⁺时,为什么要用 HAc 酸化溶液?

3. 在未知溶液分析中,当由碳酸盐制取铬酸盐沉淀时,为什么必须用醋酸溶液去溶解碳酸盐沉淀,而不用强酸如盐酸去溶解?

4. 在用硫代乙酰胺从离子混合试液中沉淀 Cd²⁺、Hg²⁺、Bi³⁺、Pb²⁺等离子时,为什么要控制溶液的酸度为 0.3 mol·L⁻¹?酸度太高或太低对分离有何影响?控制酸度为什么用盐酸而不用硝酸?在沉淀过程中,为什么还要加水稀释溶液?

[实验习题]

1. 选用一种试剂区别下列四种溶液:
   KCl,Cd(NO₃)₂,AgNO₃,ZnSO₄

2. 选用一种试剂区别下列四种离子:
   Cu²⁺,Zn²⁺,Hg²⁺,Cd²⁺

3. 用一种试剂分离下列各组离子:

(1) Zn^{2+} 和 Cd^{2+}　　(2) Zn^{2+} 和 Al^{3+}　　(3) Cu^{2+} 和 Hg^{2+}

(4) Zn^{2+} 和 Cu^{2+}　　(5) Zn^{2+} 和 Sb^{3+}

4. 如何把 $BaSO_4$ 转化为 $BaCO_3$? 与 Ag_2CrO_4 转化为 $AgCl$ 相比,哪一种转化比较容易? 为什么?

[附注]

1. 在一般情况下,为了沉淀完全,加入的沉淀剂只需比理论计量量过量 20%～50%。沉淀剂过量太多,会引起较强盐效应、配合物生成等副作用,反而增大沉淀的溶解度。

2. 硫氰酸汞铵 $(NH_4)_2[Hg(SCN)_4]$ 试剂的配制:溶 8 g 二氯化汞和 9 g 硫氰化铵于 100 mL 蒸馏水中。

3. 自制六羟基锑(V)酸钾溶液:在配制好的氢氧化钾饱和溶液中陆续加入五氯化锑,加热。当有少量白色沉淀不再溶解时,停止加入五氯化锑。冷却、静置,上层清液为六羟基锑(V)酸钾溶液。

第十二章　第四周期 d 区元素

元素周期表中的第四周期 d 区元素有 Ti、V、Cr、Mn、Fe、Co、Ni,它们的主要性质如下。

一、Ti

属ⅣB 族元素,以+4 氧化数最稳定。纯二氧化钛为白色粉末,不溶于水、微溶于浓碱,能溶于热硫酸中:

$$TiO_2+2NaOH =\!\!= Na_2TiO_3+H_2O$$

$$TiO_2+2H_2SO_4 \xrightarrow{\triangle} Ti(SO_4)_2+2H_2O$$

$$TiO_2+H_2SO_4 \xrightarrow{\triangle} TiOSO_4+H_2O$$

TiO^{2+} 称为钛酰离子,具有氧化性,能被活泼金属如 Zn、Al 等还原,生成紫色的低价钛(Ⅲ)的化合物:

$$2TiO^{2+}+Zn+4H^+ =\!\!= 2Ti^{3+}+Zn^{2+}+2H_2O$$

Ti^{3+} 具有还原性,遇 $CuCl_2$ 等发生氧化还原反应:

$$2Ti^{3+}+2Cu^{2+}+2Cl^-+2H_2O =\!\!= 2CuCl\downarrow+2TiO^{2+}+4H^+$$

在中等酸度的钛(Ⅳ)盐溶液中加入 H_2O_2,可生成较稳定的橘黄色$[TiO(H_2O_2)]^{2+}$:

$$TiO^{2+}+H_2O_2 =\!\!= [TiO(H_2O_2)]^{2+}$$

利用此反应可进行钛的定性检验和比色分析。

二、V

属ⅤB 族元素,能形成+5、+4、+3、+2 价化合物。五氧化二钒是钒的重要化合物之一,可由偏钒酸铵加热分解制得:

$$2NH_4VO_3 \xrightarrow{\triangle} V_2O_5+2NH_3\uparrow+H_2O$$

五氧化二钒呈橙色至深红色,微溶于水,是两性偏酸性的氧化物,易溶于碱,能溶于强酸中:

$$V_2O_5+6NaOH =\!\!= 2Na_3VO_4+3H_2O$$

$$V_2O_5+H_2SO_4 =\!\!= (VO_2)_2SO_4+H_2O$$

五氧化二钒具有氧化性,能被盐酸还原,生成钒(Ⅳ):

$$V_2O_5+6HCl =\!\!= 2VOCl_2+Cl_2+3H_2O$$

在钒酸盐的酸性溶液中,加入还原剂(如锌粉),可观察到溶液的颜色由黄色逐渐变成蓝色、绿色,最后变成紫色。这些颜色各对应于钒(Ⅳ)、钒(Ⅲ)和钒(Ⅱ)的化合物:

$$NH_4VO_3+2HCl =\!\!= VO_2Cl+NH_4Cl+H_2O$$

$$2VO_2Cl+Zn+4HCl =\!\!=\!\!= 2VOCl_2+ZnCl_2+2H_2O$$
$$2VOCl_2+Zn+4HCl =\!\!=\!\!= 2VCl_3+ZnCl_2+2H_2O$$
$$2VCl_3+Zn =\!\!=\!\!= 2VCl_2+ZnCl_2$$

向钒酸盐溶液中加酸,随 pH 逐渐下降,生成不同缩合度的多钒酸盐。其缩合平衡为

$$2VO_4^{3-}+2H^+ \rightleftharpoons 2HVO_4^{2-} \rightleftharpoons V_2O_7^{4-}+H_2O(pH\geqslant 13)$$
$$3V_2O_7^{4-}+6H^+ \rightleftharpoons 2V_3O_9^{3-}+3H_2O(pH\geqslant 8.4)$$
$$10V_3O_9^{3-}+12H^+ \rightleftharpoons 3V_{10}O_{28}^{6-}+6H_2O(3<pH<8)$$

缩合度增大,溶液的颜色逐渐加深,由淡黄色变到深红色。继续增加酸度,缩合度不再改变,而是发生获得质子的反应:

$$V_{10}O_{28}^{6-}+H^+ \rightleftharpoons HV_{10}O_{28}^{5-}$$
$$HV_{10}O_{28}^{5-}+H^+ \rightleftharpoons H_2V_{10}O_{28}^{4-}$$

在 pH$\approx$2 时,有红棕色五氧化二钒水合物沉淀析出,pH=1 时,溶液中存在稳定的黄色 VO_2^+:

$$H_2V_{10}O_{28}^{4-}+14H^+ \rightleftharpoons 10VO_2^++8H_2O$$

在钒酸盐的溶液中加过氧化氢,若溶液呈弱碱性、中性或弱酸性,得到黄色的二过氧钒酸离子;若溶液呈强酸性,得到红棕色的过氧钒阳离子,两者间存在下列平衡:

$$[VO_2(O_2)_2]^{3-}+6H^+ \rightleftharpoons [V(O_2)]^{3+}+H_2O_2+2H_2O$$

在分析上可作为鉴定钒和比色测定用。

三、Cr

属ⅥB 族元素,最常见的是+3 和+6 氧化数的化合物。铬(Ⅲ)盐溶液与氨水或氢氧化钠溶液反应可制得灰蓝色氢氧化铬胶状沉淀。它具有两性,既溶于酸又溶于碱:

$$Cr^{3+}+3OH^- =\!\!=\!\!= Cr(OH)_3\downarrow$$
$$Cr(OH)^{3+}+3H^+ =\!\!=\!\!= Cr^{3+}+3H_2O$$
$$Cr(OH)_3+OH^- =\!\!=\!\!= CrO_2^-+2H_2O$$

在碱性溶液中,铬(Ⅲ)有较强的还原性:

$$2CrO_2^-+3H_2O_2+2OH^- =\!\!=\!\!= 2CrO_4^{2-}+4H_2O$$

在酸性条件下,铬(Ⅲ)的还原性弱,只能被强氧化剂氧化:

$$10Cr^{3+}+6MnO_4^-+11H_2O \xrightarrow{\triangle} 5Cr_2O_7^{2-}+6Mn^{2+}+22H^+$$

工业上和实验室中常见的铬(Ⅵ)化合物是它的含氧酸盐:铬酸盐和重铬酸盐。它们在水溶液中存在下列平衡:

$$2CrO_4^{2-}+2H^+ \rightleftharpoons Cr_2O_7^{2-}+H_2O$$

除加酸、加碱条件下可使这个平衡发生移动外,向溶液中加入 Ba^{2+}、Pb^{2+} 或 Ag^+,由于生成溶解度较小的铬酸盐,也能使上述平衡向左移动。例如:

$$Cr_2O_7^{2-}+2Ba^{2+}+H_2O =\!\!=\!\!= 2H^++2BaCrO_4\downarrow$$

重铬酸盐在酸性溶液中是强氧化剂,其还原产物都是 Cr^{3+} 的盐。例如:

$$Cr_2O_7^{2-}+3SO_3^{2-}+8H^+ =\!\!=\!\!= 2Cr^{3+}+3SO_4^{2-}+4H_2O$$
$$Cr_2O_7^{2-}+6Fe^{2+}+14H^+ =\!\!=\!\!= 2Cr^{3+}+6Fe^{3+}+7H_2O$$

后一个反应在分析化学中,常用来测定铁。

四、Mn

属ⅦB族元素,具有多种氧化态,最常见的是+2、+4和+7氧化数的化合物。

Mn^{2+}在酸性介质中稳定,还原性弱,只能被强氧化剂氧化:

$$5NaBiO_3+2Mn^{2+}+14H^+ =\!=\!= 2MnO_4^-+5Bi^{3+}+5Na^++7H_2O$$

在碱性介质中易被氧化:

$$Mn^{2+}+2OH^- =\!=\!= Mn(OH)_2\downarrow$$

$$2Mn(OH)_2+O_2 =\!=\!= 2MnO(OH)_2$$

$$Mn(OH)_2+ClO^- =\!=\!= MnO(OH)_2+Cl^-$$

氢氧化锰(Ⅱ)属碱性氢氧化物,溶于酸及酸性盐溶液中,而不溶于碱:

$$Mn(OH)_2+2H^+ =\!=\!= Mn^{2+}+2H_2O$$

$$Mn(OH)_2+2NH_4^+ =\!=\!= Mn^{2+}+2NH_3+2H_2O$$

二氧化锰是锰(Ⅳ)的重要化合物,可由锰(Ⅶ)与锰(Ⅱ)的化合物作用而得到:

$$2MnO_4^-+3Mn^{2+}+2H_2O =\!=\!= 5MnO_2+4H^+$$

在酸性介质中,二氧化锰是一种强氧化剂:

$$MnO_2+SO_3^{2-}+2H^+ =\!=\!= Mn^{2+}+SO_4^{2-}+H_2O$$

$$2MnO_2+2H_2SO_4(浓) =\!=\!= 2MnSO_4+O_2\uparrow+2H_2O$$

在碱性介质中,有氧化剂存在时,锰(Ⅳ)能被氧化转变成锰(Ⅵ)的化合物:

$$2MnO_2+4KOH+O_2 =\!=\!= 2K_2MnO_4+2H_2O$$

锰酸盐只有在强碱性溶液中($pH\geqslant14.4$)才能稳定存在。如果在酸性或弱碱性、中性条件下,会发生歧化反应:

$$3MnO_4^{2-}+4H^+ =\!=\!= 2MnO_4^-+MnO_2+2H_2O$$

锰(Ⅶ)的化合物中最重要的是高锰酸钾。其固体加热到473 K以上分解放出氧气,是实验室制备氧气的简便方法:

$$2KMnO_4 \xrightarrow{\triangle} K_2MnO_4+MnO_2+O_2\uparrow$$

高锰酸钾是最重要和常用的氧化剂之一,它的还原产物因介质的酸碱性不同而不同。

酸性介质:

$$2MnO_4^-+5SO_3^{2-}+6H^+ =\!=\!= 2Mn^{2+}+5SO_4^{2-}+3H_2O$$

中性介质:

$$2MnO_4^-+3SO_3^{2-}+H_2O =\!=\!= 2MnO_2+3SO_4^{2-}+2OH^-$$

碱性介质:

$$2MnO_4^-+SO_3^{2-}+2OH^- =\!=\!= 2MnO_4^{2-}+SO_4^{2-}+H_2O$$

五、Fe、Co、Ni

Fe、Co、Ni属Ⅷ族元素,也被称为铁系元素,常见氧化数为+2和+3。

铁系元素的氢氧化物均难溶于水,其氧化还原性质可归纳如下。

还原性增强 ←——————————————

Fe(OH)$_2$	Co(OH)$_2$	Ni(OH)$_2$
白 色	粉 红	绿 色
Fe(OH)$_3$	Co(OH)$_3$	Ni(OH)$_3$
棕红色	棕 色	黑 色

——————————————→ 氧化性增强

在碱性条件下,空气很容易氧化铁(Ⅱ),可缓慢氧化钴(Ⅱ),不能氧化镍(Ⅱ)。但镍(Ⅱ)能被 Cl_2,Br_2 等氧化。酸性条件下,钴(Ⅲ)和镍(Ⅲ)具有强氧化性,能氧化 Cl^-、Br^- 等。有关反应式:

$$Fe^{2+}+2OH^- = Fe(OH)_2 \downarrow$$

$$4Fe(OH)_2+O_2+2H_2O = 4Fe(OH)_3$$

$$CoCl_2+2NaOH = Co(OH)_2 \downarrow +2NaCl$$

$$4Co(OH)_2+O_2+2H_2O = 4Co(OH)_3$$

$$2Co(OH)_2+Cl_2+2NaOH = 2Co(OH)_3+2NaCl$$

$$2NiSO_4+4NaOH = 2Ni(OH)_2 \downarrow +2Na_2SO_4$$

$$2Ni(OH)_2+Cl_2+2NaOH = 2Ni(OH)_3+2NaCl$$

$$Fe(OH)_3+3HCl = FeCl_3+3H_2O$$

$$2CoO(OH)+6HCl = 2CoCl_2+Cl_2 \uparrow +4H_2O$$

$$[Co(OH)_3 \xrightarrow{-H_2O} CoO(OH)]$$

$$2NiO(OH)+6HCl = 2NiCl_2+Cl_2 \uparrow +4H_2O$$

$$[Ni(OH)_3 \xrightarrow{-H_2O} NiO(OH)]$$

铁系元素能形成多种配合物。这些配合物的形成,常常作为 Fe^{2+}、Fe^{3+}、Co^{2+}、Ni^{2+} 的鉴定方法,如铁的配合物:

$$2Fe(CN)_6^{3-}+3Fe^{2+} = Fe_3[Fe(CN)_6]_2 \downarrow$$

滕氏蓝

$$4Fe^{3+}+3Fe(CN)_6^{4-} = Fe_4[Fe(CN)_6]_3 \downarrow$$

普鲁士蓝

$$Fe^{3+}+nSCN^- = [Fe(NCS)_n]^{3-n} \quad (n=1\sim6)$$

血红色

钴的配合物:
$$Co^{2+}+4SCN^- \xrightarrow{乙醚} Co(SCN)_4^{2-}$$

蓝色

镍的配合物:

二乙酰二肟   桃红色沉淀

Fe(Ⅱ)、Fe(Ⅲ)均不形成氨配合物,Co(Ⅱ)、Co(Ⅲ)均可形成氨配合物,但后者比前者稳定:

$$CoCl_2+NH_3 \cdot H_2O =\!\!= Co(OH)Cl \downarrow +NH_4Cl$$

$$Co(OH)Cl+7NH_3+H_2O =\!\!= [Co(NH_3)_6](OH)_2+NH_4Cl$$

$$2[Co(NH_3)_6](OH)_2+1/2O_2+H_2O =\!\!= 2[Co(NH_3)_6](OH)_3$$

Ni^{2+} 与 NH_3 能形成蓝色的 $Ni(NH_3)_6^{2+}$,但该配离子遇酸、遇碱,用水稀释,受热均可发生分解反应:

$$Ni(NH_3)_6^{2+}+6H^+ =\!\!= Ni^{2+}+6NH_4^+$$

$$Ni(NH_3)_6^{2+}+2OH^- =\!\!= Ni(OH)_2 \downarrow +6NH_3 \uparrow$$

$$2[Ni(NH_3)_6]SO_4+2H_2O \overset{\triangle}{=\!\!=} Ni_2(OH)_2SO_4 \downarrow +10NH_3+(NH_4)_2SO_4$$

实验二十三　第四周期 d 区元素(一)(钛、钒、铬、锰)

[实验目的]

1. 掌握钛、钒、铬、锰主要氧化态的化合物的重要性质及各氧化态之间相互转化的条件。

2. 练习沙浴加热操作。

[实验用品]

仪器:试管、托盘天平、沙浴皿、蒸发皿

固体药品:二氧化钛、锌粒、偏钒酸铵、二氧化锰、亚硫酸钠、高锰酸钾

液体药品:H_2SO_4 溶液(浓、$1\ mol \cdot L^{-1}$)、H_2O_2 溶液(3%)、NaOH 溶液(40%、$6\ mol \cdot L^{-1}$、$0.2\ mol \cdot L^{-1}$、$0.1\ mol \cdot L^{-1}$)、$TiCl_4$ 溶液、$CuCl_2$ 溶液($0.2\ mol \cdot L^{-1}$)、HCl 溶液(浓、$6\ mol \cdot L^{-1}$、$2\ mol \cdot L^{-1}$、$0.1\ mol \cdot L^{-1}$)、NH_4VO_3 溶液(饱和)、$K_2SO_4 \cdot Cr_2(SO_4)_3 \cdot 24H_2O$ 溶液($0.2\ mol \cdot L^{-1}$)、$NH_3 \cdot H_2O$($2\ mol \cdot L^{-1}$)、$K_2Cr_2O_7$ 溶液($0.1\ mol \cdot L^{-1}$)、$FeSO_4$ 溶液($0.5\ mol \cdot L^{-1}$)、K_2CrO_4 溶液($0.1\ mol \cdot L^{-1}$)、$AgNO_3$ 溶液($0.1\ mol \cdot L^{-1}$)、$BaCl_2$ 溶液($0.1\ mol \cdot L^{-1}$)、$Pb(NO_3)_2$ 溶液($0.1\ mol \cdot L^{-1}$)、$MnSO_4$ 溶液($0.2\ mol \cdot L^{-1}$、$0.5\ mol \cdot L^{-1}$)、NH_4Cl 溶液($2\ mol \cdot L^{-1}$)、NaClO 溶液(稀)、H_2S 溶液(饱和)、Na_2S 溶液($0.1\ mol \cdot L^{-1}$、$0.5\ mol \cdot L^{-1}$),$KMnO_4$ 溶液($0.1\ mol \cdot L^{-1}$)、Na_2SO_3 溶液($0.1\ mol \cdot L^{-1}$)、$(NH_4)_2SO_4$ 溶液($1\ mol \cdot L^{-1}$)、$CuCl_2$ 溶液($0.2\ mol \cdot L^{-1}$)

材料:pH 试纸、沸石

[基本操作]

沙浴加热,参见第三章三。

[实验内容]

一、钛的化合物的重要性质

1. 二氧化钛的性质和过氧钛酸根的生成

在试管中加入米粒大小的二氧化钛粉末,然后加入 2 mL 浓 H_2SO_4 溶液,再加入几粒沸石,摇动试管加热至近沸(注意防止浓硫酸溅出),观察试管的变化。冷却静置后,取 0.5 mL 溶液,滴入 1 滴 3% H_2O_2 溶液,观察现象。

另取少量二氧化钛固体,注入 2 mL 40% NaOH 溶液,加热。静置后,取上层清液,小心滴入浓 H_2SO_4 溶液至溶液呈酸性,滴入几滴 3% H_2O_2 溶液,检验二氧化钛是否溶解。

2. 钛(Ⅲ)化合物的生成和还原性

在盛有 0.5 mL 硫酸氧钛的溶液[用液体四氯化钛和 $1\ mol \cdot L^{-1}$($NH_4)_2SO_4$ 溶液按 1:1 的比例配成硫酸氧钛溶液]中,加入两个锌粒,观察颜色的变化,把溶液放置几分钟后,取上层清液,滴入几滴 $0.2\ mol \cdot L^{-1}$ $CuCl_2$ 溶液,观察现象。由上述现象说明钛(Ⅲ)的还原性。

二、钒的化合物的重要性质

1. 取 0.5 g 偏钒酸铵固体放入蒸发皿中,在空气浴上加热,并不断搅拌,观察并记录反应过

程中固体颜色的变化,并检验是否有气体生成,然后把产物分为四份。

在第一份固体中,加入 1 mL 浓 H_2SO_4 溶液振荡,放置。观察溶液颜色,固体是否溶解? 在第二份固体中,加入 6 mol·L^{-1} NaOH 溶液加热。有何变化? 在第三份固体中,加入少量蒸馏水,煮沸、静置,待其冷却后,用 pH 试纸测定溶液的 pH。在第四份固体中,加入浓盐酸,观察有何变化。微沸,检验气体产物,加入少量蒸馏水,观察溶液颜色。写出有关的反应方程式,总结五氧化二钒的特性。

2. 低价钒的化合物的生成

在盛有 1 mL 氯化氧钒溶液(在 1 g 偏钒酸铵固体中,加入 20 mL 6 mol·L^{-1} HCl 溶液和 10 mL 蒸馏水)的试管中,加入 2 粒锌粒,放置片刻,观察并记录反应过程中溶液颜色的变化,并加以解释。

3. 过氧钒阳离子的生成

在盛有 0.5 mL 饱和偏钒酸铵溶液的试管中,加入 0.5mL 2 mol·L^{-1} HCl 溶液和 2 滴 3% H_2O_2 溶液,观察并记录产物的颜色和状态。

4. 钒酸盐的缩合反应

(1) 取四支试管,分别加入 10 mL pH 分别为 14,3,2 和 1(用 0.1 mol·L^{-1} NaOH 溶液和 0.1 mol·L^{-1} 盐酸配制)的水溶液,再向每支试管中加入 0.1 g 偏钒酸铵固体(约一角勺尖)。振荡试管使之溶解,观察现象并加以解释。

(2) 将 pH 为 1 的试管放入热水浴中,向试管内缓慢滴加 0.1 mol·L^{-1} NaOH 溶液并振荡试管。观察颜色变化,记录该颜色下溶液的 pH。

(3) 将 pH 为 14 的试管放入热水浴中,向试管内缓慢滴加 0.1 mol·L^{-1} 盐酸,并振荡试管。观察颜色变化,记录该颜色下溶液的 pH。

[思考题]

将上面实验(2)、(3)和(1)中的现象加以对比,总结出钒酸盐缩合反应的一般规律。

三、铬的化合物的重要性质

1. 铬(Ⅵ)的氧化性

选用两种还原剂,证明 $K_2Cr_2O_7$ 的氧化性。设计实验步骤,并记录有关现象和写出反应方程式。

[思考题]

1. 转化反应须在何种介质(酸性或碱性)中进行? 为什么?

2. 从电势值和还原剂被氧化后产物的颜色考虑,选择哪些还原剂为宜? 如果选择亚硝酸钠溶液可以吗?

2. 铬(Ⅵ)的缩合平衡

设计实现 $Cr_2O_7^{2-}$ 与 CrO_4^{2-} 的相互转化,记录现象并写出反应方程式。

$Cr_2O_7^{2-}$ 和 CrO_4^{2-} 分别能稳定存在于什么性质(酸性或碱性)的溶液中?

3. 氢氧化铬(Ⅲ)的两性

制备氢氧化铬(Ⅲ),并设计验证其两性,记录现象并写出相应的方程式。

4. 铬(Ⅲ)的还原性

选用合适的氧化剂,分别在酸性介质和碱性介质中验证铬(Ⅲ)的还原性,设计实验步骤,记录现象并写出反应方程式。

1. 铬(Ⅲ)在哪种介质(酸性介质或碱性介质)中还原性强?为什么?

2. 从电势值和氧化剂被还原后产物的颜色考虑,应选择哪些氧化剂?3%H_2O_2 溶液可用否?

5. 重铬酸盐和铬酸盐的溶解性

分别在 $Cr_2O_7^{2-}$ 和 CrO_4^{2-} 溶液中,各加入少量的 $Pb(NO_3)_2$、$BaCl_2$ 和 $AgNO_3$,观察产物的颜色和状态,比较并解释实验结果,写出反应方程式。

1. 比较 $Cr_2O_7^{2-}$ 与 $BaCl_2$ 生成沉淀前后 pH 大小,并解释变化的原因。

2. 试总结 $Cr_2O_7^{2-}$ 与 CrO_4^{2-} 相互转化的条件及它们形成相应盐的溶解性大小。

四、锰的化合物的重要性质

1. 氢氧化锰(Ⅱ)的生成和性质

在 4 支试管中,分别加入 1 滴 0.2 mol·L^{-1} $MnSO_4$ 溶液:

试管 1:滴加 0.2 mol·L^{-1} NaOH 溶液,观察沉淀的颜色。振荡试管,有何变化?

试管 2:滴加 0.2 mol·L^{-1} NaOH 溶液,产生沉淀的同时,立刻加入过量的 NaOH 溶液,沉淀是否溶解?

试管 3:滴加 0.2 mol·L^{-1} NaOH 溶液,迅速加入 2 mol·L^{-1} 盐酸,有何现象发生?

试管 4:滴加 0.2 mol·L^{-1} NaOH 溶液,迅速加入 2 mol·L^{-1} NH_4Cl 溶液,沉淀是否溶解?

写出上述有关反应方程式。总结说明 $Mn(OH)_2$ 具有哪些性质?

(1) Mn^{2+} 的氧化 试验硫酸锰和次氯酸钠溶液在酸、碱性介质中的反应。比较 Mn^{2+} 在何种介质中易被氧化。

(2) 硫化锰的生成和性质 往硫酸锰(Ⅱ)溶液中滴加饱和硫化氢溶液,有无沉淀产生?若用硫化钠溶液代替硫化氢溶液,又有何结果?请用事实说明硫化锰的性质和生成沉淀的条件。

试总结 Mn^{2+} 的性质。

2. 二氧化锰的生成和氧化性

（1）往盛有少量 $0.1\ mol\cdot L^{-1}$ KMnO$_4$ 溶液中，逐滴加入 $0.5\ mol\cdot L^{-1}$ MnSO$_4$ 溶液，观察生成沉淀的颜色。往沉淀中加入 $1\ mol\cdot L^{-1}$ H$_2$SO$_4$ 溶液和 $0.1\ mol\cdot L^{-1}$ Na$_2$SO$_3$ 溶液，沉淀是否溶解？写出有关反应方程式。

（2）在盛有少量（米粒大小）二氧化锰固体的试管中加入 2 mL 浓硫酸，加热，观察反应前后颜色。有何气体产生？写出反应方程式。

3. 高锰酸钾的性质

分别试验高锰酸钾溶液与亚硫酸钠溶液在酸性（$1\ mol\cdot L^{-1}$H$_2$SO$_4$ 溶液）、近中性（蒸馏水）、碱性（$6\ mol\cdot L^{-1}$ NaOH 溶液）介质中的反应，记录现象，比较产物的不同，写出反应方程式。

[实验习题]

1. 在水溶液中能否有 Ti^{4+}、Ti^{2+} 或 TiO_4^{4-} 等离子的存在？

2. 根据实验结果，总结钒的化合物的性质。

3. 根据实验结果，设计一张铬的各种氧化数转化关系图。

4. 在碱性介质中，氧能把锰（Ⅱ）氧化为锰（Ⅵ），在酸性介质中，锰（Ⅵ）又可将碘化钾氧化为碘。写出有关反应方程式，并解释以上现象。硫代硫酸钠标准液可滴定析出碘的含量，试由此设计一个测定溶解氧含量的方法。

实验二十四　第四周期 d 区元素（二）（铁、钴、镍）

[实验目的]

1. 试验并掌握二价铁、钴、镍的还原性和三价铁、钴、镍的氧化性。

2. 试验并掌握铁、钴、镍配合物的生成及性质。

[实验用品]

仪器：试管、离心试管

固体药品：硫酸亚铁铵、硫氰酸钾

液体药品：H_2SO_4 溶液（6 mol·L^{-1}、1 mol·L^{-1}）、HCl 溶液（浓）、NaOH 溶液（6 mol·L^{-1}、2 mol·L^{-1}）、$(NH_4)_2Fe(SO_4)_2$ 溶液（0.1 mol·L^{-1}）、$CoCl_2$ 溶液（0.1 mol·L^{-1}）、$NiSO_4$ 溶液（0.1 mol·L^{-1}）、KI 溶液（0.5 mol·L^{-1}）、$K_4[Fe(CN)_6]$ 溶液（0.5 mol·L^{-1}）、氨水（6 mol·L^{-1}、浓）、氯水、碘水、四氯化碳、戊醇、乙醚、H_2O_2 溶液（3%）、$FeCl_3$ 溶液（0.2 mol·L^{-1}）、KSCN 溶液（0.5 mol·L^{-1}）

材料：淀粉-KI 试纸

[实验内容]

一、铁（Ⅱ）、钴（Ⅱ）、镍（Ⅱ）的化合物的还原性

1. 铁（Ⅱ）的还原性

（1）酸性介质　往盛有几滴 $(NH_4)_2Fe(SO_4)_2$ 溶液的试管中加入 3 滴 6 mol·L^{-1} H_2SO_4 溶液，然后滴加氯水，观察现象，写出反应式（如现象不明显，可滴加 1 滴 KSCN 溶液，出现红色，证明有 Fe^{3+} 生成）。

（2）碱性介质　在一试管中放入 1 mL 蒸馏水和 3 滴 6 mol·L^{-1} H_2SO_4 溶液，煮沸，以赶尽溶于其中的空气，然后溶入少量硫酸亚铁铵晶体。在另一试管中加入 1 mL 6 mol·L^{-1} NaOH 溶液，煮沸，冷却后，用滴管吸取 NaOH 溶液，插入 $(NH_4)_2Fe(SO_4)_2$ 溶液（直至试管底部），慢慢挤出滴管中的 NaOH 溶液，观察产物颜色和状态。振荡后放置一段时间，观察又有何变化，写出反应方程式。产物留作下面实验用。

[思考题]

实验步骤（2）要求整个操作都要避免空气带进溶液中，为什么？

2. 钴（Ⅱ）的还原性

（1）往盛有 $CoCl_2$ 溶液的试管中加入氯水，观察有何变化。

（2）在盛有 0.5 mL $CoCl_2$ 溶液的试管中滴入稀 NaOH 溶液，观察沉淀的生成。所得沉淀分成

两份,一份振荡后放置一段时间,另一份加入新配的氯水,观察有何变化,第二份留作下面实验用。

3. 镍(Ⅱ)的还原性

用 $NiSO_4$ 溶液按 2(1)、(2)实验步骤操作,观察现象,第二份沉淀留作下面实验用。

二、铁(Ⅲ)、钴(Ⅲ)、镍(Ⅲ)的化合物的氧化性

(1)在前面实验中保留下来的氢氧化铁(Ⅲ)、氢氧化钴(Ⅲ)和氢氧化镍(Ⅲ)沉淀中均加入浓盐酸,振荡后各有何变化,并用淀粉-KI 试纸检验所放出的气体。

(2)在上述制得的 $FeCl_3$ 溶液中加入 KI 溶液,再加入 CCl_4,振荡后观察现象,写出反应方程式。

[思考题]

综合上述实验所观察到的现象,总结+2 氧化数的铁、钴、镍化合物的还原性和+3 氧化数的铁、钴、镍化合物的氧化性的变化规律。

三、配合物的生成

1. 铁的配合物

(1)往盛有数滴亚铁氰化钾[六氰合铁(Ⅱ)酸钾]溶液的试管中,加入几滴碘水,摇动试管后,滴入数滴硫酸亚铁铵溶液,有何现象发生?此为 Fe^{2+} 的鉴定反应。

(2)向盛有 0.5 mL 新配的 $(NH_4)_2Fe(SO_4)_2$ 溶液的试管中加入碘水,摇动试管后,将溶液分成两份,各滴入数滴硫氰酸钾溶液,然后向其中一支试管中滴加几滴 3% H_2O_2 溶液,观察现象。此为 Fe^{3+} 的鉴定反应。

[思考题]

试从配合物的生成对电极电势的改变来解释为什么 $Fe(CN)_6^{4-}$ 能把 I_2 还原成 I^-,而 Fe^{2+} 则不能。

(3)往 $FeCl_3$ 溶液中加入 $K_4[Fe(CN)_6]$ 溶液,观察现象,写出反应方程式。这也是鉴定 Fe^{3+} 的一种常用方法。

(4)往盛有几滴 0.2 $mol \cdot L^{-1}$ $FeCl_3$ 溶液的试管中,滴入浓氨水直至过量,观察沉淀是否溶解。

2. 钴的配合物

(1)往盛有 0.5 mL $CoCl_2$ 溶液的试管里加入少量硫氰酸钾固体,观察固体周围的颜色。再加入 0.5 mL 戊醇和 0.5 mL 乙醚,振荡后,观察水相和有机相的颜色,这个反应可用来鉴定 Co^{2+}。

(2)往几滴 $CoCl_2$ 溶液中滴加浓氨水,至生成的沉淀刚好溶解为止,静置一段时间后,观察溶液的颜色有何变化。

3. 镍的配合物

往 0.5 mL 0.1 $mol \cdot L^{-1}$ $NiSO_4$ 溶液中加入适量 6 $mol \cdot L^{-1}$ 氨水至生成的沉淀刚好溶解,观察现象。静置片刻,再观察现象,写出离子反应方程式。把溶液分成四份:第一份加入 2 $mol \cdot L^{-1}$ NaOH

溶液,第二份加入1 mol·L^{-1} H$_2$SO$_4$溶液,第三份加水稀释,第四份煮沸,观察有何变化。

[思考题]

根据实验结果比较 Co(NH$_3$)$_6^{2+}$ 配离子和 [Ni(NH$_3$)$_6$]$^{2+}$ 配离子氧化还原稳定性的相对大小及溶液稳定性。

[实验习题]

1. 制取 Co(OH)$_3$、Ni(OH)$_3$ 时,为什么要以 Co(Ⅱ)、Ni(Ⅱ) 为原料在碱性溶液中进行氧化,而不用 Co(Ⅲ)、Ni(Ⅲ) 直接制取?

2. 今有一瓶含有 Fe^{3+}、Cr^{3+} 和 Ni^{2+} 的混合液,如何将它们分离出来,请设计分离示意图。

3. 总结 Fe(Ⅱ、Ⅲ)、Co(Ⅱ、Ⅲ)、Ni(Ⅱ、Ⅲ) 所形成主要化合物的性质。

4. 有一浅绿色晶体 A,可溶于水得到溶液 B,于 B 中加入不含氧气的 6 mol·L^{-1} NaOH 溶液,有白色沉淀 C 和气体 D 生成。C 在空气中逐渐变棕色,气体 D 使红色石蕊试纸变蓝。若将溶液 B 加以酸化再滴加一紫红色溶液 E,则得到浅黄色溶液 F,于 F 中加入黄血盐溶液,立即产生深蓝色的沉淀 G。若溶液 B 中加入 BaCl$_2$ 溶液,有白色沉淀 H 析出,此沉淀不溶于强酸。

问 A、B、C、D、E、F、G、H 是什么物质,写出分子式和有关的反应方程式。

实验二十五　常见阳离子的分离与鉴定(二)

[实验目的]

1. 学习混合离子分离的方法,进一步巩固离子鉴定的条件和方法。
2. 熟练运用常见元素(Ag、Hg、Pb、Cu、Fe)的化学性质。

离子混合溶液中诸组分若对鉴定不产生干扰,便可以利用特效反应直接鉴定某种离子。若共存的其他组分彼此干扰,就要选择适当的方法消除干扰。通常采用掩蔽剂消除干扰,这是一种比较简单、有效的方法。但在很多情况下,没有合适的掩蔽剂,就需要将彼此干扰组分分离。沉淀分离法是最经典的分离方法。这种方法是向混合溶液中加入适当的沉淀剂,利用所形成的化

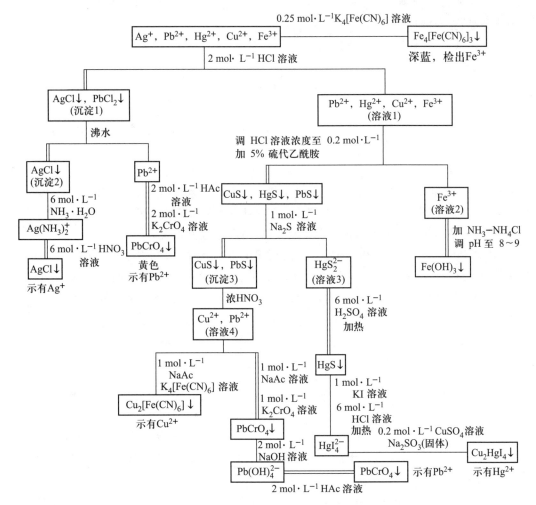

合物溶解度的差异,使被鉴定组分与干扰组分分离。常用的沉淀剂有 HCl、H_2SO_4、NaOH、$NH_3 \cdot H_2O$、$(NH_4)_2CO_3$ 及 $(NH_4)_2S$ 溶液等。某些沉淀剂能使性质相似的元素同时产生沉淀。这种沉淀剂称为产生沉淀的元素的组试剂。组试剂将元素划分为不同的组,逐渐达到分离的目的。

本次实验学习熟练运用 Ag^+、Hg^{2+}、Pb^{2+}、Cu^{2+} 和 Fe^{3+} 元素的化学性质,进行分离和鉴定。其实验方案设计如上分离、鉴定简图所示。

[实验用品]

仪器:离心机、电炉、离心试管、烧杯(100 mL)、黑(白)点滴板、试管夹

液体药品:Ag^+、Hg^{2+}、Pb^{2+}、Cu^{2+}、Fe^{3+} 混合溶液(五种盐都是硝酸盐,其浓度均为 $10\ mg \cdot mL^{-1}$)、H_2SO_4 溶液($6\ mol \cdot L^{-1}$)、HNO_3 溶液(浓,$6\ mol \cdot L^{-1}$)、HCl 溶液($2\ mol \cdot L^{-1}$,$6\ mol \cdot L^{-1}$)、HAc 溶液($6\ mol \cdot L^{-1}$,$2\ mol \cdot L^{-1}$)、NaOH 溶液($2\ mol \cdot L^{-1}$)、$NH_3 \cdot H_2O$ 溶液($6\ mol \cdot L^{-1}$)、K_2CrO_4 溶液($2\ mol \cdot L^{-1}$,$1\ mol \cdot L^{-1}$)、硫代乙酰胺(5%)、NH_4Cl 溶液(饱和)、Na_2S 溶液($1\ mol \cdot L^{-1}$)、NaAc 溶液($1\ mol \cdot L^{-1}$)、$K_4Fe(CN)_6$ 溶液($0.25\ mol \cdot L^{-1}$)、KI 溶液($1\ mol \cdot L^{-1}$)、$CuSO_4$ 溶液($0.2\ mol \cdot L^{-1}$)、NH_3-NH_4Cl 溶液(pH=9)、H_2S 溶液(饱和)

固体药品:亚硫酸钠

材料:pH 试纸、玻璃棒、甲基紫试纸

[实验内容]

取混合溶液 20 滴,放入离心试管并按以下实验步骤进行分离和鉴定。

1. Fe^{3+} 的鉴定

取一滴试液加到白色点滴板凹穴,加 $0.25\ mol \cdot L^{-1}$ $K_4Fe(CN)_6$ 溶液一滴。观察沉淀的生成和颜色,该物质是何沉淀?

2. Ag^+、Pb 和 Cu^{2+}、Hg^{2+}、Fe^{3+} 的分离及 Ag^+、Pb^{2+} 的分离和鉴定

向余下试液中滴加 4 滴 $2\ mol \cdot L^{-1}$ HCl 溶液,充分振动,静置片刻,离心沉降,向上层清液中加 $2\ mol \cdot L^{-1}$ HCl 溶液以检查沉淀是否完全。吸出上层清液,编号溶液 1。用 $2\ mol \cdot L^{-1}$ HCl 溶液洗涤沉淀,编号沉淀 1。观察沉淀的生成和颜色,写出反应方程式。

(1) Pb^{2+} 和 Ag^+ 的分离及 Pb^{2+} 的鉴定 向沉淀 1 中加 6 滴水,在沸水浴中加热 3 min 以上,并不时搅动。待沉淀沉降后,趁热取清液 3 滴于黑色点滴板上,加 $2\ mol \cdot L^{-1}$ K_2CrO_4 溶液和 $2\ mol \cdot L^{-1}$ HAc 溶液各一滴,有什么生成?加 $2\ mol \cdot L^{-1}$ NaOH 溶液后又怎样?再加 $6\ mol \cdot L^{-1}$ HAc 溶液又如何?取清液后所余沉淀编号为沉淀 2。

[思考题]

Pb^{2+} 的鉴定有可能现象不明显,请查阅不同温度时 $PbCl_2$ 在水中的溶解度并做出解释。

(2) Ag^+ 的鉴定 向沉淀 2 中加少量 $6\ mol \cdot L^{-1}$ $NH_3 \cdot H_2O$ 溶液,沉淀是否溶解?再加入 $6\ mol \cdot L^{-1}$ HNO_3 溶液,沉淀重新生成。观察沉淀的颜色,并写出反应方程式。

3. Pb^{2+}、Hg^{2+}、Cu^{2+} 和 Fe^{3+} 的分离及 Pb^{2+}、Hg^{2+}、Cu^{2+} 的分离和鉴定

用 $6\ mol \cdot L^{-1}$ 氨水将溶液 1 的酸度调至中性(加氨水 3~4 滴),再加入体积约为此时溶液十

分之一的 2 mol·L^{-1} HCl 溶液（3~4 滴），将溶液的酸度调至甲基紫试纸显蓝绿色偏蓝，相当于 0.2 mol·L^{-1}HCl 溶液的酸度。加 15 滴 5% CH$_3$CSNH$_2$，混匀后水浴加热 15 min。然后稀释一倍，再加热数分钟。静置冷却，离心沉降。向上层清液中加新制 H$_2$S 溶液检查沉淀是否完全。沉淀完全后离心分离，用饱和 NH$_4$Cl 溶液洗涤沉淀，所得溶液为溶液 2。通过实验判断溶液 2 中的离子。观察沉淀的生成和颜色。

（1）Hg^{2+} 和 Cu^{2+}、Pb^{2+} 的分离　在所得沉淀上加 5 滴 1 mol·L^{-1} Na$_2$S 溶液，水浴加热 3 min，并不时搅拌。再加 3~4 滴水，搅拌均匀后离心分离。沉淀用 Na$_2$S 溶液再处理一次，合并清液，并编号溶液 3。沉淀用饱和 NH$_4$Cl 溶液洗涤，并编号沉淀 3。观察溶液 3 的颜色，讨论反应历程。

（2）Cu^{2+} 的鉴定　向沉淀 3 中加入浓硝酸（4~5 滴），加热搅拌，使之全部溶解，所得溶液编号为溶液 4。用玻棒将产物单质 S 弃去。取 1 滴溶液 4 于白色点滴板上，加 1 mol·L^{-1} NaAc 溶液和0.25 mol·L^{-1} K$_4$Fe(CN)$_6$ 溶液各 1 滴，有何现象？

（3）Pb^{2+} 的鉴定　取 3 滴溶液 4 于黑色点滴板上，加 1 滴 1 mol·L^{-1}NaAc 溶液和 1 滴 1 mol·L^{-1}K$_2$CrO$_4$ 溶液，有什么变化？如果没有变化，请用玻璃棒摩擦。加入 2 mol·L^{-1} NaOH 溶液后，再加 6 mol·L^{-1} HAc 溶液，有什么变化？

（4）Hg^{2+} 的鉴定　向溶液 3 中逐滴加入 6 mol·L^{-1}H$_2$SO$_4$ 溶液，记下加入滴数。当加至pH = 3~5 时，再多加一半滴数的 H$_2$SO$_4$ 溶液。水浴加热并充分搅拌。离心分离，用少量水洗涤沉淀。向沉淀中加 5 滴 1 mol·L^{-1} KI 溶液和 2 滴 6 mol·L^{-1} HCl 溶液，充分搅拌，加热后离心分离。再用 KI 和 HCl 重复处理沉淀。合并两次离心液，往离心液中加 1 滴 0.2 mol·L^{-1} CuSO$_4$ 溶液和少许 Na$_2$SO$_3$ 固体，有什么生成？说明有哪种离子存在？

[思考题]

HgS 的沉淀一步中为什么选用 H$_2$SO$_4$ 溶液酸化而不用 HCl 溶液？

[实验习题]

1. 每次洗涤沉淀所用洗涤剂都有所不同，如洗涤 AgCl、PbCl$_2$ 沉淀用 HCl 溶液（2 mol·L^{-1}），洗涤 PbS、HgS、CuS 沉淀用 NH$_4$Cl 溶液（饱和），洗涤 HgS 用蒸馏水，为什么？

2. 设计分离和鉴定下列混合离子的方案。
（1）Ag$^+$，Cu^{2+}，Al^{3+}，Fe^{3+}，Ba^{2+}，Na$^+$
（2）Pb^{2+}，Mn^{2+}，Zn^{2+}，Co^{2+}，Ba^{2+}，K$^+$

[附注]
甲基紫指示剂在不同浓度盐酸中的颜色表见下方二维码。

第四部分

无机化合物的简单合成与表征

第十三章　概述

　　合成化学是化学学科当之无愧的核心,是人们改造世界创造未来的有力工具。化学家不仅发现和合成了众多天然存在的化合物,还人工创造了大量非天然的化合物、物相与物态,使得人类社会拥有的化合物品种已达数千万种,其中不少已成为人们生产、生活所必需的。

　　无机化合物的合成是利用化学反应通过某些实验方法,从一种或几种无机物质得到另一种或几种无机物质的过程。无机化合物种类很多,到目前为止已有数百万种,各类化合物的合成方法差异很大,即使同一种化合物也有多种合成方法。

　　无机化合物的经典合成方法包括常规水溶液合成法、固相合成法、气相合成法和非水溶剂合成法等。常规水溶液合成法就是利用水溶液中的离子反应来合成多种无机化合物。若产物是沉淀,通过分离沉淀即可获得产品;若产物是气体,通过收集气体可获得产品;若产物溶于水,则采用结晶法获得产品。结晶法的主要操作包括溶液的蒸发、浓缩、结晶、重结晶、过滤和洗涤等。例如,以硝酸钠和氯化钾为原料,用转化法制备 KNO_3 就是利用水溶液中的离子反应来制备的。

　　对大多数溶质而言,水是最好的溶剂。水价廉、易纯化、无毒、容易进行操作。但有些化合物遇水强烈水解,所以不能从水溶液中制得,需要在非水溶剂中制备。常用的无机非水溶剂有液氨、$H_2SO_4(1)$、$HF(1)$ 等;有机非水溶剂有冰醋酸、氯仿、CS_2 和苯等。例如,SnI_4 遇水即水解,在空气中也会缓慢水解,所以需要在非水溶剂中制备 SnI_4。

　　在现代无机合成中,越来越广泛地应用各种特殊实验技术和方法合成具有特殊性质的化合物。例如,高温和低温合成、水热、溶剂热合成、无氧无水实验技术、单晶的合成与晶体生长等。本书中介绍了高温固相合成、气相合成、水溶剂和非水溶剂合成、还原气氛下合成等多种方法。

　　产品的分离、提纯是合成化学的重要组成部分。在无机化合物合成过程中,由于原料中的杂质,所用反应器皿、生产设备的腐蚀,或者副产物的形成,所得产物的纯度不能满足要求。为了得到合乎质量标准的产品,分离与提纯是必不可少的步骤。常用的分离方法包括:重结晶、分级结晶和分级沉淀、升华、分馏、离子交换和色谱分离、萃取分离等。

　　对合成产品的表征和检测是合成化学不可或缺的重要部分。常用的物质分析与表征方法如下:

　　(1)简单的物理法:熔点、沸点、电导率、黏度的测定。

　　(2)化学分析法:化学分析法主要用于测定物质的主要成分。化学分析法是以物质的化学反应为基础的分析方法,包括重量分析和滴定分析。滴定分析根据所利用反应类型的不同,可分为酸碱滴定、氧化还原滴定、沉淀滴定、配位滴定。

　　(3)仪器分析法:仪器分析是以物质的物理性质或物理化学性质为基础的分析方法。在实际工作中仪器分析已成为重要的分析方法。常用的仪器分析方法有 X 射线衍射,差热、热重分析,色谱及各类光谱(如可见光谱、紫外光谱、红外光谱)等。

实验二十六　由粗食盐制备试剂级氯化钠

[实验目的]

1. 学习由粗食盐制备试剂级氯化钠及其试剂纯度的检测方法。

2. 学习物质的溶解、蒸发、浓缩、结晶、气体的发生和净化、固-液分离、pH 试纸的使用,无水盐的干燥等基本操作。

3. 了解用目视比色法和比浊法进行限量分析的原理和方法。

[实验原理]

一般粗食盐中含有泥沙等不溶性杂质及钙、镁、钾的卤化物和硫酸盐等可溶性杂质。不溶性杂质采用过滤的方法除去。可溶性杂质需采用化学法,即加入某些适量的化学试剂使可溶性杂质转化为沉淀物,再过滤除去。其方法是:加入稍过量的氯化钡溶液与食盐中 SO_4^{2-} 反应生成硫酸钡沉淀;再加入适量的氢氧化钠和碳酸钠溶液,使溶液中的 Ca^{2+}、Mg^{2+} 和过量的 Ba^{2+} 转化为沉淀物,相关化学反应方程式如下:

$$Ba^{2+} + SO_4^{2-} \rightleftharpoons BaSO_4 \downarrow$$
$$Mg^{2+} + 2OH^- \rightleftharpoons Mg(OH)_2 \downarrow$$
$$Ca^{2+} + CO_3^{2-} \rightleftharpoons CaCO_3 \downarrow$$
$$Ba^{2+} + CO_3^{2-} \rightleftharpoons BaCO_3 \downarrow$$

生成的沉淀物用过滤的方法除去。过量的氢氧化钠和碳酸盐可用盐酸中和除去,再使用蒸发、浓缩得到氯化钠饱和溶液,并通入氯化氢气体利用同离子效应得到氯化钠晶体。用沉淀剂不能除去的 K^+ 及其他可溶性杂质,绝大部分在最后浓缩结晶过程中仍留在母液内,与氯化钠晶体分离。过量的氢氧化钠和碳酸盐可用纯盐酸中和除去。少许过量的盐酸在干燥氯化钠时,以氯化氢形式逸出。

[实验用品]

仪器:烧杯、量筒、广口瓶、玻璃棒、布氏漏斗、普通漏斗、三脚架、石棉网、托盘天平、分析天平、表面皿、蒸发皿、水泵、比色管、比色管架、离心试管、滴定管、煤气灯(或酒精灯)、铁夹、铁圈

液体试剂:NaOH 溶液($2\ mol \cdot L^{-1}$)、Na_2CO_3 溶液($1\ mol \cdot L^{-1}$)、$BaCl_2$ 溶液($1\ mol \cdot L^{-1}$、25%)、HCl 溶液($3\ mol \cdot L^{-1}$)、C_2H_5OH(95%)、Na_2SO_4 标准溶液(SO_4^{2-} 浓度为 $0.001\ g \cdot L^{-1}$)、$AgNO_3$ 标准溶液($0.100\ 0\ mol \cdot L^{-1}$)、NaOH 标准溶液($1\ mol \cdot L^{-1}$)、淀粉溶液(1%)、荧光素指示剂(0.5%)、酚酞指示剂(1%)

固体试剂:粗食盐、氯化钠(CP)

材料:滤纸、pH 试纸

[基本操作]

固体的溶解、过滤、结晶,参见第六章一。

[实验内容]

1. 氯化钠的精制

（1）溶解粗食盐:用托盘天平称取 20 g 粗食盐,放入 100 mL 小烧杯中,加入 80 mL 水,加热、搅动,使其溶解。

（2）除去不溶物及 SO_4^{2-}:将食盐溶液加热至沸后改用小火维持微沸。为了使溶液中 SO_4^{2-} 全部转化成硫酸钡沉淀,边搅动,边逐滴加入 1 mol·L^{-1}氯化钡溶液,记录氯化钡溶液的用量。待观察不到明显的沉淀生成时,继续加热煮沸溶液数分钟(目的何在?)后,停止加热,取 2 mL 溶液于离心试管中,离心,向上层清液中滴加 3 滴氯化钡溶液,如果仍为清液,无沉淀生成,则表明 SO_4^{2-} 已沉淀完全;反之,则需继续往烧杯中滴加入适量的氯化钡溶液,并将溶液煮沸。如此反复检查,直至 SO_4^{2-} 沉淀完全为止。将溶液沉降后,趁热用倾析法分离,保留滤液。

（3）除去 Ca^{2+}、Ma^{2+}、Ba^{2+}:将滤液加热至沸并维持微沸,边搅拌边滴入 1 mL 2 mol·L^{-1}氢氧化钠溶液,再根据 $BaCl_2$ 溶液物质的量,逐滴加入 1 mol·L^{-1}碳酸钠溶液 4~5 mL 至沉淀生成完全,按前述方法检查 Ca^{2+}、Ma^{2+}、Ba^{2+} 是否沉淀完全。待确证上述离子已沉淀完全后,过滤,保留滤液,弃去沉淀。

（4）除去多余 CO_3^{2-}:往滤液中滴加 3 mol·L^{-1}盐酸,加热,搅拌,至 pH 试纸检测溶液呈酸性(pH=1~2),赶尽二氧化碳。

（5）蒸发、浓缩、结晶:将上述溶液转入蒸发皿(或 100 mL 烧杯)中,空气浴加热,浓缩至产生大量晶体析出时(溶液体积约为原体积的一半),停止加热。冷却,减压过滤,抽干,用少量 95%乙醇洗涤晶体。

精制
氯化钠

精制 NaCl 也可将溶液浓缩至饱和,在通风橱中通入氯化氢气体至大量氯化钠晶体析出,过滤,抽干,具体操作见右侧二维码。

（6）干燥:将制备的 NaCl 晶体转入蒸发皿中,用蒸气浴加热烘炒,用玻璃棒不停翻炒,以防结块。待无水蒸气逸出后,再用大火烘炒数分钟,得到洁白、松散的 NaCl 晶体。自然冷却,称量,计算产率。

2. 产品检验

（1）氯化钠含量的测定:称 0.15 g 干燥恒重的氯化钠晶体产品,称准至 0.000 2 g,溶于 70 mL水中,加 10 mL 1%淀粉溶液,在摇动下,用 0.100 0 mol·L^{-1}AgNO$_3$ 标准溶液避光滴定,接近终点时,加 3 滴 0.5%荧光素指示剂,继续滴定至乳液呈粉红色即为终点。氯化钠的质量分数(w)由下式计算。

$$w = \frac{\frac{V}{1\,000} \times c \times 58.44}{m} \times 100\%$$

式中,V 是硝酸银标准溶液的用量,单位为 mL;c 是硝酸银标准溶液的物质的量浓度,单位为 mol·L^{-1};m 是试样质量,单位为 g;58.44 是 NaCl 的摩尔质量,单位为 g·mol^{-1}。

（2）水溶液反应:称取 5 g 晶体产品,称准至 0.01 g,溶于 50 mL 不含二氧化碳的水中,加 2 滴 1%酚酞指示剂,溶液应无色,加 0.05 mL 1 mol·L^{-1}氢氧化钠标准溶液,溶液应呈粉红色,表明水溶液反应合格。

（3）用比浊法检验试样中 SO_4^{2-}:在小烧杯中称取 1 g 试样,称准至 0.01 g,加 10 mL 蒸馏水溶解后,完全转入 25 mL 比色管中。再加入 1 mL 3 mol·L^{-1} 盐酸和 3.00 mL 25% 氯化钡溶液,及 5 mL 95% 乙醇,加蒸馏水稀释至刻度,摇匀,静置后与下列含 SO$_4^{2-}$ 的标准液①进行比浊。根据溶液混浊的程度,判断确定产品中 SO$_4^{2-}$ 杂质含量所达到的等级:

一级,优级纯为 0.01 mg;二级,分析纯为 0.02 mg;三级,化学纯为 0.05 mg。

[实验习题]

1. 粗盐中含有哪些杂质?如何用化学方法除去?怎样检验其可溶性杂质是否沉淀完全?

2. 为什么首先要把不溶性杂质与 SO$_4^{2-}$ 一起除去?为什么要将硫酸钡过滤掉后才加碳酸钠?

3. 为什么在粗盐提纯过程中加氯化钡和碳酸钠后,均要加热至沸?

4. 通氯化氢气体前,为何要将氯化钠溶液浓缩至微晶膜出现?这种氯化氢法制备试剂氯化钠的原理是什么?

5. 在产品干燥前,为什么要将氯化钠抽干?有何好处?

6. 哪些情况会造成产品产率过高?

---

① 含 0.01 g·L^{-1} SO$_4^{2-}$ 的标准比浊液由实验准备室配制。配制方法:称取 0.148 g 于 105~110 ℃ 干燥至恒重的无水硫酸钠,溶于蒸馏水,移入 1 000 mL 容量瓶中,稀释至刻度。用吸量管分别吸取 1.00 mL、2.00 mL 及 5.00 mL 浓度为 0.01 g·L^{-1} 的 Na$_2$SO$_4$ 标准溶液,加到三支 25 mL 比色管中,再各加入 3.00 mL 25% BaCl$_2$ 溶液、1 mL 3 mol·L^{-1} HCl 溶液及 5 mL 95% 乙醇,用蒸馏水稀释至刻度,摇匀。

实验二十七　高锰酸钾的制备及含量的测定
——固体碱熔氧化法

[实验目的]

1. 学习碱熔法由二氧化锰制备高锰酸钾的基本原理和操作方法。

2. 熟悉熔融、浸取。

3. 巩固过滤、结晶和重结晶等基本操作。

4. 掌握锰的各种氧化态之间相互转化关系。

软锰矿的主要成分是二氧化锰。二氧化锰在较强氧化剂(如氯酸钾)存在下与碱共熔时,可被氧化成为锰酸钾:

$$3MnO_2+KClO_3+6KOH \xrightarrow{\text{熔融}} 3K_2MnO_4+KCl+3H_2O$$

熔块由水浸取后,随着溶液碱性降低,水溶液中的 MnO_4^{2-} 不稳定,发生歧化反应。一般在弱碱性或近中性介质中,歧化反应趋势较小,反应速率也较慢。但在弱酸性介质中,MnO_4^{2-} 易发生歧化反应,生成 MnO_4^- 和 MnO_2。如向含有锰酸钾的溶液中通 CO_2 气体,可发生如下反应:

$$3K_2MnO_4+2CO_2 \longrightarrow 2KMnO_4+MnO_2\downarrow+2K_2CO_3$$

经减压过滤除去二氧化锰后,将溶液浓缩即可析出暗紫色的针状高锰酸钾晶体。

[实验用品]

仪器:铁坩埚、启普发生器、坩埚钳、泥三角、抽滤装置、烘箱、蒸发皿、烧杯(250 mL)、表面皿、滴定分析配套仪器

固体药品:二氧化锰、氢氧化钾、氯酸钾、碳酸钙、亚硫酸钠、基准物草酸

液体药品:工业盐酸、分析纯硫酸

材料:8 号铁丝

[基本操作]

1. 启普发生器的安装和调试,参见第五章一。

2. 固体的溶解、过滤和结晶,参见第六章一。

[实验内容]

一、二氧化锰的熔融氧化

称取 2.5 g 氯酸钾固体和 5.2 g 氢氧化钾固体,放入铁坩埚中,用铁棒将物料混合均匀。将铁坩埚放在泥三角上,用坩埚钳夹紧,小火加热,边加热边用铁棒搅拌,待混合物熔融后,将 3 g 二氧化锰固体分多次,小心加入铁坩埚中,防止火星外溅。随着熔融物的黏度增大,用力加快搅

拌以防结块或粘在坩埚壁上。待反应物干涸后,提高温度,强热 5 min,得到墨绿色锰酸钾熔融物。用铁棒尽量捣碎。

[思考题]

1. 为什么制备锰酸钾时要用铁坩埚而不用瓷坩埚?
2. 实验时,为什么使用铁棒而不使用玻璃棒搅拌?

二、浸取
待盛有熔融物的铁坩埚冷却后,用铁棒尽量将熔块捣碎,并将其侧放于盛有 100 mL 蒸馏水的 250 mL 烧杯中以小火共煮,直到熔融物全部溶解为止,用坩埚钳小心取出铁坩埚。

三、锰酸钾的歧化
趁热向浸取液中通二氧化碳气体至锰酸钾全部歧化为止(可用玻璃棒蘸取溶液于滤纸上,如果滤纸上只有紫红色而无绿色痕迹,即表示锰酸钾已歧化完全,pH 在 10~11 之间),然后静置片刻,抽滤。

[思考题]

该操作步骤中,为什么要使用玻璃棒搅拌溶液,而不用铁棒?

四、滤液的蒸发结晶
将滤液倒入蒸发皿中,蒸发浓缩至表面开始析出 $KMnO_4$ 晶膜为止,自然冷却晶体,然后抽滤,将高锰酸钾晶体抽干。

五、高锰酸钾晶体的干燥
将晶体转移到已知质量的表面皿中,用玻璃棒将其分散开。放入烘箱中(80 ℃为宜,不能超过 240 ℃)干燥 0.5 h,冷却后称量,计算产率。

六、纯度分析
实验室备有基准物质草酸、硫酸,设计分析方案,确定所制备的产品中高锰酸钾的含量。

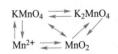

图 13-1 锰的不同氧化态之间相互转化示意图

七、锰各种氧化态间的相互转化(选作)
利用自制高锰酸钾晶体,如图 13-1 所示设计实验,实现锰的各种氧化态之间的相互转化。写出实验步骤及有关反应的离子方程式。

[实验习题]

1. 总结启普发生器的构造和使用方法。
2. 为了使 K_2MnO_4 发生歧化反应,能否用 HCl 代替 CO_2,为什么?
3. 由锰酸钾在酸性介质中歧化的方法来制备高锰酸钾的最大转化率是多少?还可采取何种实验方法提高锰酸钾的转化率?

[附注]

1. 参考数据

一些化合物溶解度随温度的变化　　　　单位:g·(100 g H_2O)$^{-1}$

化合物	$t/℃$										
	0	10	20	30	40	50	60	70	80	90	100
KCl	27.6	31.0	34.0	37.0	40.0	42.6	45.5	48.3	51.1	54.0	56.7
K_2CO_3·$2H_2O$	51.3	52	52.5	53.2	53.9	54.8	55.9	57.1	58.3	59.6	60.9
$KMnO_4$	2.83	4.4	6.4	9.0	12.56	16.89	22.2	—	—	—	—

2. 通 CO_2 过多,溶液的 pH 较低,溶液中会生成大量的 $KHCO_3$,而 $KHCO_3$ 的溶解度比 K_2CO_3 小得多,在溶液浓缩时,$KHCO_3$ 会和 $KMnO_4$ 一起析出。

实验二十八　由钛铁矿制取二氧化钛

——酸溶浸取法

[实验目的]

1. 了解用浓硫酸溶解钛铁矿的方法制取二氧化钛的原理和操作方法。
2. 学习用玻璃砂漏斗过滤。
3. 学习高酸度下进行水解的方法。
4. 学习二氧化钛的主要性质。

钛铁矿主要成分为钛酸铁 $FeTiO_3$，其他杂质主要为镁、锰、钒、铬、铝等。由于这些杂质的存在，还由于一部分铁(Ⅱ)在风化过程中转化为铁(Ⅲ)而失去，二氧化钛的含量变化范围较大，一般为 50% 左右。

在 160~200 ℃，过量的浓硫酸与钛铁矿反应，即发生下列反应：

$$FeTiO_3 + 2H_2SO_4 \xrightarrow{\triangle} TiOSO_4 + FeSO_4 + 2H_2O$$

$$FeTiO_3 + 3H_2SO_4 \xrightarrow{\triangle} Ti(SO_4)_2 + FeSO_4 + 3H_2O$$

它们都是放热反应。反应一旦开始，进行得就很剧烈。

分解产物用水浸取，这时钛和铁等以硫酸氧钛和硫酸亚铁形式进入溶液。还有一部分硫酸高铁也进入溶液。把溶液冷却到 0 ℃ 附近，便有大量 $FeSO_4 \cdot 7H_2O$ 晶体析出。剩下的硫酸亚铁只要铁不被氧化为三价，可以在以后的硫酸氧钛水解或偏钛酸（水解产物）的水洗过程中除去。为此，必须把浸出液中铁(Ⅲ)盐全部用金属铁屑还原为亚铁盐：

$$Fe + 2Fe^{3+} = 3Fe^{2+}$$

铁屑应当过量些，可以进一步把小部分 TiO^{2+} 还原为 Ti^{3+}，以保护 Fe^{2+} 不被氧化，参考下列有关电对的电极电势。

$$Fe^{3+} + e^- = Fe^{2+} \qquad \varphi^{\ominus} = +0.771 \text{ V}$$

$$TiO^{2+} + 2H^+ + e^- = Ti^{3+} + H_2O \qquad \varphi^{\ominus} = +0.10 \text{ V}$$

为了实现在高酸度下使 $TiOSO_4$ 水解，可先取一部分上述 $TiOSO_4$ 溶液，使其水解并分散为偏钛酸溶胶，以此作为晶种与其余的 $TiOSO_4$ 溶液一起，加热至 100 ℃ 以上进行水解，即得"偏钛酸"沉淀：

$$TiOSO_4 + 2H_2O = H_2TiO_3 + H_2SO_4$$

偏钛酸在高温(800~1 000 ℃)下灼烧，即得二氧化钛：

$$H_2TiO_3 \xrightarrow{\triangle} TiO_2 \downarrow + H_2O$$

[实验用品]

仪器:蒸发皿(150 mL)、温度计(250 ℃)、试管、烧杯(250 mL，100 mL)、抽滤瓶、布氏漏斗、

玻璃砂漏斗、坩埚、量筒(100 mL)、托盘天平、沙浴盘

固体药品:二氧化钛、钛铁矿精矿粉(325 目)、铁粉(CP)

液体药品:硫酸(1 mol·L^{-1},浓)、NaOH 溶液(40%)、H_2O_2 溶液(3%)、

材料:沸石(或碎瓷片)、玻璃棒、沙子、冰

[基本操作]

玻璃砂漏斗的使用,参见第六章一和本实验附注。

[实验内容]

一、由钛铁矿制取二氧化钛

1. 分解精矿

称取 25 g 磨细(325 目)的钛铁矿精矿粉,放入瓷蒸发皿中。加入 20 mL 浓硫酸,搅拌均匀。然后放在沙浴上加热,并经常搅拌。用温度计测量反应物的温度,当温度升至 110～120 ℃时,要不停地搅动反应物,并注意观察反应物的变化(开始有白烟冒出,颜色变蓝,且黏度逐渐增大)。当温度升至 150 ℃左右时,反应剧烈进行,反应物迅速变稠变硬,这一过程在数分钟内即可结束。因此,在这段时间要大力搅动,避免反应物凝固在蒸发皿壁上。剧烈反应结束后,继续保持温度约 30 min(把温度计插在沙浴中,测量沙浴温度,保持在 200 ℃以下)。最后冷至室温。

2. 浸取

将产物取出,放在烧杯中,加入 60 mL 水,搅拌,浸取约 1 h(至产物全部分散为止)。为了加速溶解,也可稍稍加热,但整个浸取过程中,温度不能超过 70 ℃,以免硫酸氧钛过早水解为白色乳浊状极难过滤的产物。用玻璃砂漏斗抽滤,滤渣用少量水(约 10 mL)洗涤一次,滤渣弃去。

取少量滤液,滴加 3% H_2O_2 溶液,便会发生如下反应:

$$TiO^{2+}+H_2O_2 \Longrightarrow [TiO(H_2O_2)]^{2+}(橙黄色)$$

这是 TiO^{2+} 的特征反应,用此方法可检验滤液中是否有 TiO^{2+}。

3. 分离硫酸亚铁

往滤液中慢慢加入约 1 g(勿多于 1 g)铁粉,并不断搅拌,至溶液变为紫黑色为止[此时铁粉除将 Fe^{3+} 还原为 Fe^{2+} 外,过量铁还可以使部分钛(Ⅳ)还原为紫色的钛(Ⅲ)]。用玻璃砂漏斗抽滤,滤液用冰-盐混合物冷却至 -2～0 ℃,即有 $FeSO_4 \cdot 7H_2O$ 晶体析出($FeSO_4 \cdot 7H_2O$ 在水中的溶解度如表 13-1 所示)。冷却一段时间后,进行抽滤。硫酸亚铁作为副产品回收。

表 13-1 $FeSO_4 \cdot 7H_2O$ 在水中的溶解度

$t/℃$	0	10	20	30	40	50
$s/[g \cdot (100 g H_2O)^{-1}]$	15.65	20.51	26.5	32.9	40.2	48.6

[思考题]

1. 是否可以用其他活泼金属如锌、铝或镁等将铁(Ⅲ)还原为铁(Ⅱ)?在以上步骤中为什么不用其他活泼金属代替铁粉还原铁(Ⅲ)?

2. 吸取 1 mL 滤液,长时间放置,注意观察溶液颜色是否会发生变化。

4. 钛盐水解

先取约 1/5 体积经分离硫酸亚铁后的浸出液。在不断搅拌下,将浸出液逐滴加进约为浸出液总体积 8~10 倍的沸水中。继续煮沸 10~15 min 后,再慢慢加入其余全部浸出液。加完后继续煮沸约 30 min(应不断补充水)。然后静置沉降,先用倾析法以热的稀硫酸(1:10)洗涤两次,再用热水冲洗多次,直至检验不到 Fe^{2+} 为止。用布氏漏斗抽滤即得偏钛酸(用冷水冲洗亦可,但要几天时间)。

[思考题]

杂质 Fe^{2+} 是通过哪些步骤除去的?如何防止 Fe^{2+} 被氧化为 Fe^{3+}?

5. 灼烧

把偏钛酸放在坩埚中,先小火烘干,热后大火灼烧至不再冒白烟为止(亦可放在马弗炉内灼烧,温度在 850 ℃左右)。冷却,即得白色二氧化钛粉末。称量,计算产率。

二、定性检验二氧化钛

在试管中加入米粒大小自制的二氧化钛粉末,加入 2 mL 浓硫酸,再加入几粒沸石,摇动试管,加热至近沸(注意防止浓硫酸溅出),观察试管内的变化。冷却静置后,取 0.5 mL 溶液,滴入 1 滴 3% H_2O_2 溶液,观察现象。

另取少量自制的二氧化钛粉末,加入 2 mL 40% NaOH 溶液,加热。静置后,取上层清液,小心滴入浓硫酸至溶液呈酸性,滴入几滴 3% H_2O_2 溶液,观察现象。

[实验习题]

1. 在水溶液中能否有 Ti^{4+}、Ti^{2+} 或 TiO_4^{4-} 等离子共存?

2. 简述由钛铁矿制二氧化钛的化学原理和实验操作步骤。

3. 怎样才能加速钛铁矿的分解?

4. 在本实验条件下,$TiOSO_4$ 水解时,Ti^{3+} 是否也水解?

5. 在洗涤偏钛酸时,如何检验其中是否含有 Fe^{2+}?

[附注]

清洗玻璃砂漏斗

方法:用玻璃棒将玻璃砂板上的沉淀轻轻刮下,切勿用力刮刻玻璃砂板,然后用自来水尽量冲洗干净。最后在酸性介质中,用 Na_2SO_3 还原遗留在缝隙里的沉淀,漏斗洁白后,用自来水冲净,再用蒸馏水冲洗备用。

实验二十九　硫代硫酸钠的制备

[实验目的]

1. 学习用溶剂法提纯工业硫化钠和用提纯的硫化钠制备硫代硫酸钠的方法。
2. 练习冷凝管的安装和回流操作。
3. 练习抽滤、气体发生、器皿连接等操作。

一、非水溶剂重结晶法提纯硫化钠

纯硫化钠为含有不同数目结晶水的无色晶体（如 $Na_2S \cdot 5H_2O, Na_2S \cdot 9H_2O$）。工业硫化钠由于含有大量杂质,如重金属硫化物、煤粉等而呈现红褐色或棕黑色。本实验是利用硫化钠能溶于热的酒精中,其他杂质在趁热过滤时除去,或在冷却后硫化钠结晶析出时留在母液中除去,达到使硫化钠纯化的目的。

二、硫代硫酸钠的制备

用硫化钠制备硫代硫酸钠的反应大致可分为三步进行:

（1）碳酸钠与二氧化硫中和而生成亚硫酸钠

$$Na_2CO_3 + SO_2 = Na_2SO_3 + CO_2$$

（2）硫化钠与二氧化硫反应生成亚硫酸钠和硫

$$2Na_2S + 3SO_2 = 2Na_2SO_3 + 3S$$

（3）亚硫酸钠与硫反应而生成硫代硫酸钠

$$Na_2SO_3 + S \xrightarrow{\triangle} Na_2S_2O_3$$

总反应如下:

$$2Na_2S + Na_2CO_3 + 4SO_2 = 3Na_2S_2O_3 + CO_2$$

含有硫化钠和碳酸钠的溶液,用二氧化硫气体饱和。反应中碳酸钠用量不宜过少。如用量过少,则中间产物亚硫酸钠量少,使析出的硫不能全部生成硫代硫酸钠。硫化钠和碳酸钠以 2∶1 的摩尔比取量较为适宜。

反应完毕,过滤得到 $Na_2S_2O_3$ 溶液,然后浓缩、蒸发,冷却,析出晶体为 $Na_2S_2O_3 \cdot 5H_2O$,干燥后即为产品。

[实验用品]

仪器:圆底烧瓶(250 mL)、水浴锅、300 mm 直形(或球形)冷凝管、抽滤瓶(250 mL)、布氏漏斗、烧杯(250 mL)、打孔器、锥形瓶(250 mL)、分液漏斗、橡胶塞、蒸馏烧瓶(250 mL)、洗气瓶、磁力搅拌器、烘箱

固体药品:硫化钠(工业级)、亚硫酸钠(无水)、碳酸钠

液体药品:乙醇(95%)、H_2SO_4 溶液(浓)、NaOH 溶液(6 mol $\cdot$ L^{-1},10%)、Pb(Ac)$_2$ 溶液

（10%）、HAc-NaAc 缓冲溶液、I_2 标准溶液（$0.1\ mol\cdot L^{-1}$）、淀粉溶液（0.2%）、酚酞指示剂

材料:pH 试纸、螺旋夹、橡胶管、滤纸

［基本操作］

1. 气体的发生、收集和净化,参见第五章一。

2. 回流操作,参见本实验内容一。

［实验内容］

一、硫化钠的提纯

取粉碎的工业级硫化钠 18 g,装入 250 mL 圆底烧瓶中,再加入 150 mL 95%乙醇和 8 mL 水。将圆底烧瓶放在水浴锅上,圆底烧瓶上装一支 300 mm 直形(或球形)冷凝管,并向冷凝管中通入冷却水(装置如图 13-2 所示)。水浴锅的水保持沸腾,回流约 40 min。

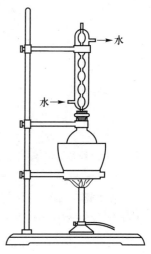

图 13-2　硫化钠的纯化装置

［思考题］

将工业级硫化钠溶于乙醇并加热时,为什么要采用在水浴锅上加热并回流的方法?

停止加热并使圆底烧瓶在水浴锅上静置 5 min,然后取下圆底烧瓶,用两层滤纸趁热抽滤,以除去不溶性杂质。将滤液转入一只 250 mL 烧杯中,不断搅拌以促使硫化钠晶体大量析出。再放置一段时间,冷却至室温。冷却后倾析出上层母液。硫化钠晶体用少量 95%乙醇在烧杯中用倾析法洗涤一至二次,然后抽滤。抽干后,再用滤纸吸干。母液装入指定的回收瓶中。按本方法制得的产品组成相当于 $Na_2S\cdot 5H_2O$。

二、硫代硫酸钠的制备

称取提纯后的硫化钠 15 g,并根据化学反应方程式计算出所需碳酸钠的用量进行称量。然后将硫化钠和碳酸钠一并放入 250 mL 锥形瓶中,加入 150 mL 蒸馏水使其溶解(可微热,促其溶解)。

按图 13-3 安装制备硫代硫酸钠的装置。

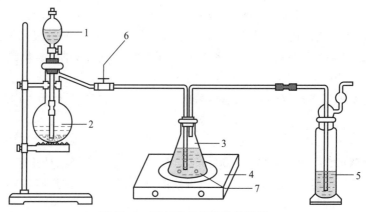

图 13-3　制备硫代硫酸钠的装置

1—分液漏斗(内装浓 H_2SO_4);2—蒸馏烧瓶(内装 Na_2SO_3);3—锥形瓶(内装 Na_2S、Na_2CO_3 水溶液);

4—电磁搅拌器;5—碱吸收瓶;6—螺旋夹;7—小磁铁

在分液漏斗中加入浓硫酸,蒸馏烧瓶中加入亚硫酸钠固体(比理论量稍多些)以反应产生 SO_2 气体。在碱吸收瓶中加入 $6\ mol \cdot L^{-1}$ NaOH 溶液以吸收多余的 SO_2 气体。

打开分液漏斗,使硫酸慢慢滴下。打开螺旋夹,适当调节螺旋夹(防止倒吸),使反应产生的 SO_2 气体较均匀地通入 Na_2S-Na_2CO_3 溶液中,并采用电磁搅拌器搅动。随着 SO_2 气体的通入,逐渐有大量浅黄色的硫析出。继续通 SO_2 气体。反应进行约 1 h,溶液的 pH 约等于 7 时(注意不要小于 7),停止通入 SO_2 气体。

[思考题]

1. 在 Na_2S-Na_2CO_3 溶液中通 SO_2 的反应是放热反应,还是吸热反应?为什么?
2. 停止通 SO_2 时,为什么必须控制溶液的 pH 约为 7,而不能使 pH 小于 7?

过滤所得的 $Na_2S_2O_3$ 溶液转移至烧杯中进行浓缩,直至溶液中有一些晶体析出时,停止蒸发,冷却。使 $Na_2S_2O_3 \cdot 5H_2O$ 结晶析出,过滤。将晶体放在烘箱中,在 40 ℃下,干燥 40~60 min。称量,计算产率。

$$Na_2S_2O_3 \cdot 5H_2O\ 的产率 = \frac{b \times 2 \times 78.06\ g \cdot mol^{-1}}{a \times 3 \times 248.21\ g \cdot mol^{-1}} \times 100\%$$

式中,b 为所得 $Na_2S_2O_3 \cdot 5H_2O$ 晶体的质量;a 为硫化钠的用量;78.06 $g \cdot mol^{-1}$ 为硫化钠的摩尔质量;248.21 $g \cdot mol^{-1}$ 为 $Na_2S_2O_3 \cdot 5H_2O$ 的摩尔质量。

三、产品检验

1. 硫化钠含量的测定

称取 1 g 硫代硫酸钠试样,溶于 10 mL 蒸馏水中。另取少量 10% $Pb(Ac)_2$ 溶液,逐滴滴入 10% NaOH 溶液至白色沉淀刚刚溶解。然后,取 0.5 mL 此碱性 $Pb(Ac)_2$ 溶液注入上述 10 mL $Na_2S_2O_3$ 的溶液中,若溶液不变色或不变暗,即符合标准。

2. 五水硫代硫酸钠含量的测定

精确称取 0.5 g(准确到 0.1 μg)硫代硫酸钠试样,用少量水溶解,滴入 1~2 滴酚酞指示剂,再注入 10 mL HAc-NaAc 缓冲溶液,以保证溶液的弱酸性。然后用 0.1 $mol \cdot L^{-1}$ I_2 标准溶液(由实验员配制)滴定,以淀粉溶液为指示剂,直到 1 min 内溶液的蓝色不褪掉为止。

$$w_{Na_2S_2O_3 \cdot 5H_2O} = \frac{V \times c \times 0.248\ 20 \times 2}{m} \times 100\%$$

式中,V 为所用 I_2 标准溶液的体积;c 为标准液物质的量浓度;m 为所取 $Na_2S_2O_3 \cdot 5H_2O$ 试样的质量。

[实验习题]

说明产品分析中硫化钠和硫代硫酸钠含量测定的原理。

[附注]

硫代硫酸钠可应用于洗相定影中,具体见右侧二维码。

洗相定影
及显影液
配方

实验三十　一种钴(Ⅲ)配合物的制备

[实验目的]

1. 掌握制备金属配合物最常用的方法——水溶液中的取代反应和氧化还原反应,了解其基本原理和方法。

2. 对配合物组成进行初步推断。

3. 学习使用电导仪。

运用水溶液中的取代反应来制取金属配合物,是在水溶液中的一种金属盐和一种配体之间的反应。实际上是用适当的配体来取代水合配离子中的水分子。氧化还原反应制备金属配合物是将不同氧化态的金属化合物,在配体存在下使其适当地氧化或还原以制得该金属配合物。

Co(Ⅱ)的配合物(是活性的)能很快地进行取代反应,而 Co(Ⅲ)配合物(是惰性的)的取代反应则很慢。Co(Ⅲ)的配合物制备过程一般是通过 Co(Ⅱ)(实际上是它的水合配合物)和配体之间的一种快速反应生成 Co(Ⅱ)的配合物,然后使它被氧化成为相应的 Co(Ⅲ)配合物(配位数均为6)。

常见的 Co(Ⅲ)配合物有:$Co(NH_3)_6^{3+}$(黄色)、$[Co(NH_3)_5H_2O]^{3+}$(粉红色)、$[Co(NH_3)_5Cl]^{2+}$(紫红色)、$[Co(NH_3)_4CO_3]^+$(紫红色)、$[Co(NH_3)_3(NO_2)_3]$(黄色)、$Co(CN)_6^{3-}$(紫色)、$Co(NO_2)_6^{3-}$(黄色)等。

用化学分析方法确定某配合物的组成,通常先确定配合物的外界,然后将配离子破坏再来看其内界。配离子的稳定性受很多因素影响,通常可用加热或改变溶液酸碱性来破坏它。本实验是初步推断,一般用定性、半定量甚至估量的分析方法。推定配合物的化学式后,可用电导仪来测定一定浓度配合物溶液的导电性,与已知电解质溶液的导电性进行对比,可确定该配合物化学式中含有几个离子,进一步确定该化学式。

游离的 Co^{2+} 在酸性溶液中可与硫氰化钾作用生成蓝色配合物 $Co(NCS)_4^{2-}$。因其在水中解离度大,故常加入硫氰化钾浓溶液或固体,并加入戊醇和乙醚以提高稳定性。由此可用来鉴定 Co^{2+} 的存在。其反应如下:

$$Co^{2+} + 4SCN^- \longrightarrow Co(NCS)_4^{2-}$$
$$\text{(蓝色)}$$

游离的 NH_4^+ 可由奈氏试剂来检定,其反应如下:

$$NH_4^+ + 2HgI_4^{2-} + 4OH^- \longrightarrow \left[O{\overset{Hg}{\underset{Hg}{\diagup\!\!\!\diagdown}}}NH_2\right]I\downarrow + 7I^- + 3H_2O$$

$$\text{(奈氏试剂)} \qquad\qquad \text{(红褐色)}$$

[实验用品]

仪器:托盘天平、烧杯、锥形瓶、量筒、研钵、漏斗($\phi = 6\ cm$)、铁架台、酒精灯、试管(15 mL)、

滴管、药勺、试管夹、漏斗架、石棉网、普通温度计、电导仪

固体药品:氯化铵、氯化钴、硫氰化钾

液体药品:浓氨水、硝酸(浓)、盐酸($6 \ mol \cdot L^{-1}$、浓)、H_2O_2 溶液(30%)、$AgNO_3$ 溶液($2 \ mol \cdot L^{-1}$)、新配 $SnCl_2$ 溶液($0.5 \ mol \cdot L^{-1}$)、奈氏试剂、乙醚、戊醇等

材料:pH 试纸、滤纸

[基本操作]

1. 试剂的取用,参见第三章五。

2. 水浴加热,参见第三章三。

3. 试样的过滤、洗涤、干燥,参见第六章一。

4. 电导仪的使用,参见第七章二。

[实验内容]

一、制备 Co(Ⅲ)配合物

在锥形瓶中将 1.0 g 氯化铵溶于 6 mL 浓氨水中,待完全溶解后,手持锥形瓶颈不断振摇,使溶液均匀。分数次加入 2.0 g 氯化钴粉末,边加边摇动,加完后继续摇动,使溶液成棕色稀浆。再往其中滴加 2~3 mL 30% H_2O_2 溶液,边加边摇动,加完后再摇动。当固体完全溶解,溶液中停止起泡时,慢慢加入 6 mL 浓盐酸,边加边摇动,并在水浴上微热,温度不要超过 85 ℃,边摇边加热 10~15 min,然后在室温下冷却混合物并摇动,待完全冷却后过滤出沉淀。用 5 mL 冷水分数次洗涤沉淀,接着用 5 mL 冷的 $6 \ mol \cdot L^{-1}$ 盐酸洗涤,产物在 105 ℃左右烘干并称量。

[思考题]

1. 将氯化钴加入氯化铵与浓氨水的混合液中,可发生什么反应,生成何种配合物?

2. 上述实验中加过氧化氢起何作用,如不用过氧化氢还可以用哪些物质,用这些物质有什么不好? 上述实验中加浓盐酸的作用是什么?

二、组成的初步推断

(1) 用小烧杯取 0.3 g 所制得的产物,加入 35 mL 蒸馏水,混匀后用 pH 试纸检验其酸碱性。

(2) 用烧杯取 15 mL 上述步骤二(1)中所得混合液,慢慢滴加 $2 \ mol \cdot L^{-1} AgNO_3$ 溶液并搅动,直至加一滴 $AgNO_3$ 溶液后上部清液没有沉淀生成。然后过滤,往滤液中加 1~2 mL 浓硝酸并搅动,再往溶液中滴加 $AgNO_3$ 溶液,观察有无沉淀,若有,比较一下与前面沉淀的量的多少。

(3) 取 2~3 mL 步骤二(1)中所得的混合液于试管中,加几滴新配 $0.5 \ mol \cdot L^{-1} SnCl_2$ 溶液(为什么?)振荡后加入一粒绿豆粒大小的硫氰化钾固体,振摇后再加入 1 mL 戊醇、1 mL 乙醚,振荡后观察上层溶液中的颜色。(为什么?)

(4) 取 2 mL 步骤二(1)中所得的混合液于试管中,加入少量蒸馏水,得清亮溶液后,加 2 滴奈氏试剂并观察变化。

(5) 将步骤二(1)中剩下的混合液加热,观察溶液变化,直至其完全变成棕黑色后停止加热,冷却后用 pH 试纸检验溶液的酸碱性,然后过滤(必要时用双层滤纸)。取所得清液,分别作一次步骤二(3)、(4)实验。观察现象与原来有什么不同。

通过这些实验你能推断出此配合物的组成吗？能写出其化学式吗？

（6）由上述自己初步推断的化学式来配制 100 mL 0.01 mol·L^{-1}该配合物的溶液，用电导仪测量其电导率，然后稀释 10 倍后再测其电导率并与下表对比，来确定其化学式中所含离子数。

电 解 质	类型（离子数）	电导率/（S·cm^{-1}）*	
		0.01 mol·L^{-1}	0.001 mol·L^{-1}
KCl	1-1 型（2）	1230	133
BaCl$_2$	1-2 型（3）	2150	250
K$_3$Fe(CN)$_6$	1-3 型（4）	3400	420

* 电导率的 SI 单位中 S 为西门子，1 S＝1 Ω^{-1}。

［实验习题］

1. 要使本实验制备的产品的产率高，你认为哪些步骤是比较关键的？为什么？

2. 试总结制备 Co(Ⅲ)配合物的化学原理及制备的几个步骤。

3. 有五个不同的配合物，分析其组成后确定有共同的实验式：K$_2$CoCl$_2$I$_2$(NH$_3$)$_2$；电导率测定得知在水溶液中五个化合物的电导率数值均与硫酸钠相近。请写出五个不同配离子的结构式，并说明不同配离子间有何不同。

［附注］

对于溶解度很小或与水反应的离子化合物用电导仪测定电导率时，可改用有机溶剂如硝基苯或乙腈来测定，可获得同样的结果。

实验三十一　十二钨磷酸的合成及其红外吸收光谱表征

[实验目的]

1. 学习十二钨磷酸的合成方法和原理。
2. 进一步练习萃取分离操作技术。
3. 了解红外吸收光谱仪的使用。

钨和钼在化学性质上的显著特点之一是在一定条件下易自聚或与其他元素聚合,形成多酸或多酸盐。由同种含氧酸根离子缩合形成的叫同多阴离子,其酸称为同多酸;由不同种含氧酸根离子缩合形成的叫杂多阴离子,其酸称为杂多酸。到目前为止,人们已经发现元素周期表中近 70 种元素可以参与到多酸化合物组成中来。多酸在催化化学、药物化学功能材料等诸多方面的研究都取得了一些突破性的成果。我国是国际上五个多酸研究中心(美国、中国、俄罗斯、法国和日本)之一。

1934 年,英国化学家 Keggin J F 采用 X 射线粉末衍射方法,成功测定了十二钨磷酸的分子结构(见图 13-4)。$PW_{12}O_{40}^{3-}$ 是一类具有 Keggin 结构的杂多化合物的典型代表物之一。

钨、磷等元素的简单含氧化合物在溶液中经过酸化缩合便可生成十二钨磷酸阴离子:

$$12WO_4^{2-} + HPO_4^{2-} + 23H^+ \rightleftharpoons PW_{12}O_{40}^{3-} + 12H_2O$$

在反应过程中,H^+ 与 WO_4^{2-} 中的氧结合生成 H_2O,从而使得钨原子之间通过共享配位氧原子形成多核簇状结构的杂多阴离子。该阴离子与抗衡阳离子 H^+ 结合,则得到 $H_3[PW_{12}O_{40}] \cdot xH_2O$。

采取乙醚萃取制备十二钨磷酸是一种经典的方法。向反应体系中加入乙醚并酸化,经乙醚萃取后液体分三层。上层是溶有少量杂多酸的醚,中间是氯化钠、盐酸和其他物质的水溶液,下层是油状的杂多酸醚合物。收集下层,将醚进行蒸发,即析出杂多酸晶体。

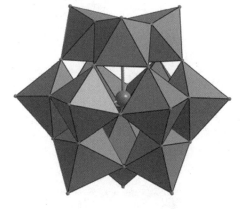

图 13-4　十二钨磷酸分子结构图

[实验用品]

仪器:红外吸收光谱仪、分液漏斗、蒸发皿、水浴锅、电加热器、玻璃搅拌棒

液体试剂:HCl 溶液(6 mol·L^{-1},浓)、乙醚、H_2O_2 溶液(3%)或溴水

固体试剂:二水合钨酸钠、磷酸氢二钠

[基本操作]

萃取分离操作参见第七章四。

1. 十二钨磷酸钠溶液的合成

取 12.5 g 二水合钨酸钠和 2 g 磷酸氢二钠溶于 80 mL 热水中,溶液稍混浊。边加热边搅拌下,向溶液中以细流加入 12.5 mL 浓盐酸,溶液澄清,继续加热 30 s。若溶液呈蓝色,是钨(Ⅵ)被还原的结果,需向溶液中滴加 3%H_2O_2 溶液或溴水至蓝色褪去,冷却至室温。

2. 酸化、乙醚萃取合成十二钨磷酸

将烧杯中的溶液和析出的少量固体一并转移至分液漏斗中。向分液漏斗中加入 20 mL 乙醚,再加入 5 mL 6 mol·L^{-1}盐酸,振荡(注意:防止气流将液体带出),静置后液体分三层。上层是醚,中间是氯化钠、盐酸和其他物质的水溶液,下层是油状的十二钨磷酸醚合物。分出下层溶液,放入蒸发皿中。在电加热器上用水浴加热蒸醚(醚易燃,避免明火加热),直至液面出现晶膜。若在蒸发过程中液体变蓝,则需滴加少许 3%H_2O_2 溶液或溴水至蓝色褪去。将蒸发皿放在通风处(注意:防止落入灰尘),使醚在空气中渐渐挥发掉,即可得到白色或浅黄色十二钨磷酸固体,称量(约 8.5 g)。

3. 红外吸收光谱的测定

图 13-5 为 $H_3[PW_{12}O_{40}]·xH_2O$ 的红外吸收光谱图,在 600~1 100 cm^{-1} 之间有 4 条特征吸收谱带,分别对应 $\sigma_{as}(P-O_a)$:1 080 cm^{-1};$\sigma_{as}(W-O_d)$:932 cm^{-1};$\sigma_{as}(W-O_b-W)$:889 cm^{-1};$\sigma_{as}(W-O_c-W)$:801 cm^{-1}。

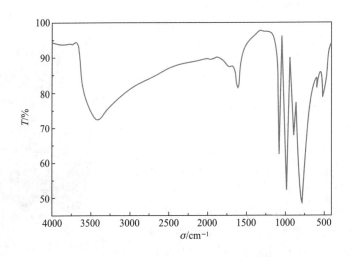

图 13-5 $H_3[PW_{12}O_{40}]·xH_2O$ 的红外吸收光谱图

[实验习题]

1. 使用乙醚进行实验时的注意事项有哪些?

2. 分液漏斗使用注意事项有哪些?

3. 十二钨磷酸具有较强氧化性,与橡胶、纸张、塑料等有机物接触,甚至与空气中的灰尘接触时,均易被还原为"杂多蓝"。因此,在制备过程中,要注意哪些问题?

4. 通过实验总结"乙醚萃取法"制多酸的方法。

[附注]

1. 由于十二钨磷酸易被还原,也可用下面方法提取:用水洗分出油状液体,并加少量乙醚,再分三层。将下层分出,用电吹风和吹入干净的空气(防止尘埃使之还原)以除去乙醚。将析出的晶体移至玻璃板上,在空气中干燥直至乙醚味消失为止。

2. 乙醚沸点低,挥发性强。燃点低,易燃、易爆。因此,在使用时一定要小心,有关安全知识详见"Fe^{3+}、Al^{3+}的分离"实验。

实验三十二　四氯化锡的制备(少量实验)
—— 无水化合物的制备

[实验目的]

1. 掌握无水四氯化锡的制备原理和操作方法。

2. 通过无水四氯化锡的制备,了解易水解化合物的制备方法及特点。

熔融的金属锡(熔点 231 ℃)在 300 ℃左右能直接与氯气作用生成无水四氯化锡:

$$Sn+2Cl_2 \longrightarrow SnCl_4$$

纯 $SnCl_4$ 是无色液体,但一般由于溶有 Cl_2 而呈黄绿色。在空气中极易水解,发生水解反应:

$$SnCl_4+(x+2)H_2O \longrightarrow SnO_2 \cdot xH_2O \downarrow +4HCl \uparrow$$

水解生成的 HCl 在空气中发烟,尚未水解的 $SnCl_4$ 与 HCl 生成 H_2SnCl_6 留在溶液中,还有相当量以水溶胶的形式($SnO_2 \cdot xH_2O$)存在。因此,制备 $SnCl_4$ 要控制在无水体系中进行,从反应物到生成物都不能与水或水汽接触。整个制备装置都要干燥,与大气相通部分必须连接干燥装置。

[实验用品]

仪器:蒸馏烧瓶(50 mL)、恒压滴液漏斗(10 mL)、洗气瓶 3 个(25 mL)、带支口试管 2 个(10 mL)、小烧杯 2 个(50 mL)、小试管 2 个(5 mL)、量筒 2 个(10 mL)、小冷阱(10 mL)、干燥管(小)、酒精灯、滴管(2 个)、铁夹子(4 个)

固体药品:高锰酸钾、锡片、无水氯化钙

液体药品:HCl 溶液(浓)、H_2SO_4 溶液(浓)、NaOH 溶液(6 mol·L^{-1})

[基本操作]

1. 气体的发生、净化和收集,参见第五章一、二。

2. 气-固反应装置的连接及气密性的检验,参见第五章一、四。

[实验内容]

一、$SnCl_4$ 的制备

装置如图 13-6 所示。称取 5 g $KMnO_4$ 放入氯气发生器(蒸馏烧瓶)内。恒压滴液漏斗中加入 10 mL 浓 HCl 溶液。洗气瓶 3、8 内装入浓 H_2SO_4 溶液(适量)。另称取 0.5 g 锡片(最好切成丝状)放入支口试管 4 中。小烧杯 5 和小冷阱 7 内都装入冷水,小烧杯 9 内装入约 20 mL NaOH 溶液吸收尾气。

按图 13-6 将仪器连接好后,再一次检验整个装置,确保系统不漏气。让浓 HCl 溶液慢慢滴入 $KMnO_4$ 中,均匀地产生氯气并使其经浓 H_2SO_4 溶液洗涤后进入支口试管 4 内,待氯气排除整个装置中的空气后,开始加热锡片使之熔化,此时可适当增大氯气的流量,以加快 Cl_2 和 Sn 的反应(可能有燃烧现象)。$SnCl_4$ 经冷凝后收集于支口试管 6 中。观察 $SnCl_4$ 的颜色和状态。待 Sn 片大部分反应完毕后即可停止加热,立即用铁夹将收集器两端夹紧,并将氯气的发生装置移入通风橱内。

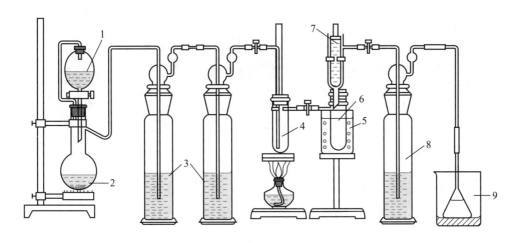

图 13-6　制备 SnCl$_4$ 的装置

1—恒压滴液漏斗(内装浓 HCl 溶液);2—圆底蒸馏烧瓶(内装 KMnO$_4$);3、8—洗气瓶(内装浓 H$_2$SO$_4$ 溶液);

4—支口试管(内装 Sn 片);5—小烧杯(内装冷水);6—SnCl$_4$ 收集器;

7—小冷阱(内装冷水);9—尾气吸收杯(内装 NaOH 溶液)

二、性质检验

(1) 取产物 SnCl$_4$0.2 mL 加入试管中,加 1 滴蒸馏水摇荡(注意:试管变热,将其冷却),得到的白色固体是什么? 再添加更多水时,有何变化?

(2) 取 0.5 mL CCl$_4$,再加产物 SnCl$_4$ 0.2 mL,有何现象?(试管是否变热? 两种液体是否混溶? 得到怎样的结论?)

[实验习题]

1. 制备易水解物质的方法有何特点?

2. 本实验若系统中空气和水汽未被赶尽则开始加热反应,对结果有何影响?

3. 氯气与锡作用即可产生 SnCl$_4$,也要产生 SnCl$_2$。本实验中如何防止 SnCl$_2$ 生成? 又如何防止产品中带入 SnCl$_2$?

[附注]

1. 四氯化锡的性质

四氯化锡(SnCl$_4$)又名氯化高锡,为无色液体,潮湿空气中易水解产生锡酸,并释出氯化氢而呈现白烟;有毒并有腐蚀性;工业上用作媒染剂和有机合成的氯化催化剂,在电镀和电子工业等方面也有应用。

锡的氯化物有 SnCl$_2$ 和 SnCl$_4$ 两种。由于 Sn^{4+} 的极化力较 Sn^{2+} 强,因此 SnCl$_4$ 基本上属于共价化合物,SnCl$_2$ 则偏向于离子型化合物,所以 SnCl$_4$ 的熔、沸点较 SnCl$_2$ 低。

性质	SnCl$_2$	SnCl$_4$
物态	无色晶体	无色液体
熔点/℃	246	-33
沸点/℃	652	114

2. 注意事项

（1）一定要检查气密性。

（2）装入药品并连接好仪器后,检查整个装置是否畅通;切记准确地放置铁夹。

（3）反应结束时,酒精灯撤走后立即将收集器两端用铁夹与空气隔绝。

（4）洗气瓶中浓 H_2SO_4 要适量。

（5）反应后的处理最好在通风橱中进行。

实验三十三　四碘化锡的制备
——非水溶剂制备法

[实验目的]

了解无水四碘化锡的制备原理和方法,学习非水溶剂重结晶的方法。

四碘化锡是橙色针状晶体,熔点 416.6 K,沸点 637 K,约 453 K 开始升华,遇水即发生水解,在空气中也会缓慢水解,所以必须储存于干燥容器内。

四碘化锡不宜在水溶液中制备,除采用碘蒸气与金属锡的气-固直接合成法外,一般可在非水溶剂中制备。本实验采用金属锡和碘在非水溶剂乙酸和乙酸酐体系中直接合成:

$$Sn + 2I_2 \xrightarrow[\text{乙酸酐}]{\text{无水乙酸}} SnI_4$$

用无水乙酸和乙酸酐溶剂比用二硫化碳、四氯化碳、三氯甲烷、苯等非水溶剂的毒性要小,产物不会水解,可以得到较纯的晶状产品。

[实验用品]

仪器:托盘天平、圆底烧瓶(100~150 mL)、冷凝管、干燥管、提勒管、温度计、抽滤瓶、布氏漏斗

固体药品:锡片①(或者锡箔,锡粒效果不好)、碘、无水氯化钙

液体药品:无水乙酸、乙酸酐、氯仿(甘油或石蜡油)、$AgNO_3$ 溶液($0.1\ mol \cdot L^{-1}$)、$Pb(NO_3)_2$ 溶液($1\ mol \cdot L^{-1}$)、H_2SO_4 溶液(稀)、NaOH 溶液(稀)

材料:滤纸、毛细管(作熔点管用)、软木塞

[基本操作]

1. 回流操作,参见实验内容一。

2. 毛细管法测定熔点,参见实验内容二。

[实验内容]

一、四碘化锡的制备

称取 0.5 g 剪碎的锡片和 2.2 g 碘置于洁净干燥的 100~150 mL 圆底烧瓶中,再向其中加入 25 mL 无水乙酸和 25 mL 乙酸酐,加入少量沸石,以防暴沸。装好冷凝管和干燥管,如图 13-7 所示,用空气浴加热使混合物沸腾,保持回流状态 1~1.5 h,直至圆底烧瓶中无紫色蒸气,停止加热,冷却混合物,抽滤。

---

① 市售锡粒不宜用于实验。可把锡粒置于清洁的坩埚中,以喷灯(或煤气灯)熔化之,再把熔锡倒入盛水的瓷盘中,锡溅开形成薄片。也可以将锡粒烧至红热,迅速倒在石棉网上用玻璃片压成锡片。

1. 在制备无水四碘化锡时,所用仪器都必须干燥,为什么?
2. 本实验中使用乙酸和乙酸酐有什么作用?

将晶体放在小烧杯中,加入 20~30 mL 氯仿,用温水浴溶解,迅速抽滤,除去杂质,滤液倒入蒸发皿,在通风橱内不断搅拌滤液直至氯仿全部挥发,得到橙红色晶体,称量,计算产率。

二、四碘化锡熔点测定

(1) 把研细的四碘化锡试样在表面皿上堆成小堆,将熔点管的开口端插入试样中装料,然后把熔点管竖起,在桌面上顿几下,使试样落入管底,这样重复取样几次。然后取长 40~50 cm 玻璃管一支,在管内将熔点管自由落下数次至试样堆紧密为止,试样高度为 2~3 mm。

(2) 将提勒管夹在铁架台上,倒入甘油,甘油液面高出侧管 0.5 cm 左右,提勒管口配一缺口单孔软木塞,用于固定温度计。将装好试样的熔点管借少量甘油粘贴在温度计旁,使熔点管中试样处于温度计水银球的中间,温度计插入提勒管的深度以水银球的中点恰在提勒管的两侧管口连接线的中点为准,如图 13-8 所示。

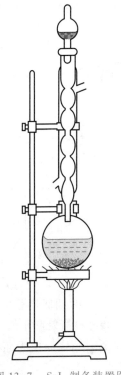

图 13-7 SnI$_4$ 制备装置图

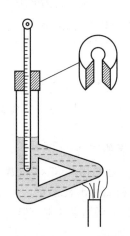

图 13-8 SnI$_4$ 熔点测定

(3) 加热提勒管弯曲支管的底部,以每分钟 4~5 ℃的速率升温,直到试样熔化,记下温度计读数,得到一个近似熔点,然后把浴液冷却下来,换一根新的熔点管(每一根装试样的熔点管只能用一次),进行第二次测定。

第二次测定时,距熔点 20 ℃以下时加热可以快些,但接近熔点时,调节火焰,使温度每分钟约升高 1 ℃,注意观察熔点管中试样的变化,记下熔点管中刚有微细液滴出现(初熔)和全部变为液体(全熔)的温度,即为试样在实际测定中的熔点范围。

三、四碘化锡的某些性质试验

　　(1) 取少量四碘化锡固体于试管中,再向试管中加入少量蒸馏水,观察现象,写出反应式,其溶液及沉淀留作下面实验用。

　　(2) 取四碘化锡水解后的溶液,分盛两支试管中,一支滴加 $AgNO_3$ 溶液,另一支滴加 $Pb(NO_3)_2$ 溶液,观察现象,写出反应式。

　　(3) 取步骤三(1)中沉淀分盛两支试管中,分别滴加稀酸、稀碱,观察现象,写出反应式。

　　(4) 制备少量四碘化锡的丙酮溶液,分为两份,分别滴加 H_2O 和饱和 KI 溶液,有何现象?

[实验习题]

1. 在实验操作过程中,应注意哪些问题?

2. 若制备反应完毕,锡已经完全反应,但体系中还有少量碘,用什么方法除去?

[附注]

四碘化锡可通过微型实验制备,具体见右侧二维码。

四碘化锡
制备的微型
实验

实验三十四　醋酸铬(Ⅱ)水合物的制备
——易被氧化的化合物的制备

[实验目的]

1. 学习在无氧气条件下制备易被氧化的不稳定化合物的原理和方法。
2. 巩固沉淀的洗涤、过滤等基本操作。

通常二价铬的化合物非常不稳定,它们能迅速被空气中的氧气氧化为三价铬的化合物。只有铬(Ⅱ)的卤素化合物、磷酸盐、碳酸盐和醋酸盐可存在于干燥状态。

醋酸铬(Ⅱ)是淡红棕色结晶性物质,不溶于水,但易溶于盐酸。这种溶液亦与其他所有亚铬酸盐相似,能吸收空气中的氧气。

含有三价铬的化合物通常是绿色或紫色,且都溶于水。紫色氯化铬不溶于酸,但迅速溶于含有微量二氯化铬的水中。

醋酸铬(Ⅲ)为灰色粉末状或蓝绿色的晶体,溶于水,不溶于醇。

制备容易被氧气氧化的化合物不能在大气气氛下进行,常用惰性气体作保护性气氛,如 N_2、Ar 气氛等。有时也在还原性气氛下合成。

本实验在封闭体系中利用金属锌作还原剂,将三价铬还原为二价铬,再与醋酸钠溶液作用制得醋酸铬(Ⅱ)。反应体系中产生的氢气除了增大体系压强使 Cr(Ⅱ)溶液进入 NaAc 溶液中,同时,氢气还起到隔绝空气使体系保持还原性气氛的作用。

制备反应的离子方程式如下:

$$2Cr^{3+} + Zn \longrightarrow 2Cr^{2+} + Zn^{2+}$$

$$2Cr^{2+} + 4CH_3COO^- + 2H_2O \longrightarrow [Cr(CH_3COO)_2]_2 \cdot 2H_2O$$

[实验用品]

仪器:抽滤瓶(50 mL)、两孔橡胶塞、滴液漏斗(50 mL)、锥形瓶(150 mL)、烧杯(100 mL)、布氏漏斗(或砂滤漏斗)、托盘天平、量筒

液体药品:浓盐酸、乙醇(分析纯)、乙醚(分析纯)、去氧水(已煮沸过的蒸馏水)

固体药品:六水合三氯化铬、锌粒、无水醋酸钠

材料:玻璃棒、螺旋夹

[实验内容]

仪器装置如图13-9所示。

称取 5 g 无水醋酸钠于锥形瓶中,用 12 mL 去氧水配成溶液。

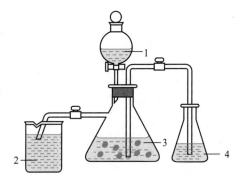

图 13-9　制备醋酸铬(Ⅱ)装置图

1—滴液漏斗内装浓盐酸;2— 水封;

3—抽滤瓶内装锌粒、$CrCl_3$ 和去氧水;

4—锥形瓶内装醋酸钠水溶液

在抽滤瓶中放入 8 g 锌粒和 5 g 六水合三氯化铬晶体,加入 6 mL 去氧水,摇动抽滤瓶,得到深绿色混合物。夹住通往醋酸钠溶液的橡胶管,通过滴液漏斗缓慢加入浓盐酸 10 mL,并不断摇动抽滤瓶,溶液逐渐变为蓝绿色到亮蓝色。当氢气仍然较快放出时,松开右边橡胶管,夹住图 13-9 中左边橡胶管,以迫使二氯化铬溶液进入盛有醋酸钠溶液的锥形瓶中。搅拌,形成红色醋酸亚铬沉淀。用铺有双层滤纸的布氏漏斗或砂滤漏斗过滤沉淀,并用 15 mL 去氧水洗涤数次,然后用少量乙醇、乙醚各洗涤 3 次。将产物薄薄一层铺在表面皿上,在室温下使其干燥。称量,计算产率。保存产品。

[思考题]

1. 为何要用封闭的装置来制备醋酸铬(Ⅱ)?

2. 反应物锌要过量,为什么?产物为什么用乙醇,乙醚洗涤?

3. 根据醋酸铬(Ⅱ)的性质,该化合物如何保存?

[注意事项]

1. 反应物锌应当过量,浓盐酸适量。

2. 滴酸的速率不宜太快,反应时间要足够长(约 1 h)。

3. 产品必须洗涤干净。

4. 产品在惰性气氛中密封保存。严格地密封保存的醋酸铬(Ⅱ)试样可始终保持砖红色。然而,若空气进入试样,它就逐渐变成灰绿色,这是被氧化物质的特征颜色。纯的醋酸铬(Ⅱ)是反磁性的,因为在二聚分子中铬原子之间有着电子-电子相互作用,所以试样有一点顺磁性就是不纯的表示。

实验三十五　反尖晶石类型化合物铁(Ⅲ)酸锌($ZnFe_2O_4$)的制备及物相鉴定

——前驱物固相反应法及 X 射线粉末衍射法物相鉴定

[实验目的]

1. 学习前驱物固相反应法制备复合氧化物。
2. 学习 X 射线粉末衍射法鉴定物相。
3. 学习马弗炉和烘箱的使用。

　　自然界中存在的尖晶石($MgAl_2O_4$)矿是一种复合氧化物。它的基本晶体结构类型是:氧离子具有 ccp 的排列,其四面体空隙中的八分之一被 Mg^{2+} 所占据,而八面体空隙中的二分之一被 Al^{3+} 占据。这种构型常用 $A[B_2]O_4$ 来表示。方括号里的离子占据八面体空隙。$ZnFe_2O_4$ 有反尖晶石结构,通式为 $B[AB]O_4$,这里 B 离子有一半在四面体空隙里,而 A 离子和另一半 B 离子在八面体空隙里,其结构为 $Fe^{3+}[Zn^{2+},Fe^{3+}]O_4$。

　　制备金属氧化物的传统方法是固态反应物充分混合,在较高温度下加热。虽然这种方法在热力学角度是可行的,但反应机理研究证明此种固相反应是扩散控制,因此只有在温度超过 1 200 ℃时才能有明显反应,必须在 1 500 ℃混合加热数天反应才较完全。这对那些含易挥发组分的复合氧化物是不适合的,如碱金属氧化物就易挥发。

　　前驱物固相反应法是一种在较短的时间里和较低的温度下进行的固相反应,是得到均匀产物的较好方法。它使反应物在原子水平上达到均匀混合,充分接触,克服了扩散的控制步骤,使活化能降低,因而反应能在较温和的条件下实现。其制备过程是:首先在水溶液里制备一个有确定组成的单相(固溶体)即前驱物,然后在较低的温度下加热得到所设计的目标产物。

　　前驱物固相反应法制 $ZnFe_2O_4$ 就是一个最好的例子。以锌和铁的可溶性盐为反应物,将它们按 1:2 的摩尔比溶解在水中。加热后,加入草酸盐,得到前驱物 $ZnFe_2(C_2O_4)_3$,它包含的正离子已在原子水平上均匀混合,并且符合 1:2 的比例。其反应式为

$$Zn^{2+}+2Fe^{2+}+3C_2O_4^{2-}+6H_2O \longrightarrow ZnFe_2(C_2O_4)_3 \cdot 6H_2O \tag{1}$$

　　然后将上述产物过滤、洗涤、干燥。最后在 600~800 ℃灼烧就可以得到 $ZnFe_2O_4$ 晶体。反应式为

$$ZnFe_2(C_2O_4)_3 \cdot 6H_2O \longrightarrow ZnFe_2O_4+2CO_2+4CO+6H_2O \tag{2}$$

　　晶体是一种固体物质,其中的离子或分子在三维空间周期性排列具有结构的周期性。X 射线衍射是用一定波长的 X 射线照射晶体。当射线波长与晶体内的原子间距相当时就会发生衍射现象。每种晶体粉末都有自己的特征衍射图谱,可以用于鉴定化合物。标准图谱已经编成粉

末衍射卡片(JCPDS)供查用。随着计算机的应用,JCPDS 数据库也广泛应用,因此 X 射线衍射法是晶体物相鉴定的最有力手段之一。

[实验用品]

仪器:X 射线粉末衍射仪、马弗炉、高温控制仪、3 只烧杯(200 mL,100 mL)、表面皿、坩埚、坩埚钳、电炉、分析天平、抽滤装置、烘箱

固体药品:六水合硫酸亚铁铵、一水合草酸铵、七水合硫酸锌

液体药品:$BaCl_2$ 溶液($0.5\ mol \cdot L^{-1}$)、氨水($6\ mol \cdot L^{-1}$)

材料:pH 试纸、玻璃棒

[基本操作]

1. 溶解、结晶、过滤操作,参见第六章一。

2. 马弗炉灼烧固体的操作,参见第三章三。

[实验内容]

(1) 配制 Fe^{2+}、Zn^{2+} 混合溶液。将 $4.00\ g$ $(NH_4)_2Fe(SO_4)_2 \cdot 6H_2O$ 溶于 $100\ mL$ 水中,同时按照化学反应方程式(1)的化学计量比将 $ZnSO_4 \cdot 7H_2O$ 溶于水中。

[思考题]

为什么 Fe^{2+} 和 Zn^{2+} 的摩尔比最好为 2:1? 1:2 行不行?

(2) 另将 $5.35\ g$ $(NH_4)_2C_2O_4 \cdot 2H_2O$ 溶于 $100\ mL$ 蒸馏水中。

(3) 将两溶液加热到 $75\ ℃$ 后将 $(NH_4)_2C_2O_4$ 溶液加入 Fe^{2+}、Zn^{2+} 混合溶液中。

(4) 将混合液在 $90{\sim}100\ ℃$ 加热搅拌 $5\ min$。

(5) 将冷却了的混合液用布氏漏斗抽滤,用蒸馏水洗涤,直至检验无 SO_4^{2-} 和 NH_4^+ 存在为止。

[思考题]

如何检验这两种离子?

(6) 将过滤得到的产物在控温 $100\ ℃$ 的烘箱里干燥 $2\ h$,干燥后得到中间产物——前驱物。计算产率。

(7) 将干燥后的前驱物在 $700\ ℃$ 灼烧 $2\ h$,冷却后称量。计算产率。

(8) 将试样用研钵研细,用玻片压入 X 射线粉末衍射试样的玻片架上,将试样玻片交给 X 射线衍射实验室教师,收集数据。扫描范围为 $10°{\sim}80°(2\theta)$。X 射线粉末衍射分析结果为晶体的 X 射线衍射强度(或相对强度)随衍射角度的图谱。图 13-10 是 $ZnFe_2O_4$ 的标准 X 射线粉末衍射图谱(图谱识别号:JCPDS-22-1012)。

如果实验观察到的峰位或强度不能全部与标准卡片上的数据吻合,则说明产物不是 JSPDS 卡片上所指物质或有其他物质掺杂在产物中。

(9) 对产品进行物相分析后,若产物有杂质相存在,可按下述方法提纯。

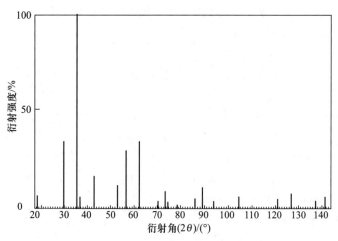

图 13-10 $ZnFe_2O_4$ 的标准 X 射线粉末衍射图谱

（10）将灼烧后的产物放入 6 mol·L^{-1} 氨水中浸泡 10~20 min，充分搅拌，然后减压过滤，直至 NH_3 被完全洗干净。随后在 700 ℃ 的马弗炉内灼烧 10~20 min，得到最终产物。进行 X 射线相分析，检验纯度，计算产率。

[思考题]

灼烧产物为何要用 6 mol·L^{-1} 氨水浸泡？

第五部分

开放实验

第十四章 综合和设计实验

实验三十六 离子配合物的离子交换分离及$[CrCl_2(OH_2)_4]^+$、$[CrCl(OH_2)_5]^{2+}$、$[Cr(OH_2)_6]^{3+}$的可见光谱
——综合实验

[实验目的]

1. 了解离子交换树脂分离元素的一般原理与方法。
2. 复习离子交换树脂的装柱、淋洗等基本操作。
3. 学习使用可见光谱鉴别离子的方法。

利用离子交换色谱法对离子进行分离,是制备和提纯物质的重要方法。离子交换色谱法是以阳离子交换树脂或阴离子交换树脂为固定相,含有待分离离子的溶液及淋洗液为流动相,离子交换反应发生在树脂和溶液之间,通过树脂上的功能基团与溶液中电荷相同的离子进行异相交换反应。如本实验所使用的氢型阳离子交换树脂($RSO_3^-H^+$)与带正电荷的阳离子间可进行如下交换反应:

$$RSO_3^-H^+ + M^+ \longrightarrow RSO_3^-M^+ + H^+$$

吸附在树脂上的离子又可被H^+置换而解吸下来:

$$RSO_3^-M^+ + H^+ \longrightarrow RSO_3^-H^+ + M^+$$

因此离子交换反应是非均相的、可逆平衡反应。不同的离子对于一种离子交换树脂的亲和性大小是有差别的,受各种因素制约,其中离子所带电荷多少是重要因素之一。阳离子所带正电荷越多,对阳离子交换树脂上的阴离子基团亲和性越大,越容易被吸附。本实验中,三种配阳离子对氢型阳离子交换树脂上的SO_3^-基团亲和性大小的顺序为

$$[CrCl_2(OH_2)_4]^+ < [CrCl(OH_2)_5]^{2+} < [Cr(OH_2)_6]^{3+}$$

正是对树脂亲和性大小的不同,使这些配阳离子能够得到分离。由于低电荷的阳离子对树脂的亲和性小,以较低浓度的H^+溶液淋洗即可被洗脱下来,而高电荷的阳离子对树脂的亲和性大,从树脂上被洗脱下来则需要更高浓度的酸。

本实验使用的$0.1\ mol \cdot L^{-1}\ HClO_4$溶液能从交换柱上洗脱$[CrCl_2(OH_2)_4]^+$,当$HClO_4$溶液浓度增加至$1\ mol \cdot L^{-1}$时可洗脱$[CrCl(OH_2)_5]^{2+}$。最后,从树脂上置换出结合非常强的

$[Cr(OH_2)_6]^{3+}$，需要 3 $mol \cdot L^{-1}$ $HClO_4$ 溶液。

实验配制溶液所使用的 $CrCl_3 \cdot 6H_2O$ 固体，经 X 射线衍射结构研究表明实际上是 $[trans\text{-}CrCl_2(OH_2)_4]Cl \cdot 2H_2O$ 配合物。固态时，它含有独立的 $[trans\text{-}CrCl_2(OH_2)_4]^+$、$Cl^-$ 和 H_2O 分子。未配位的水分子与配离子中的水分子之间形成氢键。在水溶液中 $[trans\text{-}CrCl_2(OH_2)_4]^+$ 经过水合作用可形成 $[CrCl(OH_2)_5]^{2+}$：

$$\begin{bmatrix} & Cl & \\ H_2O & | & OH_2 \\ & Cr & \\ H_2O & | & OH_2 \\ & Cl & \end{bmatrix}^+ + H_2O \longrightarrow \begin{bmatrix} & Cl & \\ H_2O & | & OH_2 \\ & Cr & \\ H_2O & | & OH_2 \\ & OH_2 & \end{bmatrix}^{2+} + Cl^-$$

$[CrCl(OH_2)_5]^{2+}$ 进一步发生水合作用，可生成 $[Cr(OH_2)_6]^{3+}$：

$$\begin{bmatrix} & Cl & \\ H_2O & | & OH_2 \\ & Cr & \\ H_2O & | & OH_2 \\ & OH_2 & \end{bmatrix}^{2+} + H_2O \longrightarrow \begin{bmatrix} & OH_2 & \\ H_2O & | & OH_2 \\ & Cr & \\ H_2O & | & OH_2 \\ & OH_2 & \end{bmatrix}^{3+} + Cl^-$$

由离子交换色谱法可以得到每一种配合物的纯溶液，并根据可见光谱（测 λ_{max}）鉴定这些配合物。文献给出的光谱测定数据如下：

$$[Cr(H_2O)_6]^{3+} \qquad \Delta = 17\ 400\ cm^{-1}$$
$$[CrCl_6]^{3-} \qquad \Delta = 13\ 600\ cm^{-1}$$

本实验所分离的三种配阳离子均属于八面体配合物，其中 $\Delta/cm^{-1} = 10\ Dq = \dfrac{1}{\lambda \times 10^{-7}/nm}$。

[实验用品]

仪器：离子交换柱、723C 分光光度计（或其他型号分光光度计）、温度计（100 ℃）

固体药品：732 型阳离子交换树脂、$CrCl_3 \cdot 6H_2O$（六水合三氯化铬，CP）

液体药品：$HClO_4$ 溶液（3 $mol \cdot L^{-1}$，1 $mol \cdot L^{-1}$，0.1 $mol \cdot L^{-1}$，0.002 $mol \cdot L^{-1}$）、HCl 溶液（2 $mol \cdot L^{-1}$）

材料：玻璃棒（50 cm）、玻璃棉

[实验内容]

一、装柱

取洁净的离子交换柱四根，分别装入 3/4 柱体积的蒸馏水，用玻璃棒推一小团棉花或玻璃棉到柱的底部，防止树脂漏下。将预先用 2 $mol \cdot L^{-1}$ HCl 溶液处理过（732 型阳离子交换树脂需用 2 $mol \cdot L^{-1}$ HCl 溶液浸泡 24 h 后，用水冲洗至溶液显中性，才可使用）已转成氢型的 732 型阳离子交换树脂和水一起倒入柱中，使它最后的高度接近 30 cm。让水流过树脂，直到流出的溶液为无色。然后，降低水平面使水略高于树脂的顶端，待用。绝不允许树脂干燥，离子交换装置如图 14-1 所示。

[思考题]

当水平面下降到树脂以下，或树脂干燥会带来什么问题？

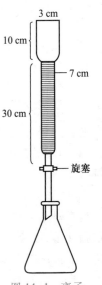

图 14-1 离子
交换装置

二、配制溶液

配制 100 mL 0.35 mol·L^{-1}[$trans$-CrCl$_2$(OH$_2$)$_4$]$^+$溶液:称取 9.3 g CrCl$_3$·6H$_2$O 固体溶于 100 mL 0.002 mol·L^{-1} HClO$_4$ 溶液中。要现用现配。

[思考题]

1. 为什么要将 CrCl$_3$·6H$_2$O 固体溶解在酸性溶液中?

2. 为什么溶液要现用现配?

三、分离反式二氯四水合铬(Ⅲ)配离子

将 5 mL 0.35 mol·L^{-1}[$trans$-CrCl$_2$(OH$_2$)$_4$]$^+$配离子溶液注入预先准备好的阳离子交换柱中,排出溶液至液面与树脂的水平面相同。将 0.1 mol·L^{-1} HClO$_4$ 溶液注入柱中,控制流速为每秒1滴,排出溶液,收集颜色相对较深的洗脱液约 5 mL(若溶液太稀则测不到光谱值)。用分光光度计在波长 400~700 nm 间测量由离子交换树脂交换出的[$trans$-CrCl$_2$(OH$_2$)$_4$]$^+$配离子溶液的可见光谱。

四、分离一氯五水合铬(Ⅲ)配离子

将 10 mL 0.35 mol·L^{-1}[$trans$-CrCl$_2$(OH$_2$)$_4$]$^+$配离子溶液放入小烧杯中,在 50~60 ℃水浴中加热 1.5 min,立即加入 10 mL 蒸馏水,混合均匀,把全部溶液倒入一个新的交换柱中,放出溶液至其水平面略高于树脂水平面。先用 0.1 mol·L^{-1} HClO$_4$ 溶液洗涤柱子,直到没有反应的[CrCl$_2$(OH$_2$)$_4$]$^+$已经洗脱干净,流出液基本无色为止。接着用 1 mol·L^{-1} HClO$_4$ 洗脱[CrCl(OH$_2$)$_5$]$^{2+}$,方法同前。收集约 5 mL 洗脱液中颜色较深的部分,测量溶液的可见光谱。

五、分离水合铬(Ⅲ)离子

将 10 mL 0.35 mol·L^{-1}[CrCl$_2$(OH$_2$)$_4$]$^+$溶液,加 10 mL 蒸馏水稀释,煮沸 5 min,直到转化为[Cr(OH$_2$)$_6$]$^{3+}$溶液。再加入 10 mL 蒸馏水,混合均匀后冷却到室温。把全部溶液加入一个新的交换柱中,并排出柱内溶液直到液面和树脂达到同一平面。先用 1 mol·L^{-1} HClO$_4$ 溶液冲洗这个交换柱以除去未反应的[CrCl$_2$(OH$_2$)$_4$]$^+$或[CrCl(OH$_2$)$_5$]$^{2+}$,然后用 3 mol·L^{-1} HClO$_4$ 溶液洗脱[Cr(OH$_2$)$_6$]$^{3+}$,方法同前。收集约 5 mL 颜色相对较深的洗脱液,测量溶液的可见光谱。

六、从混合物中分离[CrCl$_2$(OH$_2$)$_4$]$^+$、[CrCl(OH$_2$)$_5$]$^{2+}$和[Cr(OH$_2$)$_6$]$^{3+}$

进行前面实验时,最初配制的溶液已发生部分水合,成为混合配离子溶液。溶液中存在的[CrCl$_2$(OH$_2$)$_4$]$^+$、[CrCl(OH$_2$)$_5$]$^{2+}$、[Cr(OH$_2$)$_6$]$^{3+}$的量取决于溶液放置时间的长短,放置一夜几乎全部转化为[Cr(OH$_2$)$_6$]$^{3+}$。

取 10 mL 最初配制的溶液,用 10 mL 蒸馏水稀释混合均匀,倒入一个新的交换柱中,排出柱内溶液直到和树脂达同一平面。首先用 0.1 mol·L^{-1} HClO$_4$ 溶液洗脱可能存在的一些[CrCl$_2$(OH$_2$)$_4$]$^+$,收集颜色最深的一部分,用光谱鉴别。接着用 1 mol·L^{-1} HClO$_4$ 溶液洗脱[CrCl(OH$_2$)$_5$]$^{2+}$,做光谱鉴别。最后用 3 mol·L^{-1} HClO$_4$ 溶液洗脱[Cr(OH$_2$)$_6$]$^{3+}$,记录它的可见光谱。

在进行混合溶液分离时,一定要把前一种离子洗脱干净,要看到洗脱液颜色由浅到深再到浅

至无色为止。然后再换较浓酸洗脱后一种离子。这样才能保证三种离子分离完全,不至于相互干扰,使分离失败。同时要注意控制流速。

将分离混合溶液得到的光谱与前面作为已知配合物测出的那些光谱进行比较,记录溶液中目前存在的化合物,并粗略估计各种配阳离子在混合溶液中的含量多少。

[实验习题]

1. 为什么用 $HClO_4$ 溶液洗脱 Cr(Ⅲ),而不使用 HCl 溶液洗脱?

2. 为什么本实验用可见光谱鉴定配合物,而不用红外光谱?

3. 有 10 mL 0.5 mol·L^{-1}[$CrCl(OH_2)_5$]$^{2+}$溶液,其中一部分水合生成[$Cr(OH_2)_6$]$^{3+}$。为测定水合速率,需测定一段时间后溶液中含有[$CrCl(OH_2)_5$]$^{2+}$和[$Cr(OH_2)_6$]$^{3+}$的量。将溶液加入氢型阳离子交换柱中,用碱滴定置换出的 H^+。如果中和释出的 H^+需 80 mL 0.15 mol·L^{-1} NaOH 溶液,问在此溶液中[$CrCl(OH_2)_5$]$^{2+}$和[$Cr(OH_2)_6$]$^{3+}$浓度各是多少?

4. 如何从 K_3[$Fe(CN)_6$]中分离 K_4[$Fe(CN)_6$]?

实验三十七　配合物键合异构体的合成及其红外光谱测定

——综合实验

[实验目的]

1. 通过[Co(NH₃)₅NO₂]Cl₂和[Co(NH₃)₅ONO]Cl₂的制备了解配合物的键合异构现象。
2. 学习利用红外光谱来鉴别这两种不同的键合异构体。

键合异构体是配合物异构现象中的一个重要类型。配合物的键合异构体是多齿配体分别以不同配位原子和中心原子配位而形成的组成完全相同的多种配合物。如在亚硝酸根离子和硫氰酸根离子中,它们与中心原子形成配合物,都显示出这种异构现象。当亚硝酸根离子通过氮原子与中心原子配位时,这种配合物叫作硝基配合物;而当亚硝酸根离子通过氧原子与中心原子配位时,这种配合物叫作亚硝酸根配合物。同样,硫氰酸根离子通过硫原子与中心原子配位时,叫作硫氰酸根配合物;而通过氮原子与中心原子配位时,叫作异硫氰酸根配合物。

红外光谱是测定配合物键合异构体最有效的方法,每一个基团都有它自己的特征振动频率,基团的特征振动频率是受其原子质量和键的力常数等因素所影响的,可用下式来表示:

$$\nu = \frac{1}{2\pi c}\sqrt{\frac{k}{\mu}}$$

式中,ν为振动频率;k为基团的化学键力常数;μ为基团中成键原子的折合质量;c为光速。由上式可知,基团的化学键力常数k越大,折合质量μ越小,则基团的特征振动频率就越高。反之,基团的力常数越小,折合质量越大,则基团的特征振动频率就越低。当基团与金属离子形成配合物时,由于配位键的形成不仅引起了金属离子与配位原子之间的振动(这种振动被称为配合物的骨架振动),而且还影响配体中原来基团的特征振动频率。配合物的骨架振动直接反映了配位键的特性和强度,这样就可以通过骨架振动的测定直接研究配合物的配位键的性质。但是由于配合物中心原子的质量一般都比较大,而且配位键的力常数比较小,因此这种配位键的振动频率都很低,一般出现在200~500 cm⁻¹的低频范围内,这给研究配位键带来很大困难。因为频率越低,越不容易分为单色光。由于配合物的形成,配体中的配位原子与中心原子的配位作用会改变整个配体的对称性和配体中某些原子的电子云密度,可能还会使配体的构型发生变化。这些因素都能引起配体特征振动频率的变化。因此,可以利用这种配体特征振动频率的变化来研究配位键的性质。

本实验测定[Co(NH₃)₅NO₂]Cl₂和[Co(NH₃)₅ONO]Cl₂配合物的红外光谱,利用它们的谱图可以识别哪一个配合物是通过氮原子配位的硝基配合物,哪一个是通过氧原子配位的亚硝酸根配合物。亚硝酸根离子(NO_2^-)以N原子或O原子与Co^{3+}配位,对N—O键影响不同。当N原子为配位原子时,形成$Co^{3+} \leftarrow N \begin{smallmatrix} O \\ \\ O \end{smallmatrix}$ 硝基配合物,由于N原子给出电荷,N—O键力常数减弱。因为两个 N—O 键是等价的,所以力常数的减弱也是平均分配的。N 原子与中心原子配位,使 N—O 键的伸缩振动频率降低,则在 1 428 cm^{-1} 左右出现特征吸收峰。但当 O 原子配位形成 $Co^{3+} \longleftarrow O=\!\!=\!\!N$ 亚硝酸根配合物时,两个 O—N 键是不等价的,配位的 O—N 键力常数减弱,其特征吸收峰出现在 1 065 cm^{-1} 附近。而另一个没有配位的 O—N 键力常数比用 N 原子配位的 N—O键力常数大,故在 1 468 cm^{-1} 出现特征吸收峰。因此,可以从它们的红外光谱图来识别其键合异构体。

[实验用品]

仪器:红外光谱仪、烧杯(100 mL,250 mL)、量筒(10 mL,100 mL)、表面皿、抽滤瓶、布氏漏斗

[药品]

固体药品:亚硝酸钠、[Co(NH$_3$)$_5$Cl]Cl$_2$

液体药品:盐酸(4 mol·L^{-1},浓)、无水乙醇、氨水(2 mol·L^{-1},浓)

材料:pH 试纸

[实验内容]

一、键合异构体的制备

1. 键合异构体(Ⅰ)的制备

在 15 mL 2 mol·L^{-1} 氨水中溶解 1 g [Co(NH$_3$)$_5$Cl]Cl$_2$(实验三十的制备产物)。在水浴上加热使其全部溶解,过滤除去不溶物。滤液冷却后,用 4 mol·L^{-1} 盐酸酸化到 pH 为 3~4,加入 1.5 g 亚硝酸钠,加热使所生成的沉淀全部溶解。冷却溶液,在通风橱内向冷却液中小心地加入15 mL 浓盐酸,再在冰水中冷却使结晶完全,滤出棕黄色晶体,用无水乙醇洗涤,晾干,记录产量。

2. 键合异构体(Ⅱ)的制备

在 20 mL 水和 7 mL 浓氨水的混合液中,溶解 1 g [Co(NH$_3$)$_5$Cl]Cl$_2$,在水浴上加热,使其全部溶解,过滤除去不溶物。滤液冷却后,以 4 mol·L^{-1} 盐酸中和溶液,使 pH 为 4~5。冷却后加入 1 g 亚硝酸钠,搅拌使其溶解,再在冰水中冷却,有橙红色的晶体析出。过滤晶体,再用冰冷却的水和无水乙醇洗涤,在室温下干燥,记录产量。

二氯化亚硝酸根·五氨合钴 [Co(NH$_3$)$_5$ONO]Cl$_2$ 不稳定,容易转变为二氯化硝基·五氨合钴 [Co(NH$_3$)$_5$NO$_2$]Cl$_2$。因此必须用新制备的试样来测定其红外光谱。

二、键合异构体的红外光谱的测定

在 4 000~700 cm^{-1} 范围内测定这两种异构体的红外光谱。

[实验结果与处理]

(1) 由测定的两种异构体的红外光谱图,标识并解释谱图中的主要特征吸收峰。

(2) 根据两种异构体的红外光谱图,确认哪个是氮原子配位的硝基化合物,哪个是氧原子配位的亚硝酸根配合物。

[思考题]

1. 为何配合物中的中心原子与配位原子之间的配位键的特征振动频率不易直接测定?

2. 若能测得配合物中配位键的特征振动频率,能否利用这种特征振动频率来鉴别上述两种键合异构体?在何种情况下可以直接利用这种特征来鉴别键合异构体?

实验三十八 两种水合草酸合铜(Ⅱ)酸钾晶体的制备及表征

[实验目的]

1. 掌握草酸合铜(Ⅱ)酸钾晶体的制备原理和方法。
2. 学习无机晶体生长的控制因素和方法。
3. 学习使用热重分析法(TG)表征结晶水合物。

草酸合铜(Ⅱ)酸钾($K_2[Cu(C_2O_4)_2]$)可以通过硫酸铜和草酸钾直接反应来制备,也可以由氢氧化铜或氧化铜与草酸氢钾反应制备。本实验采用氧化铜与草酸氢钾反应的方法制备草酸合铜(Ⅱ)酸钾。$CuSO_4$ 在碱性条件下生成 $Cu(OH)_2$ 沉淀,沉淀加热后转化成易过滤的 CuO。一定量的 $H_2C_2O_4$ 溶于水后加入 K_2CO_3 得到 KHC_2O_4 和 $K_2C_2O_4$ 的混合溶液,该溶液与 CuO 作用生成草酸合铜(Ⅱ)酸钾,经水浴蒸发浓缩,冷却后得到草酸合铜(Ⅱ)酸钾晶体。从不同浓度的母液中冷却结晶会得到两种含不同结晶水的产物,即 $K_2[Cu(C_2O_4)_2]\cdot 2H_2O$ 和 $K_2[Cu(C_2O_4)_2]\cdot 4H_2O$。

其中涉及的反应有:

$$CuSO_4+2NaOH \Longrightarrow Cu(OH)_2\downarrow +Na_2SO_4$$

$$Cu(OH)_2 \xrightarrow{\triangle} CuO+H_2O$$

$$2H_2C_2O_4+K_2CO_3 \Longrightarrow 2KHC_2O_4+CO_2\uparrow +H_2O$$

$$2KHC_2O_4+CuO \Longrightarrow K_2[Cu(C_2O_4)_2]+H_2O$$

晶体的控制生长:从较稀的浓缩液中快速冷却析出 $K_2[Cu(C_2O_4)_2]\cdot 4H_2O$ 蓝紫色的针状晶体,如图 14-2 所示。该晶体在空气中极易风化,晶体表面由亮丽的蓝紫色逐渐变白。

从较浓的浓缩液中缓慢冷却析出 $K_2[Cu(C_2O_4)_2]\cdot 2H_2O$ 天蓝色的片状晶体,如图 14-3 所示,在空气中能够稳定存在。蓝紫色的针状晶体在母液中放置超过 1.5 h,就会逐渐转变为片状晶体。

图 14-2 $K_2[Cu(C_2O_4)_2]\cdot 4H_2O$
针状晶体

图 14-3 $K_2[Cu(C_2O_4)_2]\cdot 2H_2O$
片状晶体

热重分析法(TG)是测定结晶水合物热分解和失重过程的常用方法之一。水合物中的水分子因存在的环境不同,开始失水的温度也不同,TG 曲线能够反映出化合物热分解过程中分步失水的温度与质量分数,因而热重分析法通过测定晶体的失重率随温度的变化,可以研究分步失掉结晶水的细节。本实验通过与 $K_2[Cu(C_2O_4)_2] \cdot 4H_2O$ 和 $K_2[Cu(C_2O_4)_2] \cdot 2H_2O$ 的标准 TG 曲线比较，区分两种不同的含水化合物。

[实验用品]

仪器:烧杯、恒温水浴、抽滤装置、蒸发皿、热重分析仪(流动氮气氛)

药品:$CuSO_4 \cdot 5H_2O$、$H_2C_2O_4 \cdot 2H_2O$、K_2CO_3、NaOH 溶液($2\ mol \cdot L^{-1}$)

[实验内容]

1. 氧化铜的制备

称取 2.0 g $CuSO_4 \cdot 5H_2O$(8 mmol)置于 100 mL 烧杯中,加入 40 mL 蒸馏水,溶解,在搅拌下加入 10 mL $2\ mol \cdot L^{-1}$ NaOH(20 mmol)溶液,温和加热至沉淀由蓝色变黑色生成 CuO,煮沸 15 min①。稍冷后以双层滤纸抽滤,用少量去离子水洗涤沉淀两次。

2. 草酸氢钾的制备

称取 3.0 g $H_2C_2O_4 \cdot 2H_2O$(24 mmol)放入 250 mL 烧杯中,加入 80 mL 蒸馏水,微热溶解(温度不能超过 85 ℃)。稍冷后分数次加入 2.2 g 无水 K_2CO_3(16 mmol),溶解后生成 KHC_2O_4 和 $K_2C_2O_4$ 混合溶液。

3. 草酸合铜(Ⅱ)酸钾的制备

将 KHC_2O_4 和 $K_2C_2O_4$ 混合溶液在 80~85 ℃ 的水浴中加热,再将 CuO 连同滤纸一起加入该溶液中,待 CuO 转移到溶液中后将滤纸取出,充分反应至沉淀溶解(约 30 min),溶液呈深蓝色。趁热抽滤②,用 4~5 mL 沸水洗涤不溶物两次,将澄清滤液平均分成两份,分别转入 100 mL 烧杯中。

4. 晶体的控制生长

(1)四水合草酸合铜(Ⅱ)酸钾(A)的生长③:将上面实验内容 3 中制得的溶液之一(体积约为 40 mL,如该溶液太少需加蒸馏水至约 40 mL)放入冰水浴。冷却至室温得到深蓝色针状晶体,立即过滤。晶体用滤纸吸干,称量,保存于冰箱冷冻室中。计算产率。

(2)二水合草酸合铜(Ⅱ)酸钾(B)的生长:将上面实验内容 3 中制得的另一份溶液用空气浴缓慢浓缩,至溶液中有晶体析出,关掉加热套电源,溶液在加热套余热中缓慢冷却至室温得到天蓝色片状晶体,过滤。晶体用滤纸吸干,称量,计算产率。

5. 四水合草酸合铜(Ⅱ)酸钾(A)晶体和二水合草酸合铜(Ⅱ)酸钾(B)晶体热重分析

在室温~320 ℃ 温度范围内以 10 ℃ $\cdot min^{-1}$ 的速率匀速升温,用纯净氮气作为载气,气体流速为 15 mL $\cdot min^{-1}$。测定两种晶体的质量随温度的变化(深蓝色针状晶体中结晶水含量的测定最好在得到晶体后立即进行),作出 TG 曲线,分析两种晶体的结晶水含量,并与图 14-4 中 $K_2[Cu(C_2O_4)_2] \cdot 2H_2O$ 晶体的 TG 曲线和 $K_2[Cu(C_2O_4)_2] \cdot 4H_2O$ 晶体的 TG 曲线比较,进行鉴别。

理论上,$K_2[Cu(C_2O_4)_2] \cdot 4H_2O$ 晶体分两步失水,失重的质量分数分别为 9.23% 和 9.23%,两步总失重 18.46%,$K_2[Cu(C_2O_4)_2] \cdot 2H_2O$ 晶体的结晶水失重的质量分数为 10.17%。接近 300 ℃,两种水合晶体都分解为 K_2O 和 CuO,并释放出 CO_2 和 CO。

---

① 沸腾的过程中要不时地搅拌防止液体溅出。

② 抽滤瓶和抽滤漏斗应先进行热处理,抽滤过程中也要尽量减少热量的流失。

③ 产物极易风化,得到产品后要尽快进行后续的表征实验。

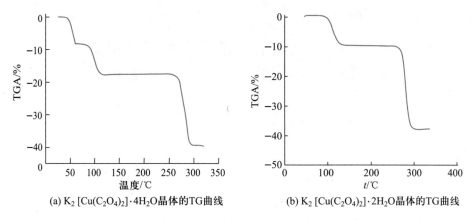

(a) K$_2$[Cu(C$_2$O$_4$)$_2$]·4H$_2$O晶体的TG曲线　　　(b) K$_2$[Cu(C$_2$O$_4$)$_2$]·2H$_2$O晶体的TG曲线

图 14-4　K$_2$[Cu(C$_2$O$_4$)$_4$]·4H$_2$O 和 K$_2$[Cu(C$_2$O$_4$)$_4$]·2H$_2$O 晶体的 TG 曲线

[思考题]

1. 蓝紫色的针状晶体为什么要放入冰箱中保存?
2. 除热重分析法外,还可以用什么方法测定水合草酸合铜(Ⅱ)酸钾晶体的结晶水?
3. 根据 TG 曲线分析水合草酸合铜(Ⅱ)酸钾晶体的受热分解过程及最终产物。

实验三十九 基于金属-有机骨架的担载型多金属氧酸盐催化剂的水热合成和 X 射线粉末衍射物相鉴定

[实验目的]

1. 了解水热合成法的基本原理,掌握水热合成实验的基本操作方法。

2. 学习用 X 射线粉末衍射(XRD)仪对晶态产品进行物相鉴定的实验方法。

水热合成法是指在特制的密闭反应釜中,以水为介质,通过加热,在较高温度和较高压力的特殊环境下,使物质间在非理想、非平衡的状态下发生化学反应并且结晶,再经过分离等处理得到产物。在高温高压条件下,水处于临界或超临界状态,反应活性提高。物质在水中的物理性质和化学反应性能均有很大的改变,因此水热化学反应大异于常态。在水热条件下,中间态、介稳态和特殊物相易于生成,已成为制备超细颗粒、无机薄膜、微孔等新材料的一种常用方法。水热反应的条件,如反应物的比例和浓度、反应温度、介质的 pH、反应时间等对反应产物有较大影响。

金属-有机骨架(metal organic frameworks,MOFs)材料是一种利用有机配体与金属离子间的配位作用而自组装形成的具有微孔网络结构的晶态材料。金属-有机骨架材料具有新奇的拓扑结构、低密度、大孔径、高比表面积等特点,与活性炭和沸石材料等其他孔材料相比,还具有孔结构高度有序,孔尺寸可控、孔表面官能团和表面势能可控等优点。

本实验利用一步水热反应,将 Keggin 型 $H_3PW_{12}O_{40}$ 引入由 Cu 和均苯三甲酸(BTC)构筑的三维多孔的金属-有机骨架中,得到基于金属-有机骨架的担载型多金属氧酸盐催化剂(分子式为 $[Cu_2(BTC)_{4/3}(H_2O)_2]_6[HPW_{12}O_{40}] \cdot (C_4H_{12}N)_2 \cdot 20H_2O$):

$$12Cu^{2+} + HPW_{12}O_{40}^{2-} + 8BTC^{3-} + 2(CH_3)_4N^+ + 32H_2O \xrightarrow[180\ ℃,24\ h]{水热自组装}$$

$$[Cu_2(BTC)_{4/3}(H_2O)_2]_6[HPW_{12}O_{40}] \cdot (C_4H_{12}N)_2 \cdot 20H_2O$$

产物由于具有特殊的骨架结构,故有特征的 XRD 谱图。可以通过 XRD 对产物进行表征,将得到的 XRD 谱图与标准谱图进行对比,考察合成出的产物是否为纯相。

[实验用品]

仪器:X 射线衍射仪、电子天平、电热恒温干燥箱、磁力加热搅拌器、循环水泵、聚四氟乙烯衬里的不锈钢反应釜(23 mL)、抽滤瓶、布氏漏斗、烧杯(100 mL)、滴管

液体药品:四甲基氢氧化铵溶液[$(CH_3)_4NOH$](25%)

固体药品:[$Cu(NO_3)_2 \cdot 3H_2O$]、1,3,5-均苯三甲酸、[$H_3PW_{12}O_{40} \cdot nH_2O$]

材料:滤纸、pH 试纸

[基本操作]

1. 水热合成,见实验内容中的有关部分。

2. XRD 表征,见实验内容中的有关部分。

[实验内容]

一、担载型多金属氧酸盐催化剂的水热合成

称取 0.24 g Cu(NO₃)₂·3H₂O 和 0.21 g 1,3,5-均苯三甲酸溶于 10 mL 蒸馏水中,室温下搅拌 10 min 后加入 0.15 g $H_3PW_{12}O_{40}·nH_2O$,继续搅拌 20 min,然后滴加 25%四甲基氢氧化铵溶液调节 pH 为 2~3①,再继续搅拌 30 min(此时应形成较黏稠的混合物)。将得到的混合物转移到 23 mL 聚四氟乙烯内衬的不锈钢高压反应釜内②,在 180 ℃烘箱内晶化 24 h。然后缓慢降至室温,打开反应釜,将产物抽滤,得到大量蓝色八面体形状的晶体,称量,计算产率。如产物混有少量絮状杂质,可用蒸馏水漂洗去除。

二、XRD 表征

1. 试样处理

试样用玛瑙研钵研磨至 1~10 μm。将磨好的试样充填入玻璃试样架中。充填时,将试样粉末一点一点地放进试样填充区,重复这种操作,使粉末试样在试样架里均匀分布并用玻璃板压平实,要求试样面与试样架的玻璃表面齐平。

2. 设置实验条件

CuKα线;管压 40 kV;管流 40 mA;扫描范围(2θ)5°~50°;扫描速度 1~8 (°)/min。

3. 试样测试

将试样垂直插入试样台,在上述实验条件下,使记录仪处于准备状态,关好衍射仪的防护玻璃罩,启动衍射仪,仪器自动扫描,同时记录衍射曲线。

4. 产物鉴定

将测得的 XRD 谱与标准 XRD 谱(见图 14-5)进行比照,对产物进行鉴定。如衍射线的位置(2θ)及衍射强度(I)与标准谱图一致,则说明得到的产物为纯相。

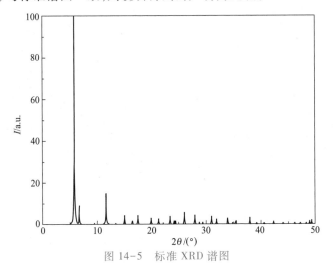

图 14-5　标准 XRD 谱图

---

① 对于该水热反应,介质的 pH 对产物的生成有较大的影响,该水热体系 pH 应控制在 2~3 的范围内。

② 安全预防:高压反应釜在使用过程中要严格按照使用说明书操作。实验前先检查反应釜的密封性以及烘箱的温度控制系统。注意反应釜的填充量不能超过 80%,并且反应釜一定要拧紧,以防止加热过程中出现渗漏,导致实验失败。本实验具有一定的危险性,必须在实验教师的指导下进行。

1. 简述水热合成法的基本原理和水热合成实验的基本操作方法。

2. 在水热合成实验中,影响实验结果的因素都有哪些?

3. 在水热合成实验中,高压釜的使用都有哪些注意事项?

实验四十　碱式碳酸铜的制备
——设计实验

[实验目的]

通过碱式碳酸铜制备条件的探求和生成物颜色、状态的分析,研究反应物的合理配料比并确定制备反应合适的温度条件,以培养独立设计实验的能力。

碱式碳酸铜 $Cu_2(OH)_2CO_3$ 为天然孔雀石的主要成分,呈暗绿色或淡蓝绿色,加热至 200 ℃即分解,在水中的溶解度很小,新制备的试样在沸水中很易分解。

[思考题]

1. 哪些铜盐适用于制取碱式碳酸铜?写出硫酸铜溶液和碳酸钠溶液反应的化学反应方程式。

2. 估计反应的条件,如反应温度、反应物浓度及反应物配料比对反应产物是否有影响。

[实验用品]

由学生自行列出所需仪器、药品、材料之清单,经指导教师的同意,即可进行实验。

[实验内容]

一、反应物溶液配制

配制 0.5 mol·L⁻¹ $CuSO_4$ 溶液和 0.5 mol·L⁻¹ Na_2CO_3 溶液各 100 mL。

二、制备反应条件的探求

1. $CuSO_4$ 和 Na_2CO_3 溶液的合适配比

于四支试管内均分别加入 2.0 mL 0.5 mol·L⁻¹ $CuSO_4$ 溶液,再分别取 0.5 mol·L⁻¹ Na_2CO_3 溶液 1.6 mL、2.0 mL、2.4 mL 及 2.8 mL,依次加入另外四支编号的试管中。将八支试管放在 75 ℃的恒温水浴中。几分钟后,依次将 $CuSO_4$ 溶液分别倒入不同体积的 Na_2CO_3 溶液中,振荡试管,比较各试管中沉淀生成的速率、沉淀的数量及颜色,从中得出两种反应物溶液以何种比例相混合为最佳。

[思考题]

1. 各试管中沉淀的颜色为何会有差别?估计何种颜色产物的碱式碳酸铜含量最高。

2. 若将 Na_2CO_3 溶液倒入 $CuSO_4$ 溶液,其结果是否会有所不同?

2. 反应温度的探求

在三支试管中,各加入 2.0 mL 0.5 mol·L^{-1} CuSO$_4$ 溶液,另取三支试管,各加入由上述实验得到的最佳用量的 0.5 mol·L^{-1} Na$_2$CO$_3$ 溶液。从这两列试管中各取一支,将它们置于室温,数分钟恒温后将 CuSO$_4$ 溶液倒入 Na$_2$CO$_3$ 溶液中,振荡并观察现象。按照同样操作过程,实验在 50 ℃ 或 100 ℃ 恒温水浴中进行反应,由实验结果确定制备反应的合适温度。

[思考题]

1. 反应温度对本实验有何影响?

2. 反应在何种温度下进行会出现褐色产物?这种褐色物质是什么?

三、碱式碳酸铜制备

取 60 mL 0.5 mol·L^{-1} CuSO$_4$ 溶液,根据上面实验确定的反应物最合适比例及最适宜温度制取碱式碳酸铜。待沉淀完全后,用蒸馏水洗涤沉淀数次,直到沉淀中不含 SO$_4^{2-}$ 为止,减压过滤,吸干。

将所得产品在烘箱中于 100 ℃ 烘干,待冷至室温后称量,并计算产率。

[实验习题]

1. 除反应物的配比和反应的温度对本实验的结果有影响外,反应物的种类、反应进行的时间等因素是否对产物的质量也会有影响?

2. 自行设计一个实验,来测定产物中铜及碳酸根的含量,从而分析所制得的碱式碳酸铜的质量。

实验四十一 硫酸亚铁铵的制备

——设计实验

[实验目的]

1. 根据有关原理及数据,设计并制备复盐硫酸亚铁铵。

2. 进一步掌握水浴加热、溶解、过滤、蒸发、结晶等基本操作。

3. 了解检验产品中杂质含量的一种方法——目视比色法。

硫酸亚铁铵又称摩尔盐,是浅蓝绿色单斜晶体,它能溶于水,但难溶于乙醇。在空气中它不易被氧化,比硫酸亚铁稳定,所以在化学分析中可作为基准物质,用来直接配制标准溶液或标定未知溶液浓度。

由硫酸铵、硫酸亚铁和硫酸亚铁铵在水中的溶解度数据(见表 14-1)可知,在一定温度范围内,硫酸亚铁铵的溶解度比组成它的每一组分的溶解度都小。因此,很容易从浓的硫酸亚铁和硫酸铵混合溶液中制得结晶状的摩尔盐 $FeSO_4 \cdot (NH_4)_2SO_4 \cdot 6H_2O$。在制备过程中,为了使 Fe^{2+} 不被氧化和水解,溶液需保持足够的酸度。

表 14-1 几种盐的溶解度数据　　　　　　　单位:g/(100 g H₂O)

盐的相对分子质量	$t/℃$			
	10	20	30	40
$M_{(NH_4)_2SO_4} = 132.1$	73.0	75.4	78.0	81.0
$M_{FeSO_4 \cdot 7H_2O} = 277.9$	37.0	48.0	60.0	73.3
$M_{(NH_4)_2SO_4 \cdot FeSO_4 \cdot 6H_2O} = 392.1$		36.5	45.0	53.0

本实验是先将金属铁屑溶于稀硫酸制得硫酸亚铁溶液:

$$Fe+H_2SO_4 = \!\!=\!\!= FeSO_4+H_2\uparrow$$

然后加入等物质的量的硫酸铵制得混合溶液,加热浓缩,冷至室温,便析出硫酸亚铁铵复盐。

$$FeSO_4+(NH_4)_2SO_4+6H_2O = \!\!=\!\!= FeSO_4 \cdot (NH_4)_2SO_4 \cdot 6H_2O$$

目视比色法是确定杂质含量的一种常用方法,在确定杂质含量后便能定出产品的级别。将产品配成溶液,与各标准溶液进行比色,如果产品溶液的颜色比某一标准溶液的颜色浅,就可确定杂质含量低于该标准溶液中的含量,即低于某一规定的限度,所以这种方法又称为限量分析。本实验仅做摩尔盐中 Fe^{3+} 的限量分析。

[实验内容]

1. 根据上述原理,设计出制备复盐硫酸亚铁铵的方法。

2. 列出实验所需的仪器、药品及材料。

3. 制备硫酸亚铁铵。

4. 产品检验——Fe^{3+} 的限量分析，以确定产品等级。

5. 完成实验报告。

[提示及注意事项]

1. 由机械加工过程得到的铁屑表面沾有油污，可采用碱煮（Na_2CO_3 溶液，约 10 min）的方法除去。

2. 在铁屑与硫酸作用的过程中，会产生大量 H_2 及少量有毒气体（如 H_2S、PH_3 等），应注意通风，避免发生事故。

3. 所制得的硫酸亚铁溶液和硫酸亚铁铵溶液均应保持较强的酸性（pH 为 1~2）。

4. 在进行 Fe^{3+} 的限量分析时，应使用含氧较少的去离子水来配制硫酸亚铁铵溶液。

[思考题]

1. 铁屑净化及混合硫酸亚铁和硫酸铵溶液以制备复盐时均需加热，加热时应注意什么问题？

2. 怎样确定所需的硫酸铵用量？

3. 抽滤得到硫酸亚铁铵晶体后，如何除去晶体表面上附着的水分？

[附注]

Fe^{3+} 标准溶液的配制（实验准备室配制）

先配制 0.01 mg·mL^{-1} Fe^{3+} 标准溶液，然后用移液管吸取该标准溶液 5.00 mL、10.00 mL 和 20.00 mL 分别放入 3 支比色管中，各加入 2.00 mL（2.0 mol·L^{-1}）HCl 溶液和 0.50 mL（1.0 mol·L^{-1}）KSCN 溶液。用备用的含氧较少的去离子水将溶液稀释到 25.00 mL，摇匀，得到 25 mL 溶液中分别含 Fe^{3+} 0.05 mg、0.10 mg 和 0.20 mg 三个级别的 Fe^{3+} 标准溶液，它们分别为 Ⅰ 级、Ⅱ 级和 Ⅲ 级试剂中 Fe^{3+} 的最高允许含量。

用上述相似的方法配制 25 mL 含 1.00 g 摩尔盐的溶液，若溶液颜色与 Ⅰ 级试剂的标准溶液的颜色相同或略浅，便可确定为 Ⅰ 级产品，其中 Fe^{3+} 的质量分数 $= \dfrac{0.05\times10^{-3}\ g}{1.00\ g}\times100\% = 0.005\%$，Ⅱ 级和 Ⅲ 级产品以此类推。

实验四十二　离子鉴定和未知物的鉴别
——设计实验

[实验目的]

运用所学的元素及化合物的基本性质,进行常见物质的鉴定或鉴别,进一步巩固常见阳离子和阴离子重要反应的基本知识。

当一个试样需要鉴定或者一组未知物需要鉴别时,通常可根据以下几个方面进行判断:

1. 物态

(1)观察试样在常温时的状态,如果是固体要观察它的晶形。

(2)观察试样的颜色。这是判断未知物的一个重要因素。溶液试样可根据未知物离子的颜色,固体试样可根据未知物的颜色以及配成溶液后离子的颜色,预测哪些离子可能存在,哪些离子不可能存在。

(3)嗅、闻试样的气味。

2. 溶解性

固体试样的溶解性也是判断未知物的一个重要因素。首先试验是否溶于水,在冷水中怎样?在热水中怎样?不溶于水的再依次用盐酸(稀、浓)、硝酸(稀、浓)试验其溶解性。

3. 酸碱性

酸或碱可直接通过对指示剂的反应加以判断。两性物质借助既能溶于酸,又能溶于碱的性质加以判别。可溶性盐的酸碱性可用它的水溶液加以判别。有时也可以根据试液的酸碱性来排除某些离子存在的可能性。

4. 热稳定性

物质的热稳定性是有差别的,有的物质常温时就不稳定,有的物质灼热时易分解,还有的物质受热时易挥发或升华。

5. 鉴定或鉴别反应

在本书的实验十九、实验二十二和实验二十五中已对一些典型的物质的分析与鉴定进行了系统地学习,结合前面对试样的观察和初步实验,再进行相应的鉴定或鉴别反应,就能给出更准确的判断。在基础无机化学实验中鉴定反应大致采用以下几种方式:

(1)通过与某试剂反应,生成沉淀,或沉淀溶解,或放出气体。必要时再对生成的沉淀和气体做性质实验。

(2)显色反应。

(3)焰色反应。

(4)硼砂珠实验。

(5)其他特征反应。

（以上只是提供一个途径,具体问题可灵活运用。）

［实验内容］（可选做或另行确定）

1. 根据下述实验内容列出实验用品及分析步骤。

2. 区分两片银白色金属片:一是铝片,一是锌片。

3. 鉴别四种黑色和近于黑色的氧化物:CuO、Co_2O_3、PbO_2、MnO_2。

4. 未知混合液 1,2,3 分别含有 Cr^{3+},Mn^{2+},Fe^{3+},Co^{2+},Ni^{2+} 中的大部分或全部,设计一实验方案以确定未知液中含有哪几种离子,哪几种离子不存在。

5. 分别盛有以下十种硝酸盐溶液的试剂瓶标签被腐蚀,试加以鉴别。

$AgNO_3$、$Hg(NO_3)_2$、$Hg_2(NO_3)_2$、$Pb(NO_3)_2$、$NaNO_3$、$Cd(NO_3)_2$、$Zn(NO_3)_2$、$Al(NO_3)_3$、KNO_3、$Mn(NO_3)_2$

6. 分别盛有下列十种固体钠盐的试剂瓶标签脱落,试加以鉴别。

$NaNO_3$、Na_2S、$Na_2S_2O_3$、Na_3PO_4、$NaCl$、Na_2CO_3、$NaHCO_3$、Na_2SO_4、$NaBr$、Na_2SO_3

第六部分

附　　录

附录1　无机化学实验常用仪器介绍

仪器	规格	主要用途	使用方法和注意事项	理由
试管　离心试管	玻璃制品,分硬质和软质,有普通试管和离心试管(也叫离心机管)。普通试管又有翻口、平口,有刻度、无刻度,有支管、无支管,有塞、无塞等几种。离心试管也有有刻度和无刻度的 规格:有刻度的试管和离心试管按容量分,常用的有 5 mL、10 mL、15 mL、20 mL、25 mL、50 mL 等;无刻度试管按管外径×管长分,有 8 mm × 70 mm、10 mm × 75 mm、10 mm × 100 mm、12 mm × 100 mm、12 mm × 120 mm、15 mm × 150 mm、30 mm × 200 mm…	1. 在常温或加热条件下用作少量试剂反应容器,便于操作和观察 2. 收集少量气体用 3. 支管试管还可检验气体产物,也可接到装置中用 4. 离心试管还可用于沉淀分离	1. 反应液体不超过试管容积 $\frac{1}{2}$,加热时不超过 $\frac{1}{3}$ 2. 加热前试管外面要擦干,加热时要用试管夹 3. 加热液体时,管口不要对人,并将试管倾斜与桌面成 45°,同时不断振荡,火焰上端不能超过管里液面 4. 加热固体时,管口应略向下倾斜 5. 离心试管不可直接加热	1. 防止振荡时液体溅出或受热溢出 2. 防止有水滴附着受热不匀,使试管破裂,以免烫手 3. 防止液体溅出伤人,扩大加热面防止暴沸,防止受热不均匀使试管破裂 4. 增大受热面,避免管口冷凝水流回,灼热管底而引起破裂 5. 防止破裂
烧杯	玻璃质,分硬质、软质,有一般型和高型,有刻度和无刻度的几种 规格:按容量分,有 50 mL、100 mL、150 mL、200 mL、250 mL、500 mL…此外还有 1 mL、5 mL、10 mL 的微量烧杯	1. 常温或加热条件下作大量物质反应容器,反应物易混合均匀 2. 配制溶液用 3. 代替水槽用	1. 反应液体不得超过烧杯容积的 $\frac{2}{3}$ 2. 加热前要将烧杯外壁擦干,烧杯底要垫石棉网	1. 防止搅动时液体溅出或沸腾时液体溢出 2. 防止玻璃受热不均匀而遭破裂

仪器	规格	主要用途	使用方法和注意事项	理由
平底烧瓶　圆底烧瓶 蒸馏烧瓶	玻璃质,分硬质和软质,有平底、圆底、长颈、短颈、细口、粗口和蒸馏烧瓶几种 规格:按容量分,有 50 mL、100 mL、250 mL、500 mL、1 000 mL…此外还有微量烧瓶	圆底烧瓶:在常温或加热条件下供化学反应用,因盛液时圆形受热面大,耐压大 平底烧瓶:配制溶液或代替圆底烧瓶,因平底放置平稳 蒸馏烧瓶:液体蒸馏、少量气体发生装置用	1. 盛放液体的量不能超过烧瓶容积的 $\frac{2}{3}$,也不能太少 2. 固定在铁架台上,下垫石棉网再加热,不能直接加热,加热前外壁要擦干 3. 放在桌面上,下面要有木环或石棉环	1. 避免加热时喷溅或破裂 2. 避免受热不均匀而破裂 3. 防止滚动而打破
锥形瓶	玻璃质,分硬质和软质,有塞和无塞,广口、细口和微型等几种 规格:按容量分,有 50 mL、100 mL、150 mL、200 mL、250 mL…	1. 反应容器 2. 振荡方便,适用于滴定操作	1. 盛液不能太多 2. 加热应下垫石棉网或置于水浴中	1. 避免振荡时溅出液体 2. 防止受热不均而破裂
滴瓶	玻璃质,分棕色、无色两种,滴管上带有乳胶头 规格:按容量分,有 15 mL、30 mL、60 mL、125 mL 等	盛放少量液体试剂或溶液,便于取用	1. 棕色瓶放见光易分解或不太稳定的物质 2. 滴管不能吸得太满,也不能倒置 3. 滴管专用,不得弄乱,弄脏	1. 防止物质分解或变质 2. 防止试剂侵蚀乳胶头 3. 防止沾污试剂

仪器	规格	主要用途	使用方法和注意事项	理由
细口瓶	玻璃质,有磨口和不磨口,无色、棕色和蓝色的 规格:按容量分,有 100 mL、125 mL、250 mL、 500 mL、1 000 mL… 细口瓶又叫试剂瓶	储存溶液和液体药品的容器	1. 不能直接加热 2. 瓶塞不能弄脏、弄乱 3. 盛放碱液应改用胶塞 4. 有磨口塞的细口瓶不用时应洗净并在磨口处垫上纸条 5. 有色瓶盛见光易分解或不太稳定物质的溶液或液体	1. 防止玻璃破裂 2. 防止沾污试剂 3. 防止碱液与玻璃作用,使塞子打不开 4. 防止粘连,不易打开玻璃塞 5. 防止物质分解或变质
广口瓶	玻璃质,有无色、棕色的,有磨口、不磨口的,磨口有塞,若无塞的口上是磨砂的则为集气瓶 规格:按容量分,有 30 mL、 60 mL、125 mL、 250 mL、500 mL…	1. 储存固体药品用 2. 集气瓶还用于收集气体	1. 不能直接加热,不能放碱,瓶塞不得弄脏、弄乱 2. 做气体燃烧实验时瓶底应放少许沙子或水 3. 收集气体后,要用毛玻璃片盖住瓶口	1. 同上 2. 防 止 瓶破裂 3. 防止气体逸出
量筒	玻璃质 规格:刻度按容量分,有 5 mL、10 mL、20 mL、25 mL、50 mL、100 mL、200 mL… 上口大下部小的叫量杯	用于量取一定体积的液体	1. 应竖直放在桌面上,读数时,视线应和液面水平,读取与弯月面底相切的刻度 2. 不可加热,不可做实验(如溶解、稀释等)容器 3. 不可量热溶液或液体	1. 读数准确 2. 防止破裂 3. 容 积 不准确
称量瓶	玻璃质,分高型、矮型两种 规格:按容量分,高型有 10 mL、20 mL、25 mL、40 mL…矮型有 5 mL、10 mL、15 mL、30 mL…	准确称取一定量固体药品时用	1. 不能加热 2. 盖子是磨口配套的,不得丢失、弄乱 3. 不用时应洗净,在磨口处垫上纸条	1. 防止玻璃破裂 2. 防止药品沾污 3. 防 止 粘连,打不开玻璃盖

仪器	规格	主要用途	使用方法和注意事项	理由
移液管　吸量管	玻璃质,分刻度管型和单刻度大肚型两种;此外还有完全流出式和不完全流出式;单刻度的也叫移液管,有刻度的也称吸量管 规格:按刻度最大标度分,有 1 mL、2 mL、5 mL、10 mL、25 mL、50 mL 等 微量的有 0.1 mL、0.2 mL、0.25 mL、0.5 mL 等 此外还有自动移液管	精确移取一定体积的液体时用	1. 将液体吸入,液面超过刻度,再用食指按住管口,轻轻转动放气,使液面降至刻度后,用食指按住管口,移往指定容器上,放开食指,使液体注入 2. 用时先用少量所移取液淋洗三次 3. 一般吸管残留的最后一滴液体,不要吹出(完全流出式应吹出)	1. 确保量取准确 2. 确保所取液浓度或纯度不变 3. 制管时已考虑
容量瓶	玻璃质 规格:按刻度以下的容量分,有 5 mL、10 mL、25 mL、50 mL、100 mL、150 mL、200 mL、250 mL 等 现在也有塑料塞的	配制准确浓度溶液时用	1. 溶质先在烧杯内全部溶解,然后移入容量瓶 2. 不能加热,不能代替试剂瓶用来存放溶液	1. 配制准确 2. 避免影响容量瓶容积的精确度
酸式滴定管　碱式滴定管	玻璃质,分酸式(具玻璃旋塞)和碱式(具乳胶管连接的玻璃尖嘴)两种 规格:按刻度最大标度分,有 25 mL、50 mL、100 mL 等 微量的有 1 mL、2 mL、3 mL、4 mL、5 mL、10 mL 等	滴定时用,或用以量取较准体积的液体时用	1. 用前洗净、装液前要用预装溶液淋洗三次 2. 使用酸式管滴定时,用左手开启旋塞,碱式管用左手轻捏乳胶管内玻璃珠,溶液即可放出。碱式管要注意赶尽气泡 3. 酸式管旋塞应擦凡士林,碱式管下端乳胶管不能用洗液洗 4. 酸式管、碱式管不能对调使用	1. 保证溶液浓度不变 2. 防止将旋塞拉出而喷漏,便于操作。赶出气泡是为读数准确 3. 旋塞旋转灵活;洗液腐蚀乳胶 4. 酸液腐蚀乳胶,碱液腐蚀玻璃,使旋塞粘住而损坏

仪器	规格	主要用途	使用方法和注意事项	理由
长颈漏斗　短颈漏斗	玻璃质或搪瓷质，分长颈和短颈两种　规格：按斗径分，有30 mm、40 mm、60 mm、100 mm、120 mm等　此外铜制热漏斗专用于热滤	1. 过滤液体　2. 倾注液体　3. 长颈漏斗常装配气体发生器，加液用	1. 不可直接加热　2. 过滤时漏斗颈尖端必须紧靠承接滤液的容器壁　3. 长颈漏斗作加液时，斗颈应插入液面内	1. 防止破裂　2. 防止滤液溅出　3. 防止气体自漏斗泄出
分液漏斗	玻璃质，有球形、梨形、筒形和锥形几种　规格：按容量分，有50 mL、100 mL、250 mL、500 mL等	1. 用于互不相溶的液-液分离　2. 气体发生器装置中加液用	1. 不能加热　2. 塞上涂一薄层凡士林，旋塞处不能漏液　3. 分液时，下层液体从漏斗管流出，上层液体从上口倒出　4. 装气体发生器时漏斗管应插入液面内（漏斗管不够长，可接管）或改装成恒压漏斗	1. 防止玻璃破裂　2. 旋塞旋转灵活，又不漏水　3. 防止分离不清　4. 防止气体自漏斗管喷出
抽滤瓶　布氏漏斗	布氏漏斗为瓷质，规格以直径(mm)表示；抽滤瓶为玻璃质　规格：按容量分，有50 mL、100 mL、250 mL、500 mL等　两者配套使用	用于无机制备中晶体或沉淀的减压过滤（利用抽气管或真空泵降低抽滤瓶中压力来减压过滤）	1. 不能直接加热　2. 滤纸要略小于漏斗的内径，才能贴紧　3. 先开抽气管，后过滤。过滤完毕后，先分开抽气管与抽滤瓶的连接处，后关抽气管	1. 防止玻璃破裂　2. 防止过滤液由边上漏滤，过滤不完全　3. 防止抽气管水流倒吸

仪器	规格	主要用途	使用方法和注意事项	理由
干燥管	玻璃质,还有其他形状的 规格:以大小表示	干燥气体	1. 干燥剂颗粒要大小适中,填充时松紧要适中,不与气体反应 2. 两端要用棉花团 3. 干燥剂变潮后应立即换干燥剂,用后应清洗 4. 两头要接对(大头进气,小头出气)并固定在铁架台上使用	1. 加强干燥效果,避免失效 2. 避免气流将干燥剂粉末带出 3. 避免沾污仪器,提高干燥效率 4. 防止漏气,防止打碎
洗气瓶	玻璃质,形状有多种 规格:按容量分,有125 mL、250 mL、500 mL、1 000 mL 等	净化气体用,反接也可作安全瓶(或缓冲瓶)用	1. 接法要正确(进气管通入液体中) 2. 洗涤液注入容器高度 $\frac{1}{3}$,不得超过 $\frac{1}{2}$	1. 接不对,达不到洗气目的 2. 防止洗涤液被气体冲出
表面皿	玻璃质 规格:按直径分,有45 mm、65 mm、75 mm、90 mm 等	盖在烧杯上,防止液体进溅或其他用途	不能用火直接加热	防止破裂
蒸发皿	瓷质,也有玻璃、石英、铂制品,有平底和圆底两种 规格:按容量分,有75 mL、200 mL、400 mL 等	口大底浅,蒸发速率大,所以作蒸发、浓缩溶液用,随液体性质不同可选用不同质的蒸发皿	1. 能耐高温,但不宜骤冷 2. 一般放在石棉网上加热	1. 防止破裂 2. 受热均匀

仪器	规格	主要用途	使用方法和注意事项	理由
坩埚	瓷质,也有石墨、石英、氧化锆、铁、镍或铂制品 规格:以容量分,有 10 mL、15 mL、25 mL、50 mL 等	强热、煅烧固体用,随固体性质不同可选用不同质的坩埚	1. 放在泥三角上直接强热或煅烧 2. 加热或反应完毕后用坩埚钳取下时,坩埚钳应预热,取下后应放置石棉网上	1. 瓷质、耐高温 2. 防止骤冷而破裂,防止烧坏桌面
持夹 单爪夹 铁圈 铁架台	铁制品,铁夹现在有铝制的 铁架台有圆形的,也有长方形的	用于固定或放置反应容器,铁圈还可代替漏斗架使用	1. 仪器固定在铁架台上时,仪器和铁架的重心应落在铁架台底盘中部 2. 用铁夹夹持仪器时,应以仪器不能转动为宜,不能过紧过松 3. 加热后的铁圈不能撞击或摔落在地	1. 防止站立不稳而翻倒 2. 过松易脱落,过紧可能夹破仪器 3. 避免断裂
毛刷	以大小或用途表示,如试管刷、滴定管刷等	洗刷玻璃仪器	洗涤时手持刷子的部位要合适,要注意毛刷顶部竖毛的完整程度	避免洗不到仪器顶端,或刷顶撞破仪器
研钵	瓷质,也有玻璃、玛瑙或铁制品 规格:以口径大小表示	1. 研碎固体物质 2. 固体物质的混合,按固体的性质和硬度选用不同的研钵	1. 大块物质只能压碎,不能春碎 2. 放入量不宜超过研钵容积的 $\frac{1}{3}$ 3. 易爆物质只能轻轻压碎,不能研磨	1. 防止击碎研钵和杵,避免固体飞溅 2. 以免研磨时把物质甩出 3. 防止爆炸

仪器	规格	主要用途	使用方法和注意事项	理由
 试管架	有木质和铝质的,有不同形状和大小的	放试管用	加热后的试管应用试管夹夹住悬放架上	避免骤冷或遇架上湿水使之炸裂
 (铜)　　(木) 试管夹	有木制、竹制,也有金属丝(钢或铜)制品,形状也不同	夹持试管用	1. 夹在试管上端 2. 不要把拇指按在夹的活动部分 3. 一定要从试管底部套上和取下试管夹	1. 便于摇动试管,避免烧焦夹子 2. 避免试管脱落 3. 操作规范化的要求
 漏斗架	木制品,有螺丝可固定于铁架或木架上,也叫漏斗板	过滤时承接漏斗用	固定漏斗架时,不要倒放	以免损坏
 三脚架	铁制品,有大小、高低之分,比较牢固	放置较大或较重的加热容器	1. 放置加热容器(除水浴锅外)应先放石棉网 2. 下面加热灯焰的位置要合适,一般用氧化焰加热	1. 使加热容器受热均匀 2. 使加热温度高

仪器	规格	主要用途	使用方法和注意事项	理由
燃烧匙	匙头铜质,也有铁制品	检验可燃性,进行固气燃烧反应用	1. 放入集气瓶时应由上而下慢慢放入,且不要触及瓶壁 2. 硫黄、钾、钠燃烧实验,应在匙底垫上少许石棉或沙子 3. 用完立即洗净匙头并干燥	1. 保证充分燃烧,防止集气瓶破裂 2. 发生反应,腐蚀燃烧匙 3. 以免腐蚀、损坏匙头
泥三角	由铁丝扭成,套有瓷管,有大小之分	灼烧坩埚时放置坩埚用	1. 使用前应检查铁丝是否断裂,断裂的不能使用 2. 坩埚放置要正确,坩埚底应横着斜放在三个瓷管中的一个瓷管上 3. 灼烧后小心取下,不要摔落	1. 铁丝断裂,灼烧时坩埚不稳也易脱落 2. 灼烧得快 3. 以免损坏
药匙	由牛角、瓷或塑料制成,现多数是塑料的	拿取固体药品用,药勺两端各有一个勺、一大一小,根据用药量大小分别选用	取用一种药品后,必须洗净,并用滤纸屑擦干后,才能取用另一种药品	避免沾污试剂,发生事故
石棉网	由铁丝编成,中间涂有石棉,有大、小之分	石棉是一种不良导热体,它能使受热物体均匀受热,不致造成局部高温	1. 应先检查,石棉脱落的不能用 2. 不能与水接触 3. 不可卷折	1. 起不到作用 2. 以免石棉脱落或铁丝锈蚀 3. 石棉松脆,易损坏

仪器	规格	主要用途	使用方法和注意事项	理由
水浴锅	铜或铝制品	用于间接加热,也可用于粗略控温实验中	1. 应选择好圈环,使加热器皿没入锅中 2/3 2. 经常加水,防止将锅内水烧干 3. 用完将锅内剩水倒出并擦干水浴锅	1. 使加热物品受热上下均匀 2. 将水浴锅烧坏 3. 防止锈蚀(如铜制品会生铜绿)
坩埚钳	铁制品,有大小、长短的不同(要求开启或关闭钳子时不要太紧和太松)	夹持坩埚加热或往高温电炉(马弗炉)中放、取坩埚(亦可用于夹取热的蒸发皿)	1. 使用时必须用干净的坩埚钳 2. 坩埚钳用后,应尖端向上平放在实验台上(如温度很高,则应放在石棉网上) 3. 实验完毕后,应将钳子擦干净,放入实验柜中,干燥放置	1. 防止弄脏坩埚中药品 2. 保证坩埚钳尖端洁净,并防止烫坏实验台 3. 防止坩埚钳锈蚀
螺旋夹 **自由夹**	铁制品,自由夹也叫弹簧夹、止水夹或皮管夹等多种名称,螺旋夹也叫节流夹	在蒸馏水储瓶、制气或其他实验装置中沟通或关闭流体的通路,螺旋夹还可控制流体的流量	一般将夹子夹在连接导管的胶管中部(关闭),或夹在玻璃导管上(沟通)。螺旋夹还可随时夹上或取下。应注意: 1. 应使胶管夹在自由夹的中间部位 2. 在蒸馏水储瓶的装置中,夹子夹持胶管的部位应常变动 3. 实验完毕,应及时拆卸装置,夹子擦净放入柜中	1. 防止夹持不牢、漏液或漏气 2. 防止长期夹持,胶管黏结 3. 防止夹子弹性减小和夹子锈蚀

附录 2 不同温度下水的饱和蒸气压
（由熔点 0 ℃ 至临界温度 370 ℃）

单位：kPa

t/℃	0	1	2	3	4	5	6	7	8	9
0	0.611 29	0.657 16	0.706 05	0.758 13	0.813 59	0.872 60	0.935 37	1.002 1	1.073 0	1.148 2
10	1.228 1	1.312 9	1.402 7	1.497 9	1.598 8	1.705 6	1.818 5	1.938 0	2.064 4	2.197 8
20	2.338 8	2.487 7	2.644 7	2.810 4	2.985 0	3.169 0	3.362 9	3.567 0	3.781 8	4.007 8
30	4.245 5	4.495 3	4.757 8	5.033 5	5.322 9	5.626 7	5.945 3	6.279 5	6.629 8	6.996 9
40	7.381 4	7.784 0	8.205 4	8.646 3	9.107 5	9.589 8	10.094	10.620	11.171	11.745
50	12.344	12.970	13.623	14.303	15.012	15.752	16.522	17.324	18.159	19.028
60	19.932	20.873	21.851	22.868	23.925	25.022	26.163	27.347	28.576	29.852
70	31.176	32.549	33.972	35.448	36.978	38.563	40.205	41.905	43.665	45.487
80	47.373	49.324	51.342	53.428	55.585	57.815	60.119	62.499	64.958	67.496
90	70.117	72.823	75.614	78.494	81.465	84.529	87.688	90.945	94.301	97.759
100	101.32	104.99	108.77	112.66	116.67	120.79	125.03	129.39	133.88	138.50
110	143.24	148.12	153.13	158.29	163.58	169.02	174.61	180.34	186.23	192.28
120	198.48	204.85	211.38	218.09	224.96	232.01	239.24	246.66	254.25	262.04
130	270.02	278.20	286.57	295.15	303.93	312.93	322.14	331.57	341.22	351.09
140	361.19	371.53	382.11	392.92	403.98	415.29	426.85	438.67	450.75	463.10
150	475.72	488.61	501.78	515.23	528.96	542.99	557.32	571.94	586.87	602.11
160	617.66	633.53	649.73	666.25	683.10	700.29	717.84	735.70	753.94	772.52
170	791.47	810.78	830.47	850.53	870.98	891.80	913.03	934.64	956.66	979.09
180	1 001.9	1 025.2	1 048.9	1 073.0	1 097.5	1 122.5	1 147.9	1 173.8	1 200.1	1 226.9
190	1 254.2	1 281.9	1 310.1	1 338.8	1 368.0	1 397.6	1 427.8	1 458.5	1 489.7	1 521.4
200	1 553.6	1 586.4	1 619.7	1 653.6	1 688.0	1 722.9	1 758.4	1 794.5	1 831.1	1 868.4
210	1 906.2	1 944.6	1 983.6	2 023.2	2 063.4	2 104.2	2 145.7	2 187.8	2 230.5	2 273.8
220	2 317.8	2 362.5	2 407.8	2 453.8	2 500.5	2 547.9	2 595.9	2 644.6	2 694.1	2 744.2
230	2 795.1	2 846.7	2 899.0	2 952.1	3 005.9	3 060.4	3 115.7	3 171.8	3 228.6	3 286.3

t/℃	0	1	2	3	4	5	6	7	8	9
240	3 344.7	3 403.9	3 463.9	3 524.7	3 586.3	3 648.8	3 712.1	3 776.2	3 841.2	3 907.0
250	3 973.6	4 041.2	4 109.6	4 178.9	4 249.1	4 320.2	4 392.2	4 465.1	4 539.0	4 613.7
260	4 689.4	4 766.1	4 843.7	4 922.3	5 001.8	5 082.3	5 163.8	5 246.3	5 329.8	5 414.3
270	5 499.9	5 586.4	5 674.0	5 762.7	5 852.4	5 943.1	6 035.0	6 127.9	6 221.9	6 317.0
280	6 413.2	6 510.5	6 608.9	6 708.5	6 809.2	6 911.1	7 014.1	7 118.3	7 223.7	7 330.2
290	7 438.0	7 547.0	7 657.2	7 768.6	7 881.3	7 995.2	8 110.3	8 226.8	8 344.5	8 463.5
300	8 583.8	8 705.4	8 828.3	8 952.6	9 078.2	9 205.1	9 333.4	9 463.1	9 594.2	9 726.7
310	9 860.5	9 995.8	10 133	10 271	10 410	10 551	10 694	10 838	10 984	11 131
320	11 279	11 429	11 581	11 734	11 889	12 046	12 204	12 364	12 525	12 688
330	12 852	13 019	13 187	13 357	13 528	13 701	13 876	14 053	14 232	14 412
340	14 594	14 778	14 964	15 152	15 342	15 533	15 727	15 922	16 120	16 320
350	16 521	16 725	16 931	17 138	17 348	17 561	17 775	17 992	18 211	18 432
360	18 655	18 881	19 110	19 340	19 574	19 809	20 048	20 289	20 533	20 780
370	21 030	21 283	21 539	21 799	22 055					

摘译自 Lide D R. Handbook of Chemistry and Physics.6-8～6-9.78th ed.1997～1998.

附录 3 一些无机化合物的溶解度

化合物	溶解度 g·(100 mL H$_2$O)$^{-1}$	t/℃	化合物	溶解度 g·(100 mL H$_2$O)$^{-1}$	t/℃
Ag$_2$O	0.001 3	20	CdCl$_2$·$\frac{5}{2}$H$_2$O	168	20
BaO	3.48	20	HgCl$_2$	6.9	20
BaO$_2$·8H$_2$O	0.168		[Cr(H$_2$O)$_4$Cl$_2$]·2H$_2$O	58.5	25
As$_2$O$_3$	3.7	20	MnCl$_2$·4H$_2$O	151	8
As$_2$O$_5$	150	16	FeCl$_2$·4H$_2$O	160.1	10
LiOH	12.8	20	FeCl$_3$·6H$_2$O	91.9	20
NaOH	42	0	CoCl$_3$·6H$_2$O	76.7	0
KOH	107	15	NiCl$_2$·6H$_2$O	254	20
Ca(OH)$_2$	0.185	0	NH$_4$Cl	29.7	0
Ba(OH)$_2$·8H$_2$O	5.6	15	NaBr·2H$_2$O	79.5	0
Ni(OH)$_2$	0.013		KBr	53.48	0
BaF$_2$	0.12	25	NH$_4$Br	97	25
AlF$_3$	0.559	25	HIO$_3$	286	0
AgF	182	15.5	NaI	184	25
NH$_4$F	100	0	NaI·2H$_2$O	317.9	0
(NH$_4$)$_2$SiF$_6$	18.6	17	KI	127.5	0
LiCl	63.7	0	KIO$_3$	4.74	0
LiCl·H$_2$O	86.2	20	KIO$_4$	0.66	15
NaCl	35.7	0	NH$_4$I	154.2	0
NaOCl·5H$_2$O	29.3		Na$_2$S	15.4	10
KCl	23.8	20	Na$_2$S·9H$_2$O	47.5	10
KCl·MgCl$_2$·6H$_2$O	64.5	19	NH$_4$HS	128.1	0
MgCl$_2$·6H$_2$O	167		Na$_2$SO$_3$·7H$_2$O	32.8	0
CaCl$_2$	74.5	20	Na$_2$SO$_4$·10H$_2$O	11	0
CaCl$_2$·6H$_2$O	279	0		92.7	30
BaCl$_2$	37.5	26	NaHSO$_4$	28.6	25
BaCl$_2$·2H$_2$O	58.7	100	Li$_2$SO$_4$·H$_2$O	34.9	25
AlCl$_3$	69.9	15	KAl(SO$_4$)$_2$·12H$_2$O	5.9	20
SnCl$_2$	83.9	0		11.7	40
CuCl$_2$·2H$_2$O	110.4	0		17.0	50
ZnCl$_2$	432	25	KCr(SO$_4$)$_2$·12H$_2$O	24.39	25
CdCl$_2$	140	20			

化合物	溶解度 g·(100 mL H₂O)⁻¹	$t/℃$	化合物	溶解度 g·(100 mL H₂O)⁻¹	$t/℃$
$BeSO_4 \cdot 4H_2O$	42.5	25		247	100
$MgSO_4 \cdot 7H_2O$	71	20	$Mg(NO_3)_2 \cdot 6H_2O$	125	
$CaSO_4 \cdot \frac{1}{2}H_2O$	0.3	20	$Ca(NO_3)_2 \cdot 4H_2O$	266	0
$CaSO_4 \cdot 2H_2O$	0.241		$Sr(NO_3)_2 \cdot 4H_2O$	60.43	0
$Al_2(SO_4)_3$	31.3	0	$Ba(NO_3)_2 \cdot H_2O$	63	20
$Al_2(SO_4)_3 \cdot 18H_2O$	86.9	0	$Al(NO_3)_3 \cdot 9H_2O$	63.7	25
$CuSO_4$	14.3	0	$Pb(NO_3)_2$	37.65	0
$CuSO_4 \cdot 5H_2O$	31.6	0	$Cu(NO_3)_2 \cdot 6H_2O$	243.7	0
$[Cu(NH_3)_4]SO_4 \cdot H_2O$	18.5	21.5	$AgNO_3$	122	0
Ag_2SO_4	0.57	0	$Zn(NO_3)_2 \cdot 6H_2O$	184.3	20
$ZnSO_4 \cdot 7H_2O$	96.5	20	$Cd(NO_3)_2 \cdot 4H_2O$	215	
$3CdSO_4 \cdot 8H_2O$	113	0	$Mn(NO_3)_2 \cdot 4H_2O$	426.4	0
$HgSO_4 \cdot 2H_2O$	0.003	18	$Fe(NO_3)_2 \cdot 6H_2O$	83.5	20
$Cr_2(SO_4)_3 \cdot 18H_2O$	120	20	$Fe(NO_3)_3 \cdot 6H_2O$	150	0
$CrSO_4 \cdot 7H_2O$	12.35	0	$Co(NO_3)_2 \cdot 6H_2O$	133.8	0
$MnSO_4 \cdot 6H_2O$	147.4		NH_4NO_3	118.3	0
$MnSO_4 \cdot 7H_2O$	172		Na_2CO_3	7.1	0
$FeSO_4 \cdot H_2O$	50.9	70	$Na_2CO_3 \cdot 10H_2O$	21.52	0
	43.6	80	K_2CO_3	112	20
	37.3	90	$K_2CO_3 \cdot 2H_2O$	146.9	
$FeSO_4 \cdot 7H_2O$	15.65	0	$(NH_4)_2CO_3 \cdot H_2O$	100	15
	26.5	20	$NaHCO_3$	6.9	0
	40.2	40	NH_4HCO_3	11.9	0
	48.6	50	$Na_2C_2O_4$	3.7	20
$Fe_2(SO_4)_3 \cdot 9H_2O$	440		$FeC_2O_4 \cdot 2H_2O$	0.022	
$CoSO_4 \cdot 7H_2O$	60.4	3	$(NH_4)_2C_2O_4 \cdot H_2O$	2.54	0
$NiSO_4 \cdot 6H_2O$	62.52	0	$NaC_2H_3O_2$	119	0
$NiSO_4 \cdot 7H_2O$	75.6	15.5	$NaC_2H_3O_2 \cdot 3H_2O$	76.2	0
$(NH_4)_2SO_4$	70.6	0	$Pb(C_2H_3O_2)_2$	44.3	20
$NH_4Al(SO_4)_2 \cdot 12H_2O$	15	20	$Zn(C_2H_3O_2)_2 \cdot 2H_2O$	31.1	20
$NH_4Cr(SO_4)_2 \cdot 12H_2O$	21.2	25	$NH_4C_2H_3O_2$	148	4
$(NH_4)_2SO_4 \cdot FeSO_4 \cdot 6H_2O$	26.9	20	$KCNS$	177.2	0
$NH_4Fe(SO_4)_2 \cdot 12H_2O$	124.0	25	NH_4CNS	128	0
$Na_2S_2O_3 \cdot 5H_2O$	79.4	0	KCN	50	
$NaNO_2$	81.5	15	$K_4[Fe(CN)_6] \cdot 3H_2O$	14.5	0
KNO_2	281	0	$K_3[Fe(CN)_6]$	33	4
	413	100	H_3PO_4	548	
$LiNO_3 \cdot 3H_2O$	34.8	0	$Na_3PO_4 \cdot 10H_2O$	8.8	
KNO_3	13.3	0	$(NH_4)_3PO_4 \cdot 3H_2O$	26.1	25

化合物	溶解度 g·(100 mL H$_2$O)$^{-1}$	$t/℃$	化合物	溶解度 g·(100 mL H$_2$O)$^{-1}$	$t/℃$
NH$_4$MgPO$_4$·6H$_2$O	0.023 1	0	Na$_2$Cr$_2$O$_7$·2H$_2$O	238	0
Na$_4$P$_2$O$_7$·10H$_2$O	5.41	0	K$_2$Cr$_2$O$_7$	4.9	0
Na$_2$HPO$_4$·7H$_2$O	104	40	(NH$_4$)$_2$Cr$_2$O$_7$	30.8	15
H$_3$BO$_3$	6.35	20	H$_2$MoO$_4$·H$_2$O	0.133	18
Na$_2$B$_4$O$_7$·10H$_2$O	2.01	0	Na$_2$MoO$_4$·2H$_2$O	56.2	0
(NH$_4$)$_2$B$_4$O$_7$·4H$_2$O	7.27	18	(NH$_4$)$_6$Mo$_7$O$_{24}$·4H$_2$O	43	
NH$_4$B$_5$O$_8$·4H$_2$O	7.03	18	Na$_2$WO$_4$·2H$_2$O	41	0
K$_2$CrO$_4$	62.9	20	KMnO$_4$	6.38	20
Na$_2$CrO$_4$	87.3	20	Na$_3$AsO$_4$·12H$_2$O	38.9	15.5
Na$_2$CrO$_4$·10H$_2$O	50	10	NH$_4$H$_2$AsO$_4$	33.74	0
CaCrO$_4$·2H$_2$O	16.3	20	NH$_4$VO$_3$	0.52	15
(NH$_4$)$_2$CrO$_4$	40.5	30	NaVO$_3$	21.1	25

摘译自 Weast R C. Handbook of Chemistry and Physics.B68~161.66th ed.1985~1986.

气体	$t/℃$	溶解度 $mL \cdot (100\ mL\ H_2O)^{-1}$	气体	$t/℃$	溶解度 $mL \cdot (100\ mL\ H_2O)^{-1}$	气体	$t/℃$	溶解度 $mL \cdot (100\ mL\ H_2O)^{-1}$
H_2	0	2.14	N_2	0	2.33	O_2	0	4.89
	20	0.85		40	1.42		25	3.16
CO	0	3.5	NO	0	7.34	H_2S	0	437
	20	2.32		60	2.37		40	186
CO_2	0	171.3	NH_3	0	89.9	Cl_2	10	310
	20	90.1		100	7.4		30	177
SO_2	0	22.8						

摘自 Weast R C. Handbook of Chemistry and Physics.B68~161.66th ed.1985~1986.

附录5 常用酸、碱的浓度

试剂名称	密度 g·cm^{-3}	质量分数 %	物质的量浓度 mol·L^{-1}	试剂名称	密度 g·cm^{-3}	质量分数 %	物质的量浓度 mol·L^{-1}
浓硫酸	1.84	98%	18	氢溴酸	1.38	40	7
稀硫酸	1.1	9	2	氢碘酸	1.70	57	7.5
浓盐酸	1.19	38	12	冰醋酸	1.05	99	17.5
稀盐酸	1.0	7	2	稀醋酸	1.04	30	5
浓硝酸	1.4	68	16	稀醋酸	1.0	12	2
稀硝酸	1.2	32	6	浓氢氧化钠	1.44	~41	~14.4
稀硝酸	1.1	12	2	稀氢氧化钠	1.1	8	2
浓磷酸	1.7	85	14.7	浓氨水	0.91	~28	14.8
稀磷酸	1.05	9	1	稀氨水	1.0	3.5	2
浓高氯酸	1.67	70	11.6	氢氧化钙水溶液		0.15	
稀高氯酸	1.12	19	2	氢氧化钡水溶液		2	~0.1
浓氢氟酸	1.13	40	23				

摘自北京师范大学化学系无机化学教研室.简明化学手册.北京:北京出版社,1980.

附录6　弱电解质的解离常数
（离子强度等于零的稀溶液）

（1）弱酸的解离常数

酸	$t/℃$	级	K_a	pK_a
砷酸（H_3AsO_4）	25	1	$5.5×10^{-2}$	2.26
	25	2	$1.7×10^{-7}$	6.76
	25	3	$5.1×10^{-12}$	11.29
亚砷酸（H_3AsO_3）	25		$5.1×10^{-10}$	9.29
正硼酸（H_3BO_3）	20		$5.4×10^{-10}$	9.27
碳酸（H_2CO_3）	25	1	$4.5×10^{-7}$	6.35
	25	2	$4.7×10^{-11}$	10.33
铬酸（H_2CrO_4）	25	1	$1.8×10^{-1}$	0.74
	25	2	$3.2×10^{-7}$	6.49
氢氰酸（HCN）	25		$6.2×10^{-10}$	9.21
氢氟酸（HF）	25		$6.3×10^{-4}$	3.20
氢硫酸（H_2S）	25	1	$8.9×10^{-8}$	7.05
	25	2	$1×10^{-19}$	19
过氧化氢（H_2O_2）	25	1	$2.4×10^{-12}$	11.62
次溴酸（HBrO）	18		$2.8×10^{-9}$	8.55
次氯酸（HClO）	25		$2.95×10^{-8}$	7.53
次碘酸（HIO）	25		$3×10^{-11}$	10.5
碘酸（HIO_3）	25		$1.7×10^{-1}$	0.78
亚硝酸（HNO_2）	25		$5.6×10^{-4}$	3.25
高碘酸（HIO_4）	25		$2.3×10^{-2}$	1.64
正磷酸（H_3PO_4）	25	1	$6.9×10^{-3}$	2.16
	25	2	$6.23×10^{-8}$	7.21
	25	3	$4.8×10^{-13}$	12.32
亚磷酸（H_3PO_3）	20	1	$5×10^{-2}$	1.3

酸	$t/℃$	级	K_a	pK_a
	20	2	2.0×10^{-7}	6.70
焦磷酸($H_4P_2O_7$)	25	1	1.2×10^{-1}	0.91
	25	2	7.9×10^{-3}	2.10
	25	3	2.0×10^{-7}	6.70
	25	4	4.8×10^{-10}	9.32
硒酸(H_2SeO_4)	25	2	2×10^{-2}	1.7
亚硒酸(H_2SeO_3)	25	1	2.4×10^{-3}	2.62
	25	2	4.8×10^{-9}	8.32
硅酸(H_2SiO_3)	30	1	1×10^{-10}	9.9
	30	2	2×10^{-12}	11.8
硫酸(H_2SO_4)	25	2	1.0×10^{-2}	1.99
亚硫酸(H_2SO_3)	25	1	1.4×10^{-2}	1.85
	25	2	6×10^{-8}	7.2
甲酸(HCOOH)	20		1.77×10^{-4}	3.75
醋酸(HAC)	25		1.76×10^{-5}	4.75
草酸($H_2C_2O_4$)	25	1	5.90×10^{-2}	1.23
	25	2	6.40×10^{-5}	4.19

（2）弱碱的解离常数

碱	$t/℃$	级	K_b	pK_b
氨水($NH_3 \cdot H_2O$)	25		1.79×10^{-5}	4.75
*氢氧化铍$[Be(OH)_2]$	25	2	5×10^{-11}	10.30
*氢氧化钙$[Ca(OH)_2]$	25	1	3.74×10^{-3}	2.43
	30	2	4.0×10^{-2}	1.4
联氨(NH_2NH_2)	20		1.2×10^{-6}	5.9
羟胺(NH_2OH)	25		8.71×10^{-9}	8.06
*氢氧化铅$[Pb(OH)_2]$	25		9.6×10^{-4}	3.02
*氢氧化银(AgOH)	25		1.1×10^{-4}	3.96
*氢氧化锌$[Zn(OH)_2]$	25		9.6×10^{-4}	3.02

摘译自 Lide D R. Handbook of Chemistry and Physics.8-43~8-44.78th ed.1997~1998.

* 摘译自 Weast R C. Handbook of Chemistry and Physics.D159~163.66th ed.1985~1986.

化　合　物	溶度积(温度/℃)	化　合　物	溶度积(温度/℃)
铝		*硫化铜	$8.5×10^{-45}$(18)
*铝酸 H_3AlO_3	$4×10^{-13}$(15)	溴化亚铜	$6.27×10^{-9}$(25)
	$1.1×10^{-15}$(18)	氯化亚铜	$1.72×10^{-7}$(25)
	$3.7×10^{-15}$(25)	碘化亚铜	$1.27×10^{-12}$(25)
*氢氧化铝	$1.9×10^{-33}$(18~20)	*硫化亚铜	$2×10^{-47}$(16~18)
钡		硫氰酸亚铜	$1.77×10^{-13}$(25)
碳酸钡	$2.58×10^{-9}$(25)	*亚铁氰酸铜	$1.3×10^{-16}$(18~25)
铬酸钡	$1.17×10^{-10}$(25)	铁	
氟化钡	$1.84×10^{-7}$(25)	氢氧化铁	$2.79×10^{-39}$(25)
碘酸钡 $Ba(IO_3)_2·2H_2O$	$1.67×10^{-9}$(25)	氢氧化亚铁	$4.87×10^{-17}$(18)
碘酸钡	$4.01×10^{-9}$(25)	草酸亚铁	$2.1×10^{-7}$(25)
*草酸钡 $BaC_2O_4·2H_2O$	$1.2×10^{-7}$(18)	*硫化亚铁	$3.7×10^{-19}$(18)
*硫酸钡	$1.08×10^{-10}$(25)	铅	
镉		碳酸铅	$7.4×10^{-14}$(25)
草酸镉 $CdC_2O_4·3H_2O$	$1.42×10^{-8}$(25)	*铬酸铅	$1.77×10^{-14}$(18)
氢氧化镉	$7.2×10^{-15}$(25)	氟化铅	$3.3×10^{-8}$(25)
*硫化镉	$3.6×10^{-29}$(18)	碘酸铅	$3.69×10^{-13}$(25)
钙		碘化铅	$9.8×10^{-9}$(25)
碳酸钙	$3.36×10^{-9}$(25)	*草酸铅	$2.74×10^{-11}$(18)
氟化钙	$3.45×10^{-11}$(25)	硫酸铅	$2.53×10^{-8}$(25)
碘酸钙 $Ca(IO_3)_2·6H_2O$	$7.10×10^{-7}$(25)	*硫化铅	$3.4×10^{-28}$(18)
碘酸钙	$6.47×10^{-6}$(25)	锂	
草酸钙	$2.32×10^{-9}$(25)	碳酸锂	$8.15×10^{-4}$(25)
*草酸钙 $CaC_2O_4·H_2O$	$2.57×10^{-9}$(25)	镁	
硫酸钙	$4.93×10^{-5}$(25)	*磷酸镁铵	$2.5×10^{-13}$(25)
钴		碳酸镁	$6.82×10^{-6}$(25)
*硫化钴(Ⅱ)α-CoS	$4.0×10^{-21}$(18~25)	氟化镁	$5.16×10^{-11}$(25)
*β-CoS	$2.0×10^{-25}$(18~25)	氢氧化镁	$5.61×10^{-12}$(25)
铜		二水合草酸镁	$4.83×10^{-6}$(25)
一水合碘酸铜	$6.94×10^{-8}$(25)	锰	
草酸铜	$4.43×10^{-10}$(25)	*氢氧化锰	$4×10^{-14}$(18)

化 合 物	溶度积(温度/℃)	化 合 物	溶度积(温度/℃)
* 硫化锰	1.4×10^{-15}(18)	氢氧化银[①]	1.52×10^{-8}(20)
汞		碘酸银	3.17×10^{-8}(25)
* 氢氧化汞[①]	3.0×10^{-26}(18~25)	* 碘化银	0.32×10^{-16}(13)
* 硫化汞(红)	4.0×10^{-53}(18~25)	碘化银	8.52×10^{-17}(25)
* 硫化汞(黑)	1.6×10^{-52}(18~25)	* 硫化银	1.6×10^{-49}(18)
氯化亚汞	1.43×10^{-18}(25)	溴酸银	5.38×10^{-5}(25)
碘化亚汞	5.2×10^{-29}(25)	* 硫氰酸银	0.49×10^{-12}(18)
溴化亚汞	6.4×10^{-23}(25)	硫氰酸银	1.03×10^{-12}(25)
镍		锶	
* 硫化镍(Ⅱ)α-NiS	3.2×10^{-19}(18~25)	碳酸锶	5.60×10^{-10}(25)
* β-NiS	1.0×10^{-24}(18~25)	氟化锶	4.33×10^{-9}(25)
* γ-NiS	2.0×10^{-26}(18~25)	* 草酸锶	5.61×10^{-8}(18)
银		* 硫酸锶	3.44×10^{-7}(25)
溴化银	5.35×10^{-13}(25)	* 铬酸锶	2.2×10^{-5}(18~25)
碳酸银	8.46×10^{-12}(25)	锌	
氯化银	1.77×10^{-10}(25)	氢氧化锌	3×10^{-17}(225)
* 铬酸银	1.2×10^{-12}(14.8)	草酸锌 $ZnC_2O_4 \cdot 2H_2O$	1.38×10^{-9}(25)
铬酸银	1.12×10^{-12}(25)	* 硫化锌	1.2×10^{-23}(18)
* 重铬酸银	2×10^{-7}(25)		

① 为 $1/2Ag_2O(s) + 1/2H_2O \Longrightarrow Ag^+ + OH^-$ 和 $HgO + H_2O \Longrightarrow Hg^{2+} + 2OH^-$

本表主要摘译自 Lide D R. Handbook of Chemistry and Physics.8-106~8-109.78th ed.1997~1998.

* 摘译自 Weast R C. Handbook of Chemistry and Physics.B-222,66th ed.1985~1986.

附录 8 常见沉淀物的 pH

(1) 金属氢氧化物沉淀的 pH（包括形成氢氧配离子的大约值）

氢 氧 化 物	开始沉淀时的 pH		沉淀完全时的 pH（残留离子浓度 $<10^{-5}$ mol·L^{-1})	沉淀开始溶解的 pH	沉淀完全溶解时的 pH
	初浓度 [M^{n+}]				
	1 mol·L^{-1}	0.01 mol·L^{-1}			
$Sn(OH)_4$	0	0.5	1	13	15
$TiO(OH)_2$	0	0.5	2.0	—	—
$Sn(OH)_2$	0.9	2.1	4.7	10	13.5
$ZrO(OH)_2$	1.3	2.3	3.8	—	—
HgO	1.3	2.4	5.0	11.5	—
$Fe(OH)_3$	1.5	2.3	4.1	14	
$Al(OH)_3$	3.3	4.0	5.2	7.8	10.8
$Cr(OH)_3$	4.0	4.9	6.8	12	15
$Be(OH)_2$	5.2	6.2	8.8	—	—
$Zn(OH)_2$	5.4	6.4	8.0	10.5	12~13
Ag_2O	6.2	8.2	11.2	12.7	—
$Fe(OH)_2$	6.5	7.5	9.7	13.5	—
$Co(OH)_2$	6.6	7.6	9.2	14.1	—
$Ni(OH)_2$	6.7	7.7	9.5	—	—
$Cd(OH)_2$	7.2	8.2	9.7	—	—
$Mn(OH)_2$	7.8	8.8	10.4	14	—
$Mg(OH)_2$	9.4	10.4	12.4	—	—
$Pb(OH)_2$		7.2	8.7	10	13
$Ce(OH)_4$		0.8	1.2	—	—
$Th(OH)_4$		0.5		—	—
$Tl(OH)_3$		~0.6	~1.6	—	—
H_2WO_4		~0	~0	—	—
H_2MoO_4				~8	~9
稀土		6.8~8.5	~9.5	—	—
H_2UO_4		3.6	5.1		

（2）沉淀金属硫化物的 pH

pH	被 H$_2$S 所沉淀的金属
1	Cu,Ag,Hg,Pb,Bi,Cd,Rh,Pd,Os
	As,Au,Pt,Sb,Ir,Ge,Se,Te,Mo
2~3	Zn,Ti,In,Ga
5~6	Co,Ni
>7	Mn,Fe

下表是在溶液中硫化物能沉淀时的盐酸最高浓度。

硫化物	Ag$_2$S	HgS	CuS	Sb$_2$S$_3$	Bi$_2$S$_3$	SnS$_2$	CdS	PbS	SnS	ZnS	CoS	NiS	FeS	MnS
盐酸浓度/(mol · L^{-1})	12	7.5	7.0	3.7	2.5	2.3	0.7	0.35	0.30	0.02	0.001	0.001	0.000 1	0.000 08

摘自北京师范大学化学系无机化学教研室. 简明化学手册. 北京:北京出版社. 1980.

附录9　某些离子和化合物的颜色

一、离子

1. 无色离子

Na^+、K^+、NH_4^+、Mg^{2+}、Ca^{2+}、Sr^{2+}、Ba^{2+}、Al^{3+}、Sn^{2+}、Sn^{4+}、Pb^{2+}、Bi^{3+}、Ag^+、Zn^{2+}、Cd^{2+}、Hg_2^{2+}、Hg^{2+}等阳离子

$B(OH)_4^-$、$B_4O_7^{2-}$、$C_2O_4^{2-}$、Ac^-、CO_3^{2-}、SiO_3^{2-}、NO_3^-、NO_2^-、PO_4^{3-}、AsO_3^{3-}、AsO_4^{3-}、$SbCl_6^{3-}$、$SbCl_6^-$、SO_3^{2-}、SO_4^{2-}、S^{2-}、$S_2O_3^{2-}$、F^-、Cl^-、ClO_3^-、Br^-、BrO_3^-、I^-、SCN^-、$CuCl_2^-$、TiO^{2+}、VO_3^-、VO_4^{3-}、MoO_4^{2-}、WO_4^{2-}等阴离子

2. 有色离子

$[Cu(H_2O)_4]^{2+}$	$[CuCl_4]^{2-}$	$[Cu(NH_3)_4]^{2+}$	$[Ti(H_2O)_6]^{3+}$	$[TiCl(H_2O)_5]^{2+}$	$[TiO(H_2O_2)]^{2+}$
浅蓝色	黄色	深蓝色	紫色	绿色	橘黄色

$[V(H_2O)_6]^{2+}$	$[V(H_2O)_6]^{3+}$	VO^{2+}	VO_2^+	$[VO_2(O_2)_2]^{3-}$	$[V(O_2)]^{3+}$	$[Cr(H_2O)_6]^{2+}$
紫色	绿色	蓝色	浅黄色	黄色	深红色	蓝色

$[Cr(H_2O)_6]^{3+}$	$[Cr(H_2O)_5Cl]^{2+}$	$[Cr(H_2O)_4Cl_2]^+$	$[Cr(NH_3)_2(H_2O)_4]^{3+}$
紫色	浅绿色	暗绿色	紫红色

$[Cr(NH_3)_3(H_2O)_3]^{3+}$	$[Cr(NH_3)_4(H_2O)_2]^{3+}$	$[Cr(NH_3)_5H_2O]^{2+}$	$[Cr(NH_3)_6]^{3+}$	CrO_2^-
浅红色	橙红色	橙黄色	黄色	绿色

CrO_4^{2-}	$Cr_2O_7^{2-}$	$[Mn(H_2O)_6]^{2+}$	MnO_4^{2-}	MnO_4^-
黄色	橙色	肉色	绿色	紫红色

$[Fe(H_2O)_6]^{2+}$	$[Fe(H_2O)_6]^{3+}$	$[Fe(CN)_6]^{4-}$	$[Fe(CN)_6]^{3-}$	$[Fe(NCS)_n]^{3-n}$
浅绿色	淡紫色①	黄色	浅橘黄色	血红色

$[Co(H_2O)_6]^{2+}$	$[Co(NH_3)_6]^{2+}$	$[Co(NH_3)_6]^{3+}$	$[CoCl(NH_3)_5]^{2+}$	$[Co(NH_3)_5(H_2O)]^{3+}$
粉红色	黄色	橙黄色	红紫色	粉红色

$[Co(NH_3)_4CO_3]^+$	$[Co(CN)_6]^{3-}$	$[Co(SCN)_4]^{2-}$
紫红色	紫色	蓝色

$[Ni(H_2O)_6]^{2+}$	$[Ni(NH_3)_6]^{2+}$
亮绿色	蓝色

I_3^-

浅棕黄色

二、化合物

1. 氧化物

CuO	Cu_2O	Ag_2O	ZnO	CdO	Hg_2O	HgO	TiO_2	VO
黑色	暗红色	暗棕色	白色	棕红色	黑褐色	红色或黄色	白色	亮灰色

V_2O_3	VO_2	V_2O_5	Cr_2O_3	CrO_3	MnO_2	MoO_2	WO_2	FeO	Fe_2O_3	Fe_3O_4	CoO
黑色	深蓝色	红棕色	绿色	红色	棕褐色	铅灰色	棕红色	黑色	砖红色	黑色	灰绿色

---

① 由于水解生成$[Fe(H_2O)_5OH]^{2+}$、$[Fe(H_2O)_4(OH)_2]^+$等离子,溶液呈黄棕色。未水解的$FeCl_3$溶液呈黄棕色,这是由于生成$FeCl_4^-$。

Co_2O_3 NiO Ni_2O_3 PbO Pb_3O_4

黑色 暗绿色 黑色 黄色 红色

2. 氢氧化物

$Zn(OH)_2$ $Pb(OH)_2$ $Mg(OH)_2$ $Sn(OH)_2$ $Sn(OH)_4$ $Mn(OH)_2$

白色 白色 白色 白色 白色 白色

$Fe(OH)_2$ $Fe(OH)_3$ $Cd(OH)_2$ $Al(OH)_3$ $Bi(OH)_3$ $Sb(OH)_3$ $Cu(OH)_2$ $Cu(OH)$

白色或苍绿色 红棕色 白色 白色 白色 白色 浅蓝色 黄色

$Ni(OH)_2$ $Ni(OH)_3$ $Co(OH)_2$ $Co(OH)_3$ $Cr(OH)_3$

浅绿色 黑色 粉红色 褐棕色 灰绿色

3. 氯化物

$AgCl$ Hg_2Cl_2 $PbCl_2$ $CuCl$ $CuCl_2$ $CuCl_2 \cdot 2H_2O$ $Hg(NH_2)Cl$ $CoCl_2$ $CoCl_2H_2O$

白色 白色 白色 白色 棕色 蓝色 白色 蓝色 蓝紫色

$CoCl_2 \cdot 2H_2O$ $CoCl_2 \cdot 6H_2O$ $FeCl_3 \cdot 6H_2O$ $TiCl_3 \cdot 6H_2O$ $TiCl_2$

紫红色 粉红色 黄棕色 紫色或绿色 黑色

4. 溴化物

$AgBr$ $AsBr$ $CuBr_2$

淡黄色 浅黄色 黑紫色

5. 碘化物

AgI Hg_2I_2 HgI_2 PbI_2 CuI SbI_3 BiI_3 TiI_4

黄色 黄绿色 红色 黄色 白色 红黄色 绿黑色 暗棕色

6. 卤酸盐

$Ba(IO_3)_2$ $AgIO_3$ $KClO_4$ $AgBrO_3$

白色 白色 白色 白色

7. 硫化物

Ag_2S HgS PbS CuS Cu_2S FeS Fe_2S_3 CoS NiS Bi_2S_3 SnS

灰黑色 红色或黑色 黑色 黑色 黑色 棕黑色 黑色 黑色 黑色 黑褐色 褐色

SnS_2 CdS Sb_2S_3 Sb_2S_5 MnS ZnS As_2S_3

金黄色 黄色 橙色 橙红色 肉色 白色 黄色

8. 硫酸盐

Ag_2SO_4 Hg_2SO_4 $PbSO_4$ $CaSO_4 \cdot 2H_2O$ $SrSO_4$ $BaSO_4$ $[Fe(NO)]SO_4$

白色 白色 白色 白色 白色 白色 深棕色

$Cu_2(OH)_2SO_4$ $CuSO_4 \cdot 5H_2O$ $CoSO_4 \cdot 7H_2O$ $Cr_2(SO_4)_3 \cdot 6H_2O$ $Cr_2(SO_4)_3$

浅蓝色 蓝色 红色 绿色 紫色或红色

$Cr_2(SO_4)_3 \cdot 18H_2O$ $KCr(SO_4)_2 \cdot 12H_2O$

蓝紫色 紫色

9. 碳酸盐

Ag_2CO_3 $CaCO_3$ $SrCO_3$ $BaCO_3$ $MnCO_3$ $CdCO_3$ $Zn_2(OH)_2CO_3$ $BiOHCO_3$

白色 白色 白色 白色 白色 白色 白色 白色

$Hg_2(OH)_2CO_3$ $Co_2(OH)_2CO_3$ $Cu_2(OH)_2CO_3$ $Ni_2(OH)_2CO_3$

红褐色 红色 暗绿色① 浅绿色

---

① 相同浓度硫酸铜和碳酸钠溶液的比例（体积）不同时生成的碱式碳酸铜颜色不同：

　　　　$CuSO_4$：Na_2CO_3　　碱式碳酸铜颜色

　　　　　2：1.6　　　　　浅蓝绿色

　　　　　1：1　　　　　　暗绿色

10. 磷酸盐

Ca_3PO_4 $CaHPO_3$ $Ba_3(PO_4)_2$ $FePO_4$ Ag_3PO_4 NH_4MgPO_4

白色   白色   白色   浅黄色   黄色   白色

11. 铬酸盐

Ag_2CrO_4 $PbCrO_4$ $BaCrO_4$ $FeCrO_4 \cdot 2H_2O$

砖红色   黄色   黄色   黄色

12. 硅酸盐

$BaSiO_3$ $CuSiO_3$ $CoSiO_3$ $Fe_2(SiO_3)_3$ $MnSiO_3$ $NiSiO_3$ $ZnSiO_3$

白色   蓝色   紫色   棕红色   肉色   翠绿色   白色

13. 草酸盐

CaC_2O_4 $Ag_2C_2O_4$ $FeC_2O_4 \cdot 2H_2O$

白色   白色   黄色

14. 类卤化合物

$AgCN$ $Ni(CN)_2$ $Cu(CN)_2$ $CuCN$ $AgSCN$ $Cu(SCN)_2$

白色   浅绿色   浅棕黄色   白色   白色   黑绿色

15. 其他含氧酸盐

NH_4MgAsO_4 Ag_3AsO_4 $Ag_2S_2O_3$ $BaSO_3$ $SrSO_3$

白色   红褐色   白色   白色   白色

16. 其他化合物

$Fe_4^{III}[Fe^{II}(CN)_6]_3 \cdot xH_2O$ $Cu_2[Fe(CN)_6]$ $Ag_3[Fe(CN)_6]$ $Zn_3[Fe(CN)_6]_2$

蓝色   红褐色   橙色   黄褐色

$Co_2[Fe(CN)_6]$ $Ag_4[Fe(CN)_6]$ $Zn_2[Fe(CN)_6]$ $K_3[Co(NO_2)_6]$ $K_2Na[Co(NO_2)_6]$

绿色   白色   白色   黄色   黄色

$(NH_4)_2Na[Co(NO_2)_6]$ $K_2[PtCl_6]$ $KHC_4H_4O_6$ $Na[Sb(OH)_6]$

黄色   黄色   白色   白色

$Na_2[Fe(CN)_5NO] \cdot 2H_2O$ $NaAc \cdot Zn(Ac)_2 \cdot 3[UO_2(Ac)_2] \cdot 9H_2O$

红色   黄色

$\left[\begin{array}{c} O \diagdown \diagup NH_2 \\ Hg \quad Hg \end{array}\right]I$ $\left[\begin{array}{c} I—Hg \diagdown \diagup NH_2 \\ I—Hg \end{array}\right]I$ $(NH_4)_2MoS_4$

红棕色   **深褐色或红棕色**   血红色

附录 10 标准电极电势

由于电极反应处于一定的介质条件下,因此,把明显地要求碱性介质的反应列于表(二),其余列入表(一);另外以元素符号的英文字母顺序和氧化数由低到高变化的次序编排,以便查阅。

（一）在酸性溶液中

电偶氧化态	电 极 反 应	$\varphi^{\ominus}/V$
Ag（Ⅰ）—（0）	$Ag^+ + e^- \rightleftharpoons Ag$	+0.799 6
（Ⅰ）—（0）	$AgBr + e^- \rightleftharpoons Ag + Br^-$	+0.071 33
（Ⅰ）—（0）	$AgCl + e^- \rightleftharpoons Ag + Cl^-$	+0.222 33
（Ⅰ）—（0）	$AgI + e^- \rightleftharpoons Ag + I^-$	−0.152 24
（Ⅰ）—（0）	$[Ag(S_2O_3)_2]^{3-} + e^- \rightleftharpoons Ag + 2S_2O_3^{2-}$	+0.01
（Ⅰ）—（0）	$Ag_2CrO_4 + 2e^- \rightleftharpoons 2Ag + CrO_4^{2-}$	+0.447 0
（Ⅱ）—（Ⅰ）	$Ag^{2+} + e^- \rightleftharpoons Ag^+$	+1.980
（Ⅲ）—（Ⅰ）	$Ag_2O_3(s) + 6H^+ + 4e^- \rightleftharpoons 2Ag^+ + 3H_2O$	+1.76
（Ⅲ）—（Ⅱ）	$Ag_2O_3(s) + 2H^+ + 2e^- \rightleftharpoons 2AgO \downarrow + H_2O$	+1.71
Al（Ⅲ）—（0）	$Al^{3+} + 3e^- \rightleftharpoons Al$	−1.662
（Ⅲ）—（0）	$[AlF_6]^{3-} + 3e^- \rightleftharpoons Al + 6F^-$	−2.069
As（0）—（−Ⅲ）	$As + 3H^+ + 3e^- \rightleftharpoons AsH_3$	−0.608
（Ⅲ）—（0）	$HAsO_2(aq) + 3H^+ + 3e^- \rightleftharpoons As + 2H_2O$	+0.248
（Ⅴ）—（Ⅲ）	$H_3AsO_4 + 2H^+ + 2e^- \rightleftharpoons HAsO_2 + 2H_2O (1\ mol \cdot L^{-1} HCl)$	+0.560
Au（Ⅰ）—（0）	$Au^+ + e^- \rightleftharpoons Au$	+1.692
（Ⅰ）—（0）	$[AuCl_2]^- + e^- \rightleftharpoons Au(s) + 2Cl^-$	+1.15
（Ⅲ）—（0）	$Au^{3+} + 3e^- \rightleftharpoons Au$	+1.498
（Ⅲ）—（0）	$[AuCl_4]^- + 3e^- \rightleftharpoons Au + 4Cl^-$	+1.002
（Ⅲ）—（Ⅰ）	$Au^{3+} + 2e^- \rightleftharpoons Au^+$	+1.401
B（Ⅲ）—（0）	$H_3BO_3 + 3H^+ + 3e^- \rightleftharpoons B + 3H_2O$	−0.869 8
Ba（Ⅱ）—（0）	$Ba^{2+} + 2e^- \rightleftharpoons Ba$	−2.912
Be（Ⅱ）—（0）	$Be^{2+} + 2e^- \rightleftharpoons Be$	−1.847
Bi（Ⅲ）—（0）	$Bi^{3+} + 3e^- \rightleftharpoons Bi(s)$	+0.308
（Ⅲ）—（0）	$BiO^+ + 2H^+ + 3e^- \rightleftharpoons Bi + H_2O$	+0.320
（Ⅲ）—（0）	$BiOCl + 2H^+ + 3e^- \rightleftharpoons Bi + Cl^- + H_2O$	+0.158 3

电偶氧化态	电 极 反 应	$\varphi^{\ominus}/V$
(V)—(Ⅲ)	$Bi_2O_5+6H^++4e^- \rightleftharpoons 2BiO^++3H_2O$	+1.6
Br (0)—(-Ⅰ)	$Br_2(aq)+2e^- \rightleftharpoons 2Br^-$	+1.087 3
(0)—(-Ⅰ)	$Br_2(l)+2e^- \rightleftharpoons 2Br^-$	+1.066
(Ⅰ)—(-Ⅰ)	$HBrO+H^++2e^- \rightleftharpoons Br^-+H_2O$	+1.331
(Ⅰ)—(0)	$HBrO+H^++e^- \rightleftharpoons \frac{1}{2}Br_2(l)+H_2O$	+1.596
Br (V)—(-Ⅰ)	$BrO_3^-+6H^++6e^- \rightleftharpoons Br^-+3H_2O$	+1.423
(V)—(0)	$BrO_3^-+6H^++5e^- \rightleftharpoons \frac{1}{2}Br_2+3H_2O$	+1.482
C (Ⅳ)—(Ⅱ)	$CO_2(g)+2H^++2e^- \rightleftharpoons HCOOH(aq)$	-0.199
(Ⅳ)—(Ⅱ)	$CO_2(g)+2H^++2e^- \rightleftharpoons CO(g)+H_2O$	-0.12
(Ⅳ)—(Ⅲ)	$2CO_2+2H^++2e^- \rightleftharpoons H_2C_2O_4(aq)$	-0.49
(Ⅳ)—(Ⅲ)	$2HCNO+2H^++2e^- \rightleftharpoons (CN)_2+2H_2O$	+0.33
Ca (Ⅱ)—(0)	$Ca^{2+}+2e^- \rightleftharpoons Ca$	-2.868
Cd (Ⅱ)—(0)	$Cd^{2+}+2e^- \rightleftharpoons Cd$	-0.403 0
(Ⅱ)—(0)	$Cd^{2+}+(Hg,饱和)+2e^- \rightleftharpoons Cd(Hg,饱和)$	-0.352 1
Ce (Ⅲ)—(0)	$Ce^{3+}+3e^- \rightleftharpoons Ce$	-2.336
(Ⅳ)—(Ⅲ)	$Ce^{4+}+e^- \rightleftharpoons Ce^{3+}(1\ mol \cdot L^{-1}H_2SO_4)$	+1.443
(Ⅳ)—(Ⅲ)	$Ce^{4+}+e^- \rightleftharpoons Ce^{3+}(0.5\sim 2\ mol \cdot L^{-1}HNO_3)$	+1.616
(Ⅳ)—(Ⅲ)	$Ce^{4+}+e^- \rightleftharpoons Ce^{3+}(1\ mol \cdot L^{-1}HClO_4)$	+1.70
Cl (0)—(-Ⅰ)	$Cl_2(g)+2e^- \rightleftharpoons 2Cl^-$	+1.358 27
(Ⅰ)—(-Ⅰ)	$HOCl+H^++2e^- \rightleftharpoons Cl^-+H_2O$	+1.482
(Ⅰ)—(0)	$HOCl+H^++e^- \rightleftharpoons \frac{1}{2}Cl_2+H_2O$	+1.611
(Ⅲ)—(Ⅰ)	$HClO_2+2H^++2e^- \rightleftharpoons HClO+H_2O$	+1.645
(Ⅳ)—(Ⅲ)	$ClO_2+H^++e^- \rightleftharpoons HClO_2$	+1.277
(V)—(-Ⅰ)	$ClO_3^-+6H^++6e^- \rightleftharpoons Cl^-+3H_2O$	+1.451
(V)—(0)	$ClO_3^-+6H^++5e^- \rightleftharpoons \frac{1}{2}Cl_2+3H_2O$	+1.47
(V)—(Ⅲ)	$ClO_3^-+3H^++2e^- \rightleftharpoons HClO_2+H_2O$	+1.214
(V)—(Ⅳ)	$ClO_3^-+2H^++e^- \rightleftharpoons ClO_2(g)+H_2O$	+1.152
(Ⅶ)—(-Ⅰ)	$ClO_4^-+8H^++8e^- \rightleftharpoons Cl^-+4H_2O$	+1.389
(Ⅶ)—(0)	$ClO_4^-+8H^++7e^- \rightleftharpoons \frac{1}{2}Cl_2+4H_2O$	+1.39
(Ⅶ)—(V)	$ClO_4^-+2H^++2e^- \rightleftharpoons ClO_3^-+H_2O$	+1.189
Co (Ⅱ)—(0)	$Co^{2+}+2e^- \rightleftharpoons Co$	-0.24
(Ⅲ)—(Ⅱ)	$Co^{3+}+e^- \rightleftharpoons Co^{2+}(3\ mol \cdot L^{-1}HNO_3)$	$E=+1.842$
Cr (Ⅲ)—(0)	$Cr^{3+}+3e^- \rightleftharpoons Cr$	-0.744
(Ⅱ)—(0)	$Cr^{2+}+2e^- \rightleftharpoons Cr$	-0.913
(Ⅲ)—(Ⅱ)	$Cr^{3+}+e^- \rightleftharpoons Cr^{2+}$	-0.407

电偶氧化态	电 极 反 应	$\varphi^{\ominus}/V$
（Ⅵ）—（Ⅲ）	$Cr_2O_7^{2-}+14H^++6e^- \rightleftharpoons 2Cr^{3+}+7H_2O$	+1.232
（Ⅵ）—（Ⅲ）	$HCrO_4^-+7H^++3e^- \rightleftharpoons Cr^{3+}+4H_2O$	+1.350
Cs（Ⅰ）—（0）	$Cs^++e^- \rightleftharpoons Cs$	−3.026
Cu（Ⅰ）—（0）	$Cu^++e^- \rightleftharpoons Cu$	+0.521
（Ⅰ）—（0）	$Cu_2O(s)+2H^++2e^- \rightleftharpoons 2Cu+H_2O$	−0.36
（Ⅰ）—（0）	$CuI+e^- \rightleftharpoons Cu+I^-$	−0.185
（Ⅰ）—（0）	$CuBr+e^- \rightleftharpoons Cu+Br^-$	+0.033
（Ⅰ）—（0）	$CuCl+e^- \rightleftharpoons Cu+Cl^-$	+0.137
（Ⅱ）—（0）	$Cu^{2+}+2e^- \rightleftharpoons Cu$	+0.341 9
（Ⅱ）—（Ⅰ）	$Cu^{2+}+e^- \rightleftharpoons Cu^+$	+0.153
（Ⅱ）—（Ⅰ）	$Cu^{2+}+Br^-+e^- \rightleftharpoons CuBr$	+0.640
（Ⅱ）—（Ⅰ）	$Cu^{2+}+Cl^-+e^- \rightleftharpoons CuCl$	+0.538
（Ⅱ）—（Ⅰ）	$Cu^{2+}+I^-+e^- \rightleftharpoons CuI$	+0.86
F （0）—（−Ⅰ）	$F_2+2e^- \rightleftharpoons 2F^-$	+2.866
（0）—（−Ⅰ）	$F_2(g)+2H^++2e^- \rightleftharpoons 2HF(aq)$	+3.053
Fe（Ⅱ）—（0）	$Fe^{2+}+2e^- \rightleftharpoons Fe$	−0.447
（Ⅲ）—（0）	$Fe^{3+}+3e^- \rightleftharpoons Fe$	−0.037
（Ⅲ）—（Ⅱ）	$Fe^{3+}+e^- \rightleftharpoons Fe^{2+}(1\ mol \cdot L^{-1}HCl)$	+0.771
（Ⅲ）—（Ⅱ）	$[Fe(CN)_6]^{3-}+e^- \rightleftharpoons [Fe(CN)_6]^{4-}$	+0.358
（Ⅵ）—（Ⅲ）	$FeO_4^{2-}+8H^++3e^- \rightleftharpoons Fe^{3+}+4H_2O$	+2.20
（8/3）—（Ⅱ）	$Fe_3O_4(s)+8H^++2e^- \rightleftharpoons 3Fe^{2+}+4H_2O$	+1.23
Ga（Ⅲ）—（0）	$Ga^{3+}+3e^- \rightleftharpoons Ga$	−0.549
Ge（Ⅳ）—（0）	$H_2GeO_3+4H^++4e^- \rightleftharpoons Ge+3H_2O$	−0.182
H （0）—（−Ⅰ）	$H_2(g)+2e^- \rightleftharpoons 2H^-$	−2.25
（Ⅰ）—（0）	$2H^++2e^- \rightleftharpoons H_2(g)$	0
（Ⅰ）—（0）	$2H^+([H^+]=10^{-7}\ mol \cdot L^{-1})+2e^- \rightleftharpoons H_2$	−0.414
Hg（Ⅰ）—（0）	$Hg_2^{2+}+2e^- \rightleftharpoons 2Hg$	+0.797 3
（Ⅰ）—（0）	$Hg_2Cl_2+2e^- \rightleftharpoons 2Hg+2Cl^-$	+0.268 08
（Ⅰ）—（0）	$Hg_2I_2+2e^- \rightleftharpoons 2Hg+2I^-$	−0.040 5
（Ⅱ）—（0）	$Hg^{2+}+2e^- \rightleftharpoons Hg$	+0.851
（Ⅱ）—（0）	$[HgI_4]^{2-}+2e^- \rightleftharpoons Hg+4I^-$	−0.04
（Ⅱ）—（Ⅰ）	$2Hg^{2+}+2e^- \rightleftharpoons Hg_2^{2+}$	+0.920
I （0）—（−Ⅰ）	$I_2+2e^- \rightleftharpoons 2I^-$	+0.535 5
（0）—（−Ⅰ）	$I_3^-+2e^- \rightleftharpoons 3I^-$	+0.536
（Ⅰ）—（−Ⅰ）	$HIO+H^++2e^- \rightleftharpoons I^-+H_2O$	+0.987

电偶氧化态	电 极 反 应	$\varphi^{\ominus}/V$
（Ⅰ）—（0）	$HIO+H^++e^- \Longleftrightarrow \frac{1}{2}I_2+H_2O$	+1.439
（Ⅴ）—（-Ⅰ）	$IO_3^-+6H^++6e^- \Longleftrightarrow I^-+3H_2O$	+1.085
（Ⅴ）—（0）	$IO_3^-+6H^++5e^- \Longleftrightarrow \frac{1}{2}I_2+3H_2O$	+1.195
（Ⅶ）—（Ⅴ）	$H_5IO_6+H^++2e^- \Longleftrightarrow IO_3^-+3H_2O$	+1.601
In （Ⅰ）—（0）	$In^++e^- \Longleftrightarrow In$	-0.14
（Ⅲ）—（0）	$In^{3+}+3e^- \Longleftrightarrow In$	-0.338 2
K （Ⅰ）—（0）	$K^++e^- \Longleftrightarrow K$	-2.931
La （Ⅲ）—（0）	$La^{3+}+3e^- \Longleftrightarrow La$	-2.379
Li （Ⅰ）—（0）	$Li^++e^- \Longleftrightarrow Li$	-3.040 1
Mg（Ⅱ）—（0）	$Mg^{2+}+2e^- \Longleftrightarrow Mg$	-2.372
Mn（Ⅱ）—（0）	$Mn^{2+}+2e^- \Longleftrightarrow Mn$	-1.185
（Ⅲ）—（Ⅱ）	$Mn^{3+}+e^- \Longleftrightarrow Mn^{2+}$	+1.541 5
（Ⅳ）—（Ⅱ）	$MnO_2+4H^++2e^- \Longleftrightarrow Mn^{2+}+2H_2O$	+1.224
（Ⅳ）—（Ⅲ）	$2MnO_2(s)+2H^++2e^- \Longleftrightarrow Mn_2O_3(s)+H_2O$	+1.04
（Ⅶ）—（Ⅱ）	$MnO_4^-+8H^++5e^- \Longleftrightarrow Mn^{2+}+4H_2O$	+1.507
（Ⅶ）—（Ⅳ）	$MnO_4^-+4H^++3e^- \Longleftrightarrow MnO_2+2H_2O$	+1.679
（Ⅶ）—（Ⅵ）	$MnO_4^-+e^- \Longleftrightarrow MnO_4^{2-}$	+0.558
Mo（Ⅲ）—（0）	$Mo^{3+}+3e^- \Longleftrightarrow Mo$	-0.200
（Ⅵ）—（0）	$H_2MoO_4+6H^++6e^- \Longleftrightarrow Mo+4H_2O$	0.0
N （Ⅰ）—（0）	$N_2O+2H^++2e^- \Longleftrightarrow N_2+H_2O$	+1.766
（Ⅱ）—（Ⅰ）	$2NO+2H^++2e^- \Longleftrightarrow N_2O+H_2O$	+1.591
（Ⅲ）—（Ⅰ）	$2HNO_2+4H^++4e^- \Longleftrightarrow N_2O+3H_2O$	+1.297
（Ⅲ）—（Ⅱ）	$HNO_2+H^++e^- \Longleftrightarrow NO+H_2O$	+0.983
（Ⅳ）—（Ⅱ）	$N_2O_4+4H^++4e^- \Longleftrightarrow 2NO+2H_2O$	+1.035
（Ⅳ）—（Ⅲ）	$N_2O_4+2H^++2e^- \Longleftrightarrow 2HNO_2$	+1.065
（Ⅴ）—（Ⅲ）	$NO_3^-+3H^++2e^- \Longleftrightarrow HNO_2+H_2O$	+0.934
（Ⅴ）—（Ⅱ）	$NO_3^-+4H^++3e^- \Longleftrightarrow NO+2H_2O$	+0.957
（Ⅴ）—（Ⅳ）	$2NO_3^-+4H^++2e^- \Longleftrightarrow N_2O_4+2H_2O$	+0.803
Na （Ⅰ）—（0）	$Na^++e^- \Longleftrightarrow Na$	-2.7
（Ⅰ）—（0）	$Na^++(Hg)+e^- \Longleftrightarrow Na(Hg)$	$E=-1.84$
Ni （Ⅱ）—（0）	$Ni^{2+}+2e^- \Longleftrightarrow Ni$	-0.257
Ni （Ⅲ）—（Ⅱ）	$Ni(OH)_3+3H^++e^- \Longleftrightarrow Ni^{2+}+3H_2O$	+2.08
（Ⅳ）—（Ⅱ）	$NiO_2+4H^++2e^- \Longleftrightarrow Ni^{2+}+2H_2O$	+1.678
O （0）—（-Ⅱ）	$O_3+2H^++2e^- \Longleftrightarrow O_2+H_2O$	+2.076
（0）—（-Ⅱ）	$O_2+4H^++4e^- \Longleftrightarrow 2H_2O$	+1.229

电偶氧化态	电 极 反 应	$\varphi^{\ominus}/V$
$(0)-(-\mathrm{II})$	$O(g)+2H^{+}+2e^{-} \Longrightarrow H_2O$	$+2.421$
$(0)-(-\mathrm{II})$	$\frac{1}{2}O_2+2H^{+}(10^{-7}\mathrm{mol \cdot L^{-1}})+2e^{-} \Longrightarrow H_2O$	$E=+0.815$
$(0)-(-\mathrm{I})$	$O_2+2H^{+}+2e^{-} \Longrightarrow H_2O_2$	$+0.695$
$(-\mathrm{I})-(-\mathrm{II})$	$H_2O_2+2H^{+}+2e^{-} \Longrightarrow 2H_2O$	$+1.776$
$(\mathrm{II})-(-\mathrm{II})$	$F_2O+2H^{+}+4e^{-} \Longrightarrow H_2O+2F^{-}$	$+2.153$
P $(0)-(-\mathrm{III})$	$P+3H^{+}+3e^{-} \Longrightarrow PH_3(g)$	-0.063
$(\mathrm{I})-(0)$	$H_3PO_2+H^{+}+e^{-} \Longrightarrow P+2H_2O$	-0.508
$(\mathrm{III})-(\mathrm{I})$	$H_3PO_3+2H^{+}+2e^{-} \Longrightarrow H_3PO_2+H_2O$	-0.499
$(\mathrm{V})-(\mathrm{III})$	$H_3PO_4+2H^{+}+2e^{-} \Longrightarrow H_3PO_3+H_2O$	-0.276
Pb $(\mathrm{II})-(0)$	$Pb^{2+}+2e^{-} \Longrightarrow Pb$	$-0.126\ 2$
$(\mathrm{II})-(0)$	$PbCl_2+2e^{-} \Longrightarrow Pb+2Cl^{-}$	$-0.267\ 5$
$(\mathrm{II})-(0)$	$PbI_2+2e^{-} \Longrightarrow Pb+2I^{-}$	-0.365
$(\mathrm{II})-(0)$	$PbSO_4+2e^{-} \Longrightarrow Pb+SO_4^{2-}$	$-0.358\ 8$
$(\mathrm{II})-(0)$	$PbSO_4+(Hg)+2e^{-} \Longrightarrow Pb(Hg)+SO_4^{2-}$	$E=-0.350\ 5$
$(\mathrm{IV})-(\mathrm{II})$	$PbO_2+4H^{+}+2e^{-} \Longrightarrow Pb^{2+}+2H_2O$	$+1.455$
$(\mathrm{IV})-(\mathrm{II})$	$PbO_2+SO_4^{2-}+4H^{+}+2e^{-} \Longrightarrow PbSO_4+2H_2O$	$+1.691\ 3$
$(\mathrm{IV})-(\mathrm{II})$	$PbO_2+2H^{+}+2e^{-} \Longrightarrow PbO(s)+H_2O$	$+0.28$
Pd $(\mathrm{II})-(0)$	$Pd^{2+}+2e^{-} \Longrightarrow Pd$	$+0.951$
$(\mathrm{IV})-(\mathrm{II})$	$[PdCl_6]^{2-}+2e^{-} \Longrightarrow [PdCl_4]^{2-}+2Cl^{-}$	$+1.288$
Pt $(\mathrm{II})-(0)$	$Pt^{2+}+2e^{-} \Longrightarrow Pt$	$+1.118$
$(\mathrm{II})-(0)$	$[PtCl_4]^{2-}+2e^{-} \Longrightarrow Pt+4Cl^{-}$	$+0.755\ 5$
$(\mathrm{II})-(0)$	$Pt(OH)_2+2H^{+}+2e^{-} \Longrightarrow Pt+2H_2O$	$+0.98$
$(\mathrm{IV})-(\mathrm{II})$	$[PtCl_6]^{2-}+2e^{-} \Longrightarrow [PtCl_4]^{2-}+2Cl^{-}$	$+0.68$
Rb $(\mathrm{I})-(0)$	$Rb^{+}+e^{-} \Longrightarrow Rb$	-2.98
S $(-\mathrm{I})-(-\mathrm{II})$	$(CNS)_2+2e^{-} \Longrightarrow 2CNS^{-}$	$+0.77$
$(0)-(-\mathrm{II})$	$S+2H^{+}+2e^{-} \Longrightarrow H_2S(aq)$	$+0.142$
$(\mathrm{IV})-(0)$	$H_2SO_3+4H^{+}+4e^{-} \Longrightarrow S+3H_2O$	$+0.449$
$(\mathrm{IV})-(0)$	$S_2O_3^{2-}+6H^{+}+4e^{-} \Longrightarrow 3H_2O+2S$	$+0.5$
$(\mathrm{IV})-(\mathrm{II})$	$2H_2SO_3+2H^{+}+4e^{-} \Longrightarrow S_2O_3^{2-}+3H_2O$	$+0.40$
$(\mathrm{IV})-\left(2\frac{1}{2}\right)$	$H_2SO_3+4H^{+}+6e^{-} \Longrightarrow S_4O_6^{2-}+6H_2O$	$+0.51$
$(\mathrm{VI})-(\mathrm{IV})$	$SO_4^{2-}+4H^{+}+2e^{-} \Longrightarrow H_2SO_3+H_2O$	$+0.172$
$(\mathrm{VII})-(\mathrm{VI})$	$S_2O_8^{2-}+2e^{-} \Longrightarrow 2SO_4^{2-}$	$+2.010$
Sb $(\mathrm{III})-(0)$	$Sb_2O_3+6H^{+}+6e^{-} \Longrightarrow 2Sb+3H_2O$	$+0.152$
$(\mathrm{III})-(0)$	$SbO^{+}+2H^{+}+3e^{-} \Longrightarrow Sb+H_2O$	$+0.212$
$(\mathrm{V})-(\mathrm{III})$	$Sb_2O_5+6H^{+}+4e^{-} \Longrightarrow 2SbO^{+}+3H_2O$	$+0.581$

电偶氧化态	电 极 反 应	$\varphi^{\ominus}/V$
Se（0）—（-Ⅱ）	$Se+2e^- \rightleftharpoons Se^{2-}$	−0.924
（0）—（-Ⅱ）	$Se+2H^++2e^- \rightleftharpoons H_2Se(aq)$	−0.399
（Ⅳ）—（0）	$H_2SeO_3+4H^++4e^- \rightleftharpoons Se+3H_2O$	+0.74
（Ⅵ）—（Ⅳ）	$SeO_4^{2-}+4H^++2e^- \rightleftharpoons H_2SeO_3+H_2O$	+1.151
Si（0）—（-Ⅳ）	$Si+4H^++4e^- \rightleftharpoons SiH_4(g)$	+0.102
（Ⅳ）—（0）	$SiO_2+4H^++4e^- \rightleftharpoons Si+2H_2O$	−0.857
（Ⅳ）—（0）	$[SiF_6]^{2-}+4e^- \rightleftharpoons Si+6F^-$	−0.124
Sn（Ⅱ）—（0）	$Sn^{2+}+2e^- \rightleftharpoons Sn$	−0.137 5
（Ⅳ）—（Ⅱ）	$Sn^{4+}+2e^- \rightleftharpoons Sn^{2+}$	+0.151
Sr（Ⅱ）—（0）	$Sr^{2+}+2e^- \rightleftharpoons Sr$	−2.899
Ti（Ⅱ）—（0）	$Ti^{2+}+2e^- \rightleftharpoons Ti$	−1.630
（Ⅳ）—（0）	$TiO^{2+}+2H^++4e^- \rightleftharpoons Ti+H_2O$	−0.89
（Ⅳ）—（0）	$TiO_2+4H^++4e^- \rightleftharpoons Ti+2H_2O$	−0.86
（Ⅳ）—（Ⅲ）	$TiO^{2+}+2H^++e^- \rightleftharpoons Ti^{3+}+H_2O$	+0.1
（Ⅲ）—（Ⅱ）	$Ti^{3+}+e^- \rightleftharpoons Ti^{2+}$	−0.9
V（Ⅱ）—（0）	$V^{2+}+2e^- \rightleftharpoons V$	−1.175
（Ⅲ）—（Ⅱ）	$V^{3+}+e^- \rightleftharpoons V^{2+}$	−0.255
（Ⅳ）—（Ⅱ）	$V^{4+}+2e^- \rightleftharpoons V^{2+}$	−1.186
（Ⅳ）—（Ⅲ）	$VO^{2+}+2H^++e^- \rightleftharpoons V^{3+}+H_2O$	+0.337
（Ⅴ）—（0）	$V(OH)_4^++4H^++5e^- \rightleftharpoons V+4H_2O$	−0.254
（Ⅴ）—（Ⅳ）	$V(OH)_4^++2H^++e^- \rightleftharpoons VO^{2+}+3H_2O$	+1.00
（Ⅵ）—（Ⅳ）	$VO_2^++4H^++2e^- \rightleftharpoons V^{4+}+2H_2O$	+0.62
Zn（Ⅱ）—（0）	$Zn^{2+}+2e^- \rightleftharpoons Zn$	−0.761 8

（二）在碱性溶液中

电偶氧化态	电 极 反 应	$\varphi^{\ominus}/V$
Ag（Ⅰ）—（0）	$AgCN+e^- \rightleftharpoons Ag+CN^-$	−0.017
（Ⅰ）—（0）	$[Ag(CN)_2]^-+e^- \rightleftharpoons Ag+2CN^-$	−0.31
（Ⅰ）—（0）	$[Ag(NH_3)_2]^++e^- \rightleftharpoons Ag+2NH_3$	+0.373
（Ⅰ）—（0）	$Ag_2O+H_2O+2e^- \rightleftharpoons 2Ag+2OH^-$	+0.342
（Ⅰ）—（0）	$Ag_2S+2e^- \rightleftharpoons 2Ag+S^{2-}$	−0.691
（Ⅱ）—（Ⅰ）	$2AgO+H_2O+2e^- \rightleftharpoons Ag_2O+2OH^-$	+0.607
Al（Ⅲ）—（0）	$H_2AlO_3^-+H_2O+3e^- \rightleftharpoons Al+4OH^-$	−2.33
As（Ⅲ）—（0）	$AsO_2^-+2H_2O+3e^- \rightleftharpoons As+4OH^-$	−0.68

电偶氧化态	电 极 反 应	$\varphi^{\ominus}/V$
（V）—（Ⅲ）	$AsO_4^{3-}+2H_2O+2e^- \Longrightarrow AsO_2^-+4OH^-$	-0.71
Au（Ⅰ）—（0）	$[Au(CN)_2]^-+e^- \Longrightarrow Au+2CN^-$	-0.60
B（Ⅲ）—（0）	$H_2BO_3^-+H_2O+3e^- \Longrightarrow B+4OH^-$	-1.79
Ba（Ⅱ）—（0）	$Ba(OH)_2 \cdot 8H_2O+2e^- \Longrightarrow Ba+2OH^-+8H_2O$	-2.99
Be（Ⅱ）—（0）	$Be_2O_3^{2-}+3H_2O+4e^- \Longrightarrow 2Be+6OH^-$	-2.63
Bi（Ⅲ）—（0）	$Bi_2O_3+3H_2O+6e^- \Longrightarrow 2Bi+6OH^-$	-0.46
Br（Ⅰ）—（-Ⅰ）	$BrO^-+H_2O+2e^- \Longrightarrow Br^-+2OH^-(1\ mol \cdot L^{-1}NaOH)$	$+0.761$
（Ⅰ）—（0）	$2BrO^-+2H_2O+2e^- \Longrightarrow Br_2+4OH^-$	$+0.45$
（V）—（-Ⅰ）	$BrO_3^-+3H_2O+6e^- \Longrightarrow Br^-+6OH^-$	$+0.61$
Ca（Ⅱ）—（0）	$Ca(OH)_2+2e^- \Longrightarrow Ca+2OH^-$	-3.02
Cd（Ⅱ）—（0）	$Cd(OH)_2+2e^- \Longrightarrow Cd+2OH^-$	-0.809
Cl（Ⅰ）—（-Ⅰ）	$ClO^-+H_2O+2e^- \Longrightarrow Cl^-+2OH^-$	$+0.81$
（Ⅲ）—（-Ⅰ）	$ClO_2^-+2H_2O+4e^- \Longrightarrow Cl^-+4OH^-$	$+0.76$
（Ⅲ）—（Ⅰ）	$ClO_2^-+H_2O+2e^- \Longrightarrow ClO^-+2OH^-$	$+0.66$
（V）—（Ⅰ）	$ClO_3^-+3H_2O+6e^- \Longrightarrow Cl^-+6OH^-$	$+0.62$
（V）—（Ⅲ）	$ClO_3^-+H_2O+2e^- \Longrightarrow ClO_2^-+2OH^-$	$+0.33$
（Ⅶ）—（V）	$ClO_4^-+H_2O+2e^- \Longrightarrow ClO_3^-+2OH^-$	$+0.36$
Co（Ⅱ）—（0）	$Co(OH)_2+2e^- \Longrightarrow Co+2OH^-$	-0.73
（Ⅲ）—（Ⅱ）	$Co(OH)_3+e^- \Longrightarrow Co(OH)_2+OH^-$	$+0.17$
（Ⅲ）—（Ⅱ）	$[Co(NH_3)_6]^{3+}+e^- \Longrightarrow [Co(NH_3)_6]^{2+}$	$+0.108$
Cr（Ⅲ）—（0）	$Cr(OH)_3+3e^- \Longrightarrow Cr+3OH^-$	-1.48
（Ⅲ）—（0）	$CrO_2^-+3H_2O+3e^- \Longrightarrow Cr+4OH^-$	-1.2
（Ⅵ）—（Ⅲ）	$CrO_4^{2-}+4H_2O+3e^- \Longrightarrow Cr(OH)_3+5OH^-$	-0.13
Cu（Ⅰ）—（0）	$[Cu(CN)_2]^-+e^- \Longrightarrow Cu+2CN^-$	-0.429
（Ⅰ）—（0）	$[Cu(NH_3)_2]^++e^- \Longrightarrow Cu+2NH_3$	-0.12
（Ⅰ）—（0）	$Cu_2O+H_2O+2e^- \Longrightarrow 2Cu+2OH^-$	-0.360
Fe（Ⅱ）—（0）	$Fe(OH)_2+2e^- \Longrightarrow Fe+2OH^-$	-0.877
（Ⅲ）—（Ⅱ）	$Fe(OH)_3+e^- \Longrightarrow Fe(OH)_2+OH^-$	-0.56
（Ⅲ）—（Ⅱ）	$[Fe(CN)_6]^{3-}+e^- \Longrightarrow [Fe(CN)_6]^{4-}(0.01\ mol \cdot L^{-1}NaOH)$	$E=+0.358$
H（Ⅰ）—（0）	$2H_2O+2e^- \Longrightarrow H_2+2OH^-$	$-0.827\ 7$
Hg（Ⅱ）—（0）	$HgO+H_2O+2e^- \Longrightarrow Hg+2OH^-$	$+0.097\ 7$
I（Ⅰ）—（-Ⅱ）	$IO^-+H_2O+2e^- \Longrightarrow I^-+2OH^-$	$+0.485$
（V）—（-Ⅰ）	$IO_3^-+3H_2O+6e^- \Longrightarrow I^-+6OH^-$	$+0.26$
（Ⅶ）—（V）	$H_3IO_6^{2-}+2e^- \Longrightarrow IO_3^-+3OH^-$	$+0.7$
La（Ⅲ）—（0）	$La(OH)_3+3e^- \Longrightarrow La+3OH^-$	-2.90

电偶氧化态	电 极 反 应	$\varphi^{\ominus}/V$
Mg (Ⅱ)—(0)	$Mg(OH)_2+2e^- \rightleftharpoons Mg+2OH^-$	−2.690
Mn (Ⅱ)—(0)	$Mn(OH)_2+2e^- \rightleftharpoons Mn+2OH^-$	−1.56
(Ⅳ)—(Ⅱ)	$MnO_2+2H_2O+2e^- \rightleftharpoons Mn(OH)_2+2OH^-$	−0.05
(Ⅵ)—(Ⅳ)	$MnO_4^{2-}+2H_2O+2e^- \rightleftharpoons MnO_2+4OH^-$	+0.60
(Ⅶ)—(Ⅳ)	$MnO_4^-+2H_2O+3e^- \rightleftharpoons MnO_2+4OH^-$	+0.595
Mo (Ⅴ)—(Ⅳ)	$MoO_4^{2-}+4H_2O+6e^- \rightleftharpoons Mo+8OH^-$	−0.92
N (Ⅴ)—(Ⅲ)	$NO_3^-+H_2O+2e^- \rightleftharpoons NO_2^-+2OH^-$	+0.01
(Ⅴ)—(Ⅳ)	$2NO_3^-+2H_2O+2e^- \rightleftharpoons N_2O_4+4OH^-$	−0.85
Ni (Ⅱ)—(0)	$Ni(OH)_2+2e^- \rightleftharpoons Ni+2OH^-$	−0.72
(Ⅲ)—(Ⅱ)	$Ni(OH)_3+e^- \rightleftharpoons Ni(OH)_2+OH^-$	+0.48
O (0)—(−Ⅱ)	$O_2+2H_2O+4e^- \rightleftharpoons 4OH^-$	+0.401
(0)—(−Ⅱ)	$O_3+H_2O+2e^- \rightleftharpoons O_2+2OH^-$	+1.24
P (0)—(−Ⅲ)	$P+3H_2O+3e^- \rightleftharpoons PH_3(g)+3OH^-$	−0.87
(Ⅴ)—(Ⅲ)	$PO_4^{3-}+2H_2O+2e^- \rightleftharpoons HPO_3^{2-}+3OH^-$	−1.05
Pb (Ⅳ)—(Ⅱ)	$PbO_2+H_2O+2e^- \rightleftharpoons PbO+2OH^-$	+0.47
Pt (Ⅱ)—(0)	$Pt(OH)_2+2e^- \rightleftharpoons Pt+2OH^-$	+0.14
S (0)—(−Ⅱ)	$S+2e^- \rightleftharpoons S^{2-}$	−0.476 27
$\left(2\frac{1}{2}\right)$—(Ⅱ)	$S_4O_6^{2-}+2e^- \rightleftharpoons 2S_2O_3^{2-}$	+0.08
(Ⅳ)—(−Ⅱ)	$SO_3^{2-}+3H_2O+6e^- \rightleftharpoons S^{2-}+6OH^-$	−0.66
(Ⅳ)—(Ⅱ)	$2SO_3^{2-}+3H_2O+4e^- \rightleftharpoons S_2O_3^{2-}+6OH^-$	−0.571
(Ⅵ)—(Ⅳ)	$SO_4^{2-}+H_2O+2e^- \rightleftharpoons SO_3^{2-}+2OH^-$	−0.93
Sb (Ⅲ)—(0)	$SbO_2^-+2H_2O+3e^- \rightleftharpoons Sb+4OH^-$	−0.66
(Ⅴ)—(Ⅲ)	$H_3SbO_6^{4-}+2e^-+H_2O \rightleftharpoons SbO_2^-+5OH^-$	−0.40
Se (Ⅵ)—(Ⅳ)	$SeO_4^{2-}+H_2O+2e^- \rightleftharpoons SeO_3^{2-}+2OH^-$	+0.05
Si (Ⅳ)—(0)	$SiO_3^{2-}+3H_2O+4e^- \rightleftharpoons Si+6OH^-$	−1.697
Sn (Ⅱ)—(0)	$SnS+2e^- \rightleftharpoons Sn+S^{2-}$	−0.94
(Ⅱ)—(0)	$HSnO_2^-+H_2O+2e^- \rightleftharpoons Sn+3OH^-$	−0.909
(Ⅳ)—(Ⅱ)	$[Sn(CH)_6]^{2-}+2e^- \rightleftharpoons HSnO_2^-+3OH^-+H_2O$	−0.93
Zn (Ⅱ)—(0)	$[Zn(CN)_4]^{2-}+2e^- \rightleftharpoons Zn+4CN^-$	−1.26
(Ⅱ)—(0)	$[Zn(NH_3)_4]^{2+}+2e^- \rightleftharpoons Zn+4NH_3(aq)$	−1.04
(Ⅱ)—(0)	$Zn(OH)_2+2e^- \rightleftharpoons Zn+2OH^-$	−1.249
(Ⅱ)—(0)	$ZnO_2^{2-}+2H_2O+2e^- \rightleftharpoons Zn+4OH^-$	−1.216
(Ⅱ)—(0)	$ZnS+2e^- \rightleftharpoons Zn+S^{2-}$	−1.44

以上数据大部分摘自 Lide D R. Handbook of Chemistry and Physics.8−20～8−25.78th ed.1997～1998.

附录 11　常见配离子的稳定常数

配离子	$K_{稳}$	$\lg K_{稳}$	配离子	$K_{稳}$	$\lg K_{稳}$
1 : 1			$[Ag(En)_2]^+$	7.0×10^7	7.84
$[NaY]^{3-}$	5.0×10^1	1.69	$[Ag(NCS)_2]^-$	4.0×10^8	8.60
$[AgY]^{3-}$	2.0×10^7	7.30	$[Ag(CN)_2]^-$	1.0×10^{21}	21.00
$[CuY]^{2-}$	6.8×10^{18}	18.79	$[Au(CN)_2]^-$	2×10^{38}	38.30
$[MgY]^{2-}$	4.9×10^8	8.69	$[Cu(En)_2]^{2+}$	4.0×10^{19}	19.60
$[CaY]^{2-}$	3.7×10^{10}	10.56	$[Ag(S_2O_3)_2]^{3-}$	1.6×10^{13}	13.20
$[SrY]^{2-}$	4.2×10^8	8.62	1 : 3		
$[BaY]^{2-}$	6.0×10^7	7.77	$[Fe(NCS)_3]^0$	2.0×10^3	3.30
$[ZnY]^{2-}$	3.1×10^{16}	16.49	$[CdI_3]^-$	1.2×10^1	1.07
$[CdY]^{2-}$	3.8×10^{16}	16.57	$[Cd(CN)_3]^-$	1.1×10^4	4.04
$[HgY]^{2-}$	6.3×10^{21}	21.79	$[Ag(CN)_3]^{2-}$	5×10^0	0.69
$[PbY]^{2-}$	1.0×10^{18}	18.00	$[Ni(En)_3]^{2+}$	3.9×10^{18}	18.59
$[MnY]^{2-}$	1.0×10^{14}	14.00	$[Al(C_2O_4)_3]^{3-}$	2.0×10^{16}	16.30
$[FeY]^{2-}$	2.1×10^{14}	14.32	$[Fe(C_2O_4)_3]^{3-}$	1.6×10^{20}	20.20
$[CoY]^{2-}$	1.6×10^{16}	16.20	1 : 4		
$[NiY]^{2-}$	4.1×10^{18}	18.61	$[Cu(NH_3)_4]^{2+}$	4.8×10^{12}	12.68
$[FeY]^-$	1.2×10^{25}	25.07	$[Zn(NH_3)_4]^{2+}$	5×10^8	8.69
$[CoY]^-$	1.0×10^{36}	36.00	$[Cd(NH_3)_4]^{2+}$	3.6×10^6	6.55
$[GaY]^-$	1.8×10^{20}	20.25	$[Zn(CNS)_4]^{2-}$	2.0×10^1	1.30
$[InY]^-$	8.9×10^{24}	24.94	$[Zn(CN)_4]^{2-}$	1.0×10^{16}	16.00
$[TlY]^-$	3.2×10^{22}	22.51	$[Cd(SCN)_4]^{2-}$	1.0×10^3	3.00
$[TlHY]$	1.5×10^{23}	23.17	$[CdCl_4]^{2-}$	3.1×10^2	2.49
$[CuOH]^+$	1.0×10^5	5.00	$[CdI_4]^{2-}$	3.0×10^6	6.43
$[AgNH_3]^+$	20×10^3	3.30	$[Cd(CN)_4]^{2-}$	1.3×10^{18}	18.11
1 : 2			$[Hg(CN)_4]^{2-}$	3.1×10^{41}	41.51
$[Cu(NH_3)_2]^+$	7.4×10^{10}	10.87	$[Hg(SCN)_4]^{2-}$	7.7×10^{21}	21.88
$[Cu(CN)_2]^-$	2.0×10^{38}	38.30	$[HgCl_4]^{2-}$	1.6×10^{15}	15.20
$[Ag(NH_3)_2]^+$	1.7×10^7	7.24	$[HgI_4]^{2-}$	7.2×10^{29}	29.80

配离子	$K_稳$	$\lg K_稳$	配离子	$K_稳$	$\lg K_稳$
$[Co(NCS)_4]^{2-}$	3.8×10^2	2.58	$[Co(NH_3)_6]^{3+}$	1.4×10^{35}	35.15
$[Ni(CN)_4]^{2-}$	1×10^{22}	22.00	$[AlF_6]^{3-}$	6.9×10^{19}	19.84
1∶6			$[Fe(CN)_6]^{3-}$	1×10^{24}	24.00
$[Cd(NH_3)_6]^{2+}$	1.4×10^6	6.15	$[Fe(CN)_6]^{4-}$	1×10^{35}	35.00
$[Co(NH_3)_6]^{2+}$	2.4×10^4	4.38	$[Co(CN)_6]^{3-}$	1×10^{64}	64.00
$[Ni(NH_3)_6]^{2+}$	1.1×10^8	8.04	$[FeF_6]^{3-}$	1.0×10^{16}	16.00

表中 Y 表示 EDTA 的酸根；En 表示乙二胺。

摘自 О Д Куриленко.Краткий Справочник По Химии.增订四版.1974.

附录 12　某些试剂溶液的配制

试剂	浓度/(mol·L^{-1})	配制方法
三氯化铋 BiCl$_3$	0.1	溶解 31.6 g BiCl$_3$ 于 330 mL 6 mol·L^{-1}HCl 溶液中,加水稀释至 1 L
三氯化锑 SbCl$_3$	0.1	溶解 22.8 g SbCl$_3$ 于 330 ml 6 mol·L^{-1}HCl 溶液中,加水稀释至 1 L
氯化亚锡 SnCl$_2$	0.1	溶解 22.6 g SnCl$_2$·2H$_2$O 于 330 mL 6 mol·L^{-1}HCl 溶液中,加水稀释至 1 L,加入数粒纯锡,以防氧化
硝酸汞 Hg(NO$_3$)$_2$	0.1	溶解 33.4 g Hg(NO$_3$)$_2$·$\frac{1}{2}$H$_2$O 于 0.6 mol·L^{-1}HNO$_3$ 溶液中,加水稀释至 1 L
硝酸亚汞 Hg$_2$(NO$_3$)$_2$	0.1	溶解 56.1 g Hg$_2$(NO$_3$)$_2$·2H$_2$O 于 0.6 mol·L^{-1}HNO$_3$ 溶液中,加水稀释至 1 L,并加入少许金属汞
碳酸铵 (NH$_4$)$_2$CO$_3$	1	96 g 研细的 (NH$_4$)$_2$CO$_3$ 溶于 1 L 2 mol·L^{-1}氨水
硫酸铵 (NH$_4$)$_2$SO$_4$	饱和	50 g (NH$_4$)$_2$SO$_4$ 溶于 100 mL 热水,冷却后过滤
硫酸亚铁 FeSO$_4$	0.5	溶解 69.5 g FeSO$_4$·7H$_2$O 于适量水中,加入 5 mL 18 mol·L^{-1} H$_2$SO$_4$ 溶液,再用水稀释至 1 L,置入小铁钉数枚
六羟基锑酸钠 Na[Sb(OH)$_6$]	0.1	溶解 12.2 g 锑粉于 50 mL 浓 HNO$_3$ 溶液中微热,使锑粉全部作用成白色粉末,用倾析法洗涤数次,然后加入 50 mL 6 mol·L^{-1}NaOH 溶液,使之溶解,稀释至 1 L
六硝基钴酸钠 Na$_3$[Co(NO$_2$)$_6$]		溶解 230 g NaNO$_2$ 于 500 mL 水中,加入 165 mL 6 mol·L^{-1}HAc 溶液和 30 g Co(NO$_3$)$_2$·6H$_2$O,放置 24 h,取其清液,稀释至 1 L,并保存在棕色瓶中。此溶液应呈橙色,若变成红色,表示已分解,应重新配制
硫化钠 Na$_2$S	2	溶解 240 g Na$_2$S·9H$_2$O 和 40 g NaOH 于水中,稀释至 1 L
仲钼酸铵 (NH$_4$)$_6$Mo$_7$O$_{24}$·4H$_2$O	0.1	溶解 124 g (NH$_4$)$_6$Mo$_7$O$_{24}$·4H$_2$O 于 1 L 水中,将所得溶液倒入 1 L 6 mol·L^{-1}HNO$_3$ 溶液中,放置 24 h,取其澄清液
硫化铵 (NH$_4$)$_2$S	3	取一定量氨水,将其均分为两份,往其中一份通硫化氢至饱和,而后与另一份氨水混合
铁氰化钾 K$_3$[Fe(CN)$_6$]		取铁氰化钾 0.7~1 g 溶解于水中,稀释至 100 mL(使用前临时配制)

试剂	浓度/(mol·L⁻¹)	配 制 方 法
铬 黑 T		将铬黑 T 和烘干的 NaCl 按 1∶100 的比例研细,均匀混合,储存于棕色瓶中
二 苯 胺		将 1 g 二苯胺在搅拌下溶于 100 mL 密度为 1.84 g·cm⁻³ 的硫酸或 100 mL 密度为 1.70 g·cm⁻³ 的磷酸中(该溶液可保存较长时间)
镍 试 剂		溶解 10 g 镍试剂(二乙酰二肟)于 1 L 95% 酒精中
镁 试 剂		溶解 0.01 g 镁试剂于 1 L 1 mol·L⁻¹ NaOH 溶液中
铝 试 剂		1 g 铝试剂溶于 1 L 水中
镁 铵 试 剂		将 100 g $MgCl_2·6H_2O$ 和 100 g NH_4Cl 溶于水中,加 50 mL 浓氨水,用水稀释至 1 L
奈 氏 试 剂		溶解 115 g HgI_2 和 80 g KI 于水中,稀释至 500 mL,加入 500 mL 6 mol·L⁻¹ NaOH 溶液,静置后,取其清液,保存在棕色瓶中
五氰氧氮合铁(Ⅲ)酸钠 $Na_2[Fe(CN)_5NO]$		10 g 亚硝酰铁氰化钠溶解于 100 mL 水中,保存于棕色瓶内,如果溶液变绿就不能用了
格 里 斯 试 剂		(1) 在加热下溶解 0.5 g 对氨基苯磺酸于 50 mL 30% HAc 溶液中,储存于暗处保存 (2) 将 0.4 g α-萘胺与 100 mL 水混合煮沸,在从蓝色渣滓中倾出的无色溶液中加入 6 mL 80% HAc 溶液 使用前将(1)、(2)两液等体积混合
打萨宗(二苯缩氨硫脲)		溶解 0.1 g 打萨宗于 1 L CCl_4 或 $CHCl_3$ 中
甲 基 红		每升 60% 乙醇中溶解 2 g
甲 基 橙	0.1%	每升水中溶解 1 g
酚 酞		每升 90% 乙醇中溶解 1 g
溴甲酚蓝(溴甲酚绿)		0.1 g 该指示剂与 2.9 mL 0.05 mol·L⁻¹ NaOH 溶液一起搅匀,用水稀释至 250 mL;或每升 20% 乙醇中溶解 1 g 该指示剂
石 蕊		2 g 石蕊溶于 50 mL 水中,静置 24 h 后过滤。在滤液中加 30 mL 95% 乙醇,再加水稀释至 100 mL
氯 水		在水中通入氯气直至饱和,该溶液使用时临时配制
溴 水		在水中滴入液溴至饱和
碘 液	0.01	溶解 1.3 g 碘和 5 g KI 于尽可能少量的水中,加水稀释至 1 L
品 红 溶 液		0.1% 水溶液

试剂	浓度/$(mol \cdot L^{-1})$	配 制 方 法
淀粉溶液	0.2%	将 0.2 g 淀粉和少量冷水调成糊状,倒入 100 mL 沸水中,煮沸后冷却即可
NH_3-NH_4Cl 缓冲溶液		20 g NH_4Cl 溶于适量水中,加入 100 mL 氨水(密度为 0.9 g·cm^{-3}),混合后稀释至 1 L,即为 pH=10 的缓冲溶液

附录 13　危险药品的分类、性质和管理

一、危险药品是指受光、热、空气、水或撞击等外界因素的影响，可能引起燃烧、爆炸的药品，或具有强腐蚀性、剧毒性的药品。常用危险药品按危害性可分为以下几类来管理。

类　别		举　例	性　质	注意事项
1. 爆炸品		硝酸铵、苦味酸、三硝基甲苯	遇高热摩擦、撞击等，引起剧烈反应，放出大量气体和热量，产生猛烈爆炸	存放于阴凉、低下处，轻拿、轻放
2. 易燃品	易燃液体	丙酮、乙醚、甲醇、乙醇、苯等有机溶剂	沸点低、易挥发，遇火则燃烧，甚至引起爆炸	存放阴凉处，远离热源，使用时注意通风，不得有明火
	易燃固体	赤磷、硫、萘、硝化纤维	燃点低，受热、摩擦、撞击或遇氧化剂，可引起剧烈连续燃烧、爆炸	同上
	易燃气体	氢气、乙炔、甲烷	因撞击、受热引起燃烧，与空气按一定比例混合，则会爆炸	使用时注意通风，如为钢瓶气，不得在实验室存放
	遇水易燃品	钠、钾	遇水剧烈反应，产生可燃气体并放出热量，此反应热会引起燃烧	保存于煤油中，切勿与水接触
	自燃物品	黄磷	在适当温度下被空气氧化、放热，达到燃点而引起自燃	保存于水中
3. 氧化剂		硝酸钾、氯酸钾、过氧化氢、过氧化钠、高锰酸钾	具有强氧化性，遇酸、受热、与有机物、易燃品、还原剂等混合时，因反应引起燃烧或爆炸	不得与易燃品、爆炸品、还原剂等一起存放
4. 剧毒品		氰化钾、三氧化二砷、升汞、氯化钡、六六六	剧毒，少量侵入人体（误食或接触伤口）使中毒，甚至死亡	专人、专柜保管，现用现领，用后的剩余物，不论是固体或液体都应交回保管人，并应设有使用登记制度
5. 腐蚀性药品		强酸、氟化氢、强碱、溴、酚	具有强腐蚀性，触及物品造成腐蚀、破坏，触及人体皮肤，引起化学烧伤	不要与氧化剂、易燃品、爆炸品放在一起

二、根据中华人民共和国公共安全行业标准 GA1002—2012。将剧毒药品分为 A,B 两级。

剧毒药品急性毒性分级标准

级别	口服剧毒药品的半致死量 mg·kg^{-1}	皮肤接触剧毒药品的半致死量 mg·kg^{-1}	吸入剧毒药品粉尘、烟雾的半致死浓度 mg·L^{-1}	吸入剧毒药品液体的蒸气或气体的半致死浓度 mL·m^{-3}
A	≤5	≤40	≤0.5	≤1 000
B	5~50	40~200	0.5~2	≤3 000(A 级除外)

A 级无机剧毒药品品名表

品　名	别　名	品　名	别　名	品　名	别　名
氰化钠	山奈	五氟化磷		锑化氢	锑化三氢
氰化钡		六氟化钨		二氧化硫[液化的]	亚硫酸酐
氰化钴钾	钴氰化钾	溴化羰	溴光气	三氟化氯	
氰化铜	氰化高铜	氰化钾		四氟化硅	氟化硅
氰化锌		氰化钴		六氟化硒	
氰化铅		氰化镍	氰化亚镍	氯化溴	
氰化金钾		氰化银		氰[液化的]	
氢氰酸		氰化镉		氰化钙	
亚砷酸钾		氰化铈		氰化亚钴	
硒酸钠		氰化溴	溴化氰	氰化镍钾	氰化钾镍
亚硒酸钾		三氧化(二)砷	白砒、砒霜、亚砷(酸)酐	氰化银钾	银氰化钾
氧氰化汞	氰氧化汞			氰化汞	氰化高汞
五羰基铁	羰基铁	五氧化(二)砷	砷(酸)酐	氰化亚铜	
叠氮酸		硒酸钾		氰化氢[液化的]	无水氢氰酸
磷化钠		氧氯化硒	氯化亚硒酰,二氯氧化硒	亚砷酸钠	偏亚砷酸钠
磷化铝				三氯化砷	氯化亚砷
氯[液化的]	液氯	氧化镉[粉状]		亚硒酸钠	
硒化氢		叠氮(化)钠		氯化汞	氯化高汞,二氯化汞
四氧化二氮[液化的]	二氧化氮	氟化氢(无水)	无水氢氟酸		
		磷化钾		羰基镍	四羰基镍,四碳酰镍
二氟化氧		磷化铝农药			
四氟化硫		磷化氢	磷化三氢,膦	叠氮(化)钡	

品　　名	别　　名	品　　名	别　　名	品　　名	别　　名
黄磷	白磷	一氧化氮		六氟化碲	
磷化镁	二磷化三镁	二氧化氮		氯化氰	氰化氯,氯甲腈
氟		三氟化磷		氰化汞钾	氰化钾汞,汞氰化钾
砷化氢	砷化三氢,胂	五氟化氯			

三、化学实验室毒品管理规定

1. 实验室使用毒品和剧毒品(无论 A 级或 B 级毒品)应预先计算使用量,按用量到毒品库领取,尽量做到用多少领多少。使用后剩余毒品应送回毒品库统一管理。毒品库对领出和退回毒品要详细登记。

2. 实验室在领用毒品和剧毒品后,由两位教师(教辅人员)共同负责保证领用毒品的安全管理,实验室建立毒品使用账目。账目包括:药品名称,领用日期,领用量,使用日期,使用量,剩余量,使用人签名,两位管理人签名。

3. 实验室使用毒品时,如剩余量较少且近期仍需使用须存放实验室内,此药品必须存放于实验室毒品保险柜内,钥匙由两位管理教师掌管,保险柜上锁和开启均须两人同时在场。实验室配制有毒药品溶液时也应按用量配制,该溶液的使用、归还和存放也必须履行使用账目登记制度。

附录 14 国际相对原子质量表

(按原子序数排列)

序数	名称	符号	相对原子质量	序数	名称	符号	相对原子质量
1	氢	H	1.007 94	29	铜	Cu	63.546
2	氦	He	4.002 602	30	锌	Zn	65.39
3	锂	Li	6.941	31	镓	Ga	69.723
4	铍	Be	9.012 182	32	锗	Ge	72.61
5	硼	B	10.811	33	砷	As	74.921 60
6	碳	C	12.010 7	34	硒	Se	78.96
7	氮	N	14.006 74	35	溴	Br	79.904
8	氧	O	15.999 4	36	氪	Kr	83.80
9	氟	F	18.998 403 2	37	铷	Rb	85.467 8
10	氖	Ne	20.179 7	38	锶	Sr	87.62
11	钠	Na	22.989 770	39	钇	Y	88.905 85
12	镁	Mg	24.305 0	40	锆	Zr	91.224
13	铝	Al	26.981 538	41	铌	Nb	92.906 38
14	硅	Si	28.085 5	42	钼	Mo	95.94
15	磷	P	30.973 761	43	锝	Tc	(98)
16	硫	S	32.066	44	钌	Ru	101.07
17	氯	Cl	35.452 7	45	铑	Rh	102.905 50
18	氩	Ar	39.948	46	钯	Pd	106.42
19	钾	K	39.098 3	47	银	Ag	107.868 2
20	钙	Ca	40.078	48	镉	Cd	112.411
21	钪	Sc	44.955 910	49	铟	In	114.818
22	钛	Ti	47.867	50	锡	Sn	118.710
23	钒	V	50.941 5	51	锑	Sb	121.760
24	铬	Cr	51.996 1	52	碲	Te	127.60
25	锰	Mn	54.938 049	53	碘	I	126.904 47
26	铁	Fe	55.845	54	氙	Xe	131.29
27	钴	Co	58.933 200	55	铯	Cs	132.905 43
28	镍	Ni	58.693 4	56	钡	Ba	137.327

序数	名称	符号	相对原子质量	序数	名称	符号	相对原子质量
57	镧	La	138.905 5	84	钋	Po	(209)
58	铈	Ce	140.116	85	砹	At	(210)
59	镨	Pr	140.907 65	86	氡	Rn	(222)
60	钕	Nd	144.23	87	钫	Fr	(223)
61	钷	Pm	(145)	88	镭	Ra	(226)
62	钐	Sm	150.36	89	锕	Ac	(227)
63	铕	Eu	151.964	90	钍	Th	232.038 1
64	钆	Gd	157.25	91	镤	Pa	231.035 88
65	铽	Tb	158.925 34	92	铀	U	238.028 9
66	镝	Dy	162.50	93	镎	Np	(237)
67	钬	Ho	164.930 32	94	钚	Pu	(244)
68	铒	Er	167.26	95	镅	Am	(243)
69	铥	Tm	168.934 21	96	锔	Cm	(247)
70	镱	Yb	173.04	97	锫	Bk	(247)
71	镥	Lu	174.967	98	锎	Cf	(251)
72	铪	Hf	178.49	99	锿	Es	(252)
73	钽	Ta	180.947 9	100	镄	Fm	(257)
74	钨	W	183.84	101	钔	Md	(258)
75	铼	Re	186.207	102	锘	No	(259)
76	锇	Os	190.23	103	铹	Lr	(262)
77	铱	Ir	192.217	104	𬬻	Rf	(261)
78	铂	Pt	195.078	105	𬭊	Db	(262)
79	金	Au	196.966 55	106	𬭳	Sg	(263)
80	汞	Hg	200.59	107	𬭛	Bh	(262)
81	铊	Tl	204.383 3	108	𬭶	Hs	(265)
82	铅	Pb	207.2	109	鿏	Mt	(266)
83	铋	Bi	208.980 38				

摘自 Lide D R. Handbook of Chemistry and Physics. 78th ed. [S. 1.] CRC PRESS.1997~1998.

参考文献

读者意见反馈

为收集对教材的意见建议,进一步完善教材编写并做好服务工作,读者可将对本教材的意见建议通过如下渠道反馈至我社。

咨询电话 400-810-0598

反馈邮箱 hepsci@ pub.hep.cn

通信地址 北京市朝阳区惠新东街 4 号富盛大厦 1 座

高等教育出版社理科事业部

邮政编码 100029